高 等 学 校 计 算 机 专 业 系 列 教 材

人工智能概论

彭涛 刘畅 编著

清华大学出版社
北京

内 容 简 介

本书对人工智能中的关键技术进行介绍,主要包括计算机视觉、自然语言处理、语音处理、知识表示与推理、专家系统与知识图谱、问题求解与搜索技术、机器学习原理、机器学习应用、人工神经网络与深度学习、智能机器人等。本书引领读者进入人工智能领域,了解人工智能的概念和发展简史,理解人工智能的三大流派,并熟悉人工智能的主要研究内容和应用领域。本书内容丰富,应用性强,在中国大学 MOOC 平台上开设了"人工智能概论"课程。

本书主要面向人工智能、智能科学与技术、软件工程、计算机科学与技术、数据科学与大数据技术、机器人工程等相关专业的本科生、研究生,也可供人文社科类、管理类等学科专业的学生学习。

本书封面贴有清华大学出版社防伪标签,无标签者不得销售。

版权所有,侵权必究。举报: 010-62782989, beiqinquan@tup.tsinghua.edu.cn。

图书在版编目(CIP)数据

人工智能概论/彭涛,刘畅编著.—北京:清华大学出版社,2023.6(2024.1 重印)
高等学校计算机专业系列教材
ISBN 978-7-302-63319-8

Ⅰ.①人… Ⅱ.①彭… ②刘… Ⅲ.①人工智能－概论－高等学校－教材 Ⅳ.①TP18

中国国家版本馆 CIP 数据核字(2023)第 060495 号

责任编辑:龙启铭　战晓雷
封面设计:何凤霞
责任校对:徐俊伟
责任印制:沈　露

出版发行:清华大学出版社
　　　　网　　址:https://www.tup.com.cn,https://www.wqxuetang.com
　　　　地　　址:北京清华大学学研大厦 A 座　　邮　　编:100084
　　　　社 总 机:010-83470000　　邮　　购:010-62786544
　　　　投稿与读者服务:010-62776969,c-service@tup.tsinghua.edu.cn
　　　　质量反馈:010-62772015,zhiliang@tup.tsinghua.edu.cn
　　　　课件下载:https://www.tup.com.cn,010-83470236
印 装 者:三河市龙大印装有限公司
经　　销:全国新华书店
开　　本:185mm×260mm　　印　张:17.75　　字　数:429 千字
版　　次:2023 年 6 月第 1 版　　印　次:2024 年 1 月第 2 次印刷
定　　价:69.00 元

产品编号:100465-01

前 言

背景

人工智能的浪潮已席卷全球。国务院于2017年7月发布了《新一代人工智能发展规划》,指出:人工智能是引领未来的战略性技术,必须放眼全球,把人工智能发展放在国家战略层面系统布局、主动谋划,打造竞争新优势,开拓发展新空间,有效保障国家安全。《新一代人工智能发展规划》主要针对人才和核心技术两个方面做了专门的规划和部署。只有培养高端的科技人才,把握核心技术,中国的人工智能才能达到世界领先水平。

2018年4月,教育部印发了《高等学校人工智能创新行动计划》,目的是引导高等学校瞄准世界科技前沿,强化基础研究,实现前瞻性基础研究和引领性原创成果的重大突破,进一步提升高等学校人工智能领域科技创新、人才培养和服务国家需求的能力。《高等学校人工智能创新行动计划》就完善人工智能领域人才培养体系出台了一系列政策,并进行系统布局,主要包括加快人工智能领域学科建设、专业建设、人才培养和构建人工智能多层次教育体系四个重要方向。2018年,人工智能专业被教育部列入新增审批本科专业名单,上海交通大学等35所高等学校获首批建设资格。目前我国已有440所高等学校开设了人工智能本科专业。

智创未来,未来已来,这是一个人工智能的时代。适应不同类型教学对象的人工智能相关课程与教材的建设迫在眉睫。2020年,"人工智能概论"课程在中国大学慕课平台上线,网址为 https://www.icourse163.org/course/BUU-1461546165。该课程提供了本书内容的讲解视频,可以用于人工智能应用型人才的培养。

本书对人工智能中的关键技术进行了介绍,主要包括计算机视觉、自然语言处理、语音处理、知识表示与推理、专家系统与知识图谱、问题求解与搜索、机器学习、人工神经网络与深度学习、智能机器人等。本书能引领读者进入人工智能领域,了解人工智能的概念和发展简史,理解人工智能的三大流派,并熟悉人工智能的主要研究内容和应用领域。本书内容丰富,应用性强,既可作为高等学校人工智能相关课程的教材,也可供相关专业人士参考。希望本书及配套慕课能给我国人工智能应用型人才的培养添砖加瓦。

本书特色

本书面向应用。第1章简要介绍人工智能的概念、发展简史及研究流派。第2~4章对人工智能的主要应用领域——计算机视觉、自然语言处理、语音处理进行了介绍。第5~7章由浅入深地介绍人工智能领域中的知识表示、知识发现(专家系统与知识图谱)、问题求解与搜索技术。第8、9章对人工智能中的主要实现技术——机器学习的原理和应用进行重点讲解。第10章阐述了20世纪之后在人工神经网络领域取得突破性成就的深度学习技术,主要结合3大应用领域中的典型任务进行讲解。本书最后对人工智能技术的综合应用——智能机器人进行简要讲解。

本书采用提出问题→分析问题→解决问题的整体结构,更加方便读者理解人工智能技术背后所蕴含的方法论和思想。人工智能发展非常迅速,内容十分庞杂,本书在内容上精选了一些既比较实用又是前沿热点的人工智能技术,能够帮助学生掌握人工智能的新理论和新技术。

读者对象

本书主要面向人工智能、智能科学与技术、软件工程、计算机科学与技术、数据科学与大数据技术、机器人工程等相关专业的本科生、研究生,也可供人文社科类、管理类等学科专业的学生学习。本书非常适合作为人工智能应用型人才培养的教材。

本书作者

本书为北京联合大学教材资助项目,由北京联合大学机器人学院软件工程优秀教学团队完成,将立德树人理念融入教学内容中,注重理论联系实际,注重人工智能技术与国家经济发展的联系,为培养国家的建设者服务。本书由软件工程系教师彭涛、刘畅编写,其中第1~5、8~10章由彭涛编写,第6、7、11章由刘畅编写,全书由彭涛统稿。

衷心感谢北京联合大学对本书和课程建设的大力支持。感谢北京联合大学教务处林妍梅和机器人学院领导的关心和支持,同时也感谢软件工程系诸位同仁的帮助、支持和鼓励。衷心感谢清华大学出版社龙启铭编辑为本书出版付出的辛勤劳动以及向作者提出的许多有益的修改建议。

本书提供授课配套讲义,读者可以从清华大学出版社网站免费下载。

人工智能领域发展日新月异。限于作者水平,书中缺漏之处在所难免,敬请读者批评指正。

作 者

2023年5月于北京

目 录

第1章 人工智能概述 /1

1.1 人工智能的概念 ··········· 1
 1.1.1 人工智能概念的提出 ··········· 1
 1.1.2 智能的层次 ··········· 2
1.2 人工智能的产生与发展 ··········· 3
 1.2.1 人工智能的产生 ··········· 3
 1.2.2 第一个繁荣期 ··········· 4
 1.2.3 第二个繁荣期 ··········· 6
 1.2.4 复苏期 ··········· 8
 1.2.5 第三个繁荣期 ··········· 9
1.3 人工智能的三大学派 ··········· 12
 1.3.1 符号主义学派 ··········· 12
 1.3.2 连接主义学派 ··········· 13
 1.3.3 行为主义学派 ··········· 14
1.4 人工智能的研究内容 ··········· 15
 1.4.1 人工智能的研究内容概述 ··········· 15
 1.4.2 人工智能的核心技术 ··········· 16
1.5 人工智能的应用 ··········· 17
1.6 人工智能的未来 ··········· 18
1.7 本章小结 ··········· 19
习题1 ··········· 19

第2章 计算机视觉 /20

2.1 计算机视觉概述 ··········· 20
 2.1.1 计算机视觉的概念 ··········· 20
 2.1.2 计算机视觉的发展史 ··········· 21
2.2 数字图像 ··········· 24
2.3 计算机视觉数据集 ··········· 26
 2.3.1 MNIST 数据集 ··········· 26
 2.3.2 CIFAR 数据集 ··········· 27
 2.3.3 PASCAL VOC 数据集 ··········· 27

2.3.4　ImageNet 数据集 ……………………………………………… 28
　　　2.3.5　COCO 数据集 ………………………………………………… 30
　2.4　计算机视觉的研究内容 …………………………………………………… 31
　　　2.4.1　图像分类 ……………………………………………………… 31
　　　2.4.2　目标定位 ……………………………………………………… 32
　　　2.4.3　目标检测 ……………………………………………………… 32
　　　2.4.4　图像分割 ……………………………………………………… 32
　2.5　计算机视觉的应用 ………………………………………………………… 33
　　　2.5.1　计算机视觉应用概述 ………………………………………… 34
　　　2.5.2　人脸识别技术 ………………………………………………… 35
　2.6　本章小结 …………………………………………………………………… 36
　习题 2 ……………………………………………………………………………… 36

第 3 章　自然语言处理　/37

　3.1　自然语言处理概述 ………………………………………………………… 37
　　　3.1.1　自然语言处理的概念 ………………………………………… 37
　　　3.1.2　自然语言处理的发展史 ……………………………………… 39
　3.2　自然语言理解 ……………………………………………………………… 42
　　　3.2.1　自然语言理解的层次 ………………………………………… 43
　　　3.2.2　词法分析 ……………………………………………………… 44
　　　3.2.3　句法分析 ……………………………………………………… 47
　3.3　语料库和语言知识库 ……………………………………………………… 49
　　　3.3.1　语料库 ………………………………………………………… 50
　　　3.3.2　语言知识库 …………………………………………………… 53
　3.4　语言模型 …………………………………………………………………… 56
　　　3.4.1　马尔可夫链 …………………………………………………… 56
　　　3.4.2　n 元语法模型 ………………………………………………… 57
　　　3.4.3　数据平滑 ……………………………………………………… 59
　3.5　自然语言生成 ……………………………………………………………… 60
　3.6　机器翻译 …………………………………………………………………… 61
　　　3.6.1　机器翻译概述 ………………………………………………… 61
　　　3.6.2　统计机器翻译 ………………………………………………… 62
　　　3.6.3　神经机器翻译 ………………………………………………… 64
　　　3.6.4　机器翻译评测 ………………………………………………… 65
　3.7　问答系统 …………………………………………………………………… 67
　3.8　本章小结 …………………………………………………………………… 70
　习题 3 ……………………………………………………………………………… 71

第 4 章 语音处理 /72

- 4.1 语音处理概述 ······ 72
- 4.2 语音识别 ······ 73
  - 4.2.1 语音的特征提取 ······ 73
  - 4.2.2 声学模型 ······ 75
  - 4.2.3 语言模型 ······ 76
- 4.3 语音合成 ······ 78
  - 4.3.1 拼接合成方法 ······ 79
  - 4.3.2 参数合成方法 ······ 80
  - 4.3.3 端到端合成方法 ······ 81
- 4.4 语音增强 ······ 82
  - 4.4.1 回声消除 ······ 83
  - 4.4.2 混响抑制 ······ 83
  - 4.4.3 语音降噪 ······ 83
- 4.5 语音转换 ······ 84
- 4.6 本章小结 ······ 85
- 习题 4 ······ 85

第 5 章 知识表示与推理 /86

- 5.1 知识与知识表示概述 ······ 86
  - 5.1.1 知识 ······ 86
  - 5.1.2 知识表示 ······ 87
- 5.2 一阶谓词逻辑 ······ 88
- 5.3 产生式与产生式系统 ······ 89
  - 5.3.1 产生式表示法 ······ 90
  - 5.3.2 产生式系统 ······ 91
- 5.4 框架 ······ 93
- 5.5 自动推理 ······ 95
- 5.6 本章小结 ······ 97
- 习题 5 ······ 98

第 6 章 专家系统与知识图谱 /99

- 6.1 专家系统概述 ······ 99
  - 6.1.1 专家系统的概念 ······ 99
  - 6.1.2 专家系统的特点 ······ 100
- 6.2 专家系统的结构 ······ 101
- 6.3 典型专家系统 ······ 103
  - 6.3.1 DENDRAL 专家系统 ······ 103

6.3.2　MYCIN 专家系统 ··· 104
　　　6.3.3　专家系统的局限性 ·· 105
　6.4　知识图谱概述 ··· 105
　6.5　知识图谱的发展史 ·· 109
　6.6　典型知识图谱 ··· 112
　　　6.6.1　WordNet ··· 112
　　　6.6.2　Cyc ··· 113
　　　6.6.3　Wikipedia ·· 114
　　　6.6.4　DBpedia ·· 115
　　　6.6.5　Yago ··· 115
　　　6.6.6　Freebase ·· 116
　　　6.6.7　NELL ·· 116
　6.7　知识图谱的构建 ··· 116
　6.8　本章小结 ·· 119
　习题 6 ··· 119

第 7 章　问题求解与搜索技术　/121

　7.1　问题求解概述 ··· 121
　　　7.1.1　问题求解的概念 ·· 121
　　　7.1.2　搜索技术概述 ·· 122
　7.2　状态空间 ·· 122
　　　7.2.1　状态空间的概念 ·· 122
　　　7.2.2　状态空间方法 ·· 123
　　　7.2.3　状态图搜索 ·· 124
　7.3　盲目搜索 ·· 126
　　　7.3.1　宽度优先搜索 ·· 126
　　　7.3.2　深度优先搜索 ·· 129
　　　7.3.3　代价树搜索 ·· 133
　7.4　启发式搜索 ··· 134
　　　7.4.1　启发式搜索概述 ·· 134
　　　7.4.2　A 算法与 A* 算法 ·· 136
　7.5　博弈搜索 ·· 140
　　　7.5.1　博弈树搜索 ·· 141
　　　7.5.2　α-β 剪枝法 ··· 144
　7.6　本章小结 ·· 147
　习题 7 ··· 147

第 8 章　机器学习原理　/149

　8.1　机器学习概述 ··· 149

8.1.1　机器学习的发展史 ……………………………………………… 149
　　　8.1.2　机器学习的概念 ………………………………………………… 150
　　　8.1.3　机器学习的类型 ………………………………………………… 151
　8.2　监督学习概述 ……………………………………………………………… 152
　　　8.2.1　模型 ……………………………………………………………… 153
　　　8.2.2　损失函数 ………………………………………………………… 154
　　　8.2.3　算法 ……………………………………………………………… 154
　　　8.2.4　模型评价 ………………………………………………………… 155
　8.3　回归 ………………………………………………………………………… 156
　　　8.3.1　一元回归 ………………………………………………………… 157
　　　8.3.2　多元回归 ………………………………………………………… 159
　8.4　优化算法 …………………………………………………………………… 163
　　　8.4.1　梯度下降算法 …………………………………………………… 163
　　　8.4.2　超参数 …………………………………………………………… 165
　8.5　分类 ………………………………………………………………………… 167
　　　8.5.1　Logistic 回归 …………………………………………………… 167
　　　8.5.2　决策树 …………………………………………………………… 170
　　　8.5.3　朴素贝叶斯方法 ………………………………………………… 174
　　　8.5.4　K 最近邻方法 …………………………………………………… 177
　　　8.5.5　支持向量机 ……………………………………………………… 179
　　　8.5.6　分类性能评价 …………………………………………………… 181
　8.6　无监督学习 ………………………………………………………………… 184
　　　8.6.1　无监督学习概述 ………………………………………………… 184
　　　8.6.2　聚类 ……………………………………………………………… 185
　　　8.6.3　降维 ……………………………………………………………… 190
　8.7　强化学习 …………………………………………………………………… 191
　8.8　本章小结 …………………………………………………………………… 192
　习题 8 ……………………………………………………………………………… 193

第 9 章　机器学习应用　／194

　9.1　计算机视觉的处理流程 …………………………………………………… 194
　9.2　计算机视觉中的特征 ……………………………………………………… 196
　　　9.2.1　颜色直方图 ……………………………………………………… 196
　　　9.2.2　LBP 特征 ………………………………………………………… 197
　　　9.2.3　SIFT 特征 ………………………………………………………… 199
　　　9.2.4　GIST 特征 ………………………………………………………… 200
　　　9.2.5　HOG 特征 ………………………………………………………… 201
　　　9.2.6　SURF 特征 ……………………………………………………… 202
　9.3　计算机视觉中的算法 ……………………………………………………… 203

9.3.1　特征汇聚与特征变换 …………………………………………… 203
　　9.3.2　机器学习算法 …………………………………………………… 204
9.4　文本分类 …………………………………………………………………… 206
　　9.4.1　文本分类概述 …………………………………………………… 206
　　9.4.2　向量空间模型 …………………………………………………… 207
　　9.4.3　文本特征表示 …………………………………………………… 208
9.5　序列标注 …………………………………………………………………… 210
　　9.5.1　概率图模型 ……………………………………………………… 210
　　9.5.2　贝叶斯网络 ……………………………………………………… 212
　　9.5.3　隐马尔可夫模型 ………………………………………………… 213
　　9.5.4　条件随机场 ……………………………………………………… 217
9.6　本章小结 …………………………………………………………………… 218
习题9 ……………………………………………………………………………… 219

第10章　人工神经网络与深度学习　　/220

10.1　人工神经网络概述 ………………………………………………………… 220
　　10.1.1　生物神经元 ……………………………………………………… 220
　　10.1.2　人工神经网络的发展 …………………………………………… 221
10.2　感知机 ……………………………………………………………………… 223
10.3　多层人工神经网络 ………………………………………………………… 224
　　10.3.1　激活函数 ………………………………………………………… 225
　　10.3.2　前馈神经网络的结构 …………………………………………… 226
10.4　卷积神经网络 ……………………………………………………………… 230
　　10.4.1　卷积 ……………………………………………………………… 231
　　10.4.2　卷积神经网络的结构 …………………………………………… 233
　　10.4.3　LeNet …………………………………………………………… 235
　　10.4.4　AlexNet ………………………………………………………… 235
　　10.4.5　VGGNet ………………………………………………………… 238
　　10.4.6　GoogLeNet ……………………………………………………… 239
　　10.4.7　ResNet …………………………………………………………… 240
10.5　循环神经网络 ……………………………………………………………… 242
　　10.5.1　简单循环神经网络 ……………………………………………… 242
　　10.5.2　长短期记忆网络 ………………………………………………… 244
　　10.5.3　门控循环单元 …………………………………………………… 246
10.6　深度学习开发框架 ………………………………………………………… 246
10.7　本章小结 …………………………………………………………………… 250
习题10 …………………………………………………………………………… 251

第 11 章　智能机器人　/253

- 11.1 机器人简介 ⋯⋯⋯⋯⋯⋯⋯⋯⋯⋯⋯⋯⋯⋯⋯⋯⋯⋯⋯⋯⋯⋯⋯⋯⋯⋯⋯⋯⋯⋯ 253
  - 11.1.1 机器人发展简史 ⋯⋯⋯⋯⋯⋯⋯⋯⋯⋯⋯⋯⋯⋯⋯⋯⋯⋯⋯⋯⋯⋯⋯⋯ 253
  - 11.1.2 机器人的定义 ⋯⋯⋯⋯⋯⋯⋯⋯⋯⋯⋯⋯⋯⋯⋯⋯⋯⋯⋯⋯⋯⋯⋯⋯⋯ 255
- 11.2 机器人中的智能技术 ⋯⋯⋯⋯⋯⋯⋯⋯⋯⋯⋯⋯⋯⋯⋯⋯⋯⋯⋯⋯⋯⋯⋯⋯⋯ 255
- 11.3 智能机器人的应用 ⋯⋯⋯⋯⋯⋯⋯⋯⋯⋯⋯⋯⋯⋯⋯⋯⋯⋯⋯⋯⋯⋯⋯⋯⋯⋯ 258
  - 11.3.1 工业机器人 ⋯⋯⋯⋯⋯⋯⋯⋯⋯⋯⋯⋯⋯⋯⋯⋯⋯⋯⋯⋯⋯⋯⋯⋯⋯⋯ 258
  - 11.3.2 农业机器人 ⋯⋯⋯⋯⋯⋯⋯⋯⋯⋯⋯⋯⋯⋯⋯⋯⋯⋯⋯⋯⋯⋯⋯⋯⋯⋯ 258
  - 11.3.3 服务机器人 ⋯⋯⋯⋯⋯⋯⋯⋯⋯⋯⋯⋯⋯⋯⋯⋯⋯⋯⋯⋯⋯⋯⋯⋯⋯⋯ 259
  - 11.3.4 军事机器人 ⋯⋯⋯⋯⋯⋯⋯⋯⋯⋯⋯⋯⋯⋯⋯⋯⋯⋯⋯⋯⋯⋯⋯⋯⋯⋯ 260
- 11.4 智能驾驶 ⋯⋯⋯⋯⋯⋯⋯⋯⋯⋯⋯⋯⋯⋯⋯⋯⋯⋯⋯⋯⋯⋯⋯⋯⋯⋯⋯⋯⋯⋯ 262
- 11.5 本章小结 ⋯⋯⋯⋯⋯⋯⋯⋯⋯⋯⋯⋯⋯⋯⋯⋯⋯⋯⋯⋯⋯⋯⋯⋯⋯⋯⋯⋯⋯⋯ 267
- 习题 11 ⋯⋯⋯⋯⋯⋯⋯⋯⋯⋯⋯⋯⋯⋯⋯⋯⋯⋯⋯⋯⋯⋯⋯⋯⋯⋯⋯⋯⋯⋯⋯⋯⋯ 268

参考文献　/269

第 1 章 人工智能概述

2017 年 5 月，浙江乌镇，人工智能棋手 AlphaGo Master 在世界瞩目的围棋人机大战中以 3∶0 战胜了我国棋手柯洁，当时柯洁在围棋项目上世界排名第一。同样在 2017 年，来自"一带一路"沿线的 20 国青年评选出了中国的"新四大发明"：高铁、扫码支付、共享单车和网购。扫码支付后来又升级为基于人脸识别的智能支付，人脸识别技术得到了广泛应用。

智创未来，未来已来。这是一个人工智能的时代。

本章主要介绍人工智能的概念、人工智能的产生与发展（包括三个繁荣期和两个低谷期）、人工智能的三大学派（符号主义、连接主义、行为主义）、人工智能的研究内容与主要应用领域等。

1.1 人工智能的概念

在了解人工智能的概念之前，首先来看智能的概念。

智能是对自然智能（也称生物智能，包括但不限于人类智能）的简称，目前还没有统一、严格的定义，其确切含义还有待于对人脑奥秘的彻底揭示。根据脑科学、认知科学等学科的研究，从生理角度看，生物智能是中枢神经系统的信号加工过程及其产物；从心理角度看，智能是智力和能力的总称，其中，智力侧重于认知，而能力则侧重于活动，也就是行动。

1.1.1 人工智能概念的提出

科学家正式提出人工智能这个概念是在 1956 年。在这一年的夏天，一些年轻的科学家在美国达特茅斯学院（Dartmouth College）召开了长达数月的人工智能夏季研讨会，一般认为这是人工智能概念的首次公开推出的标志。参加这次研讨会的科学家被称为人工智能的创立者，其中的很多科学家后来都获得了计算机科学与技术领域的最高奖——图灵奖。

1955 年 8 月，麦卡锡（John McCarthy）、明斯基（Marvin Lee Minsky）、香农（Claude Elwood Shannon）和罗切斯特（Nathaniel Rochester）四位学者联名给美国洛克菲勒基金会（The Rockefeller Foundation）提交了一份项目申请书，申请的内容就是举办人工智能夏季研讨会，在这个申请书中首次提出了人工智能（Artificial Intelligence，AI）这一术语。项目申请书的原计划是邀请 10 位科学家进行为期两个月的研讨会。这份 19 页的申请书中包含每个作者提议的研究方向和内容。项目申请书的目的是从美国洛克菲勒基金会获得资助。

当时，麦卡锡任达特茅斯学院数学系助理教授，28 岁，是达特茅斯会议的东道主。麦卡锡在 1971 年获得了图灵奖。明斯基任哈佛大学数学和神经学初级研究员，28 岁，1969 年获得了图灵奖。香农任贝尔实验室数学研究员，39 岁，于 1948 年创立了信息论，被誉为信息论及数字通信时代的奠基人。罗切斯特任 IBM 公司信息研究经理，36 岁，是 IBM 公司第一代通用计算机——IBM 701 的主设计师，在 1984 年获得了 IEEE(电气与电子工程师学会)计算机先驱奖。

在这份项目申请书中列举了人工智能领域中值得关注的 7 个问题：

(1) Automatic Computers(自动计算机)。

(2) How Can a Computer be Programmed to Use a Language(编程语言)。

(3) Neuron Nets(神经网络)。

(4) Theory of the Size of a Calculation(计算规模理论)。

(5) Self-improvement(自我学习与提高)。

(6) Abstractions(抽象，包括归纳与演绎等)。

(7) Randomness and Creativity(随机性和创造力)。

达特茅斯会议的主要成就就是使得人工智能成为一个独立的学科，并且为人工智能作出了第一个准确的描述。项目申请书中说：这次研讨会的主题建立在一项假设的基础上，即原则上学习的每个方面或智能的任何特征都能被精确地描述到用机器模拟的程度。这可以理解为科学家为人工智能下的第一次定义。

人工智能比较通俗易懂的定义：人工智能是研究开发能够模拟、延伸和扩展人类智能的理论、方法、技术及应用系统的一门新的技术科学。

人工智能的研究目的是促使智能机器有以下能力：

(1) 听(语音识别、机器翻译等)。

(2) 看(图像识别、文字识别等)。

(3) 说(语音合成、人机对话等)。

(4) 思考(人机对弈、定理证明等)。

(5) 学习(机器学习、知识表示等)。

(6) 行动(机器人、自动驾驶汽车等)。

人类几千年来的脑力劳动积累了灿烂的文化，中华文化就是其中杰出的代表，包括博弈(包括各种棋类)、医生看病、诊疗、写诗、作词、谱曲、绘画、戏剧、相声等。人工智能的研究任务当然也包括让机器在上述领域中模拟和实现人类的智能。到目前为止，人工智能在一些领域(例如国际象棋、围棋等)已经取得了令人瞩目的成就，甚至已经超过了人类。

1.1.2 智能的层次

实际上，智能是有层次的，不同层次之间是递进的关系。智能主要包括以下 3 个层次。

1. 计算智能

计算智能，又称运算智能，即快速计算和记忆存储能力，从 1997 年"深蓝"计算机战胜国际象棋世界冠军卡斯帕罗夫起，已经取得了不错的进展。而在 20 年之后的 2017 年，AlphaGo 围棋智能程序先后战胜了李世石和柯洁等人类顶尖棋手，可以看出计算智能在一些项目上已经超越了人类智能。

2. 感知智能

人类和高等动物都具有丰富的感觉器官，能通过视觉、听觉、味觉、触觉、嗅觉感受外界刺激,获取环境信息。智能机器同样可以通过各种传感器、摄像头、雷达等设备获取环境信息,这些设备对智能机器有着必不可少的重要作用。其中,传感器技术从根本上决定着智能机器环境感知技术的发展。目前主流的智能机器传感器包括视觉传感器、听觉传感器、触觉传感器等,各种传感器也被称为"万物之眼"。

当前人工智能已经具备这种环境感知能力,比如应用在安防领域中的智能图像识别、人机交流的语义理解、红外雷达等场景,其中,通过各种雷达、相机等感知设备结合人工智能算法实现智能自动驾驶的汽车行业是人工智能技术的热门应用领域。

3. 认知智能

所谓认知智能,通俗地讲就是"能理解、会思考"。人类有语言,才有概念,才有推理,所以概念、意识、观念等都是人类认知智能的表现。能理解,才会思考。智能机器目前还没有自己的语言,在认知智能层次上与人类智能还有较大的差距。

虽然说目前完全实现认知智能还比较困难,但研究人员通过制造先进的大脑探测工具,从结构上解析大脑,再利用工程技术手段构造出模仿大脑神经网络基元及结构的仿真大脑,最后通过环境刺激和交互训练仿真大脑实现类人智能(类脑计算),这是有可能在未来数十年内能够解决的工程技术问题,而不像理解大脑这个科学问题的解决那样遥遥无期。

关于智能的概念,我国战国时期的思想家、文学家、政治家荀子在《荀子·正名》中有所论述:"知之在人者谓之知。知有所合谓之智。智所以能之在人者谓之能。能有所合谓之能。"这个论述中包含了知觉、智慧、本能和智能的概念,与上述智能的层次体系大致相对应。这也反映了中华传统文化中蕴含的大智慧。

1.2 人工智能的产生与发展

1.2.1 人工智能的产生

首先来看在人工智能的概念被提出之前几位重要的科学家为之作出的贡献。

第一位科学家是美籍奥地利裔数学家、逻辑学家和哲学家库尔特·哥德尔(Kurt Gödel)。哥德尔真正地奠定了现代计算机的理论基础。他提出,可以把人类的全部认知归结为无数条定理,并且这些定理都可以用数学的模式进行表示和逻辑推导。

第二位科学家则是大名鼎鼎的约翰·冯·诺依曼(John von Neumann),美籍匈牙利裔数学家、计算机科学家、物理学家,被称为现代计算机之父。冯·诺依曼设计了经典的冯·诺依曼结构。冯·诺依曼结构是将程序和数据存储在一起,整个计算机由运算器、控制器、存储器、输入设备、输出设备组合而成,程序命令按照顺序执行。1946年2月14日,世界上第一台采用冯·诺依曼结构的通用电子计算机在美国宾夕法尼亚大学研制成功,就是ENIAC(Electronic Numerical Integrator And Computer,电子数字积分计算机)。

第三位科学家就是英国科学家阿兰·图灵(Alan Turing),前面讲到的图灵奖就是以他的名字命名的。图灵被称为计算机科学之父,同时也是人工智能之父。第二次世界大战期间,图灵的团队在1943年研发了密码破译机"图灵甜点"(Turing Bombe),成功破解了德军Enigma的密码电报码。当时,一台"图灵甜点"每天可以破译3000条电报密文,英国曾拥有210台这种像书架一样的密码破译机。

图灵在 1937 年发表了论文《论可计算数及其在判定问题中的应用》,当时图灵正在美国普林斯顿大学攻读博士学位。在该论文中,图灵对哥德尔 1931 年在证明和计算的限制上得出的结果作了重新论述,用图灵机的简单设备代替了哥德尔以通用算术为基础构造的形式语言,如图 1.1(a)所示。图灵机为现代计算机的研究奠定了基础。

图灵在 1950 年发表了论文《计算机器与智能》,在第一段的最开始就提出了这个经典的问题:机器会思考吗?图灵于 1949 年成为英国曼彻斯特大学计算机实验室的副主任,负责最早的真正的计算机——曼彻斯特一号的软件研制工作。就是在此期间,图灵继续进行了一些比较抽象的研究,发表了这篇著名的论文。在这篇具有划时代意义的论文中,图灵提出了图灵测试,如图 1.1(b)所示。如果一台机器能够与人类展开对话(通过电传设备)而不能被辨别出其机器身份,那么就称这台机器具有智能。

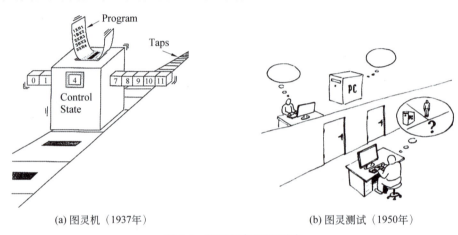

(a) 图灵机(1937年)　　　　　　(b) 图灵测试(1950年)

图 1.1　图灵机与图灵测试

在图灵测试中,提问者向回答者和机器同时提出一系列问题。经过一段时间之后,提问者试图判断哪一个回答是人做出的,哪一个回答是机器的自动回复。多次问答后,如果有超过 30% 的提问者不能区分出被测试者是人还是机器,那么这台机器就通过了测试,并被认为具有人类智能。30% 这个数据是图灵对 2000 年时情况的预测。于是,让计算机通过图灵测试,就成了所有人工智能科学家的最高目标。

在图灵于 1950 年的论文中提出了"机器会思考吗"这个经典问题之后,1956 年的达特茅斯会议正式提出了人工智能这个概念。从 1956 年至今,人工智能已经走过了 60 多个年头。在这 60 多年中,人工智能的发展也不是一帆风顺的,其间也经历了三个繁荣期以及两个低谷期。

1.2.2　第一个繁荣期

在第一个繁荣期,人工智能兴起了符号主义(也称为逻辑主义)的浪潮,时间大约是 1956—1976 年。当时研究人员采用的主要是符号主义研究方法。在当时的计算条件下,研究人员将人类的知识表示为符号,并进行推理演算,这也是当时最可行的方法。

符号主义的核心方法之一就是西蒙(Herbert Simon)和纽厄尔(Allen Newell)推崇的自动定理证明方法。这两位科学家都参加了 1956 年的达特茅斯会议,并在 1975 年共同获得了图灵奖,这也是图灵奖首次同时授予两位学者。另外,西蒙还在1978年荣获了诺贝尔经济学奖,他的中文名是司马贺,1994年当选为中国科学院外籍院士。

西蒙和纽厄尔在人工智能中做出的最基本的贡献是提出了"物理符号系统假说"(Physical Symbol System Hypothesis,PSSH),由此成为人工智能中影响最大的符号主义学派的创始人和代表人物,而这一学说则鼓励着人们对人工智能进行伟大的探索。

1955年,西蒙和纽厄尔以及另一位著名学者肖(John Cliff Shaw)一起成功开发了世界上最早的启发式程序——LT(Logic Theorist,逻辑理论家),随后利用LT证明了数学名著《数学原理》一书里第2章52个定理中的38个定理,受到了人们的高度评价,被认为是用计算机探讨人类智力活动的第一个真正的成果,也是图灵关于机器可以具有智能这一论断的第一个实际的证明。同时,LT也开创了机器定理证明这一新的研究领域。

在机器定理证明方面,研究人员取得了如下的成就:

(1) 1958年,美籍华人科学家王浩在IBM 704计算机上仅用时数分钟就证明了《数学原理》中有关命题演算部分的全部220条定理。

(2) 1963年,LT程序独立证明了《数学原理》第2章中的全部52个定理,而且定理2.85甚至比原作者罗素(Bertrand Russell)和怀特海(Alfred Whitehead)的证明更加巧妙,令人惊叹。

(3) 1976年,美国数学家阿佩尔(Kenneth Appel)和德国数学家哈肯(Wolfgang Haken)利用计算机辅助方法证明了四色定理,该定理从未被常规手段证明过。

在这个符号主义盛行的繁荣期,一些技术也开始萌芽,为人工智能后续的发展奠定了基础。

首先是机器学习技术的萌芽。1952年,IBM公司的塞缪尔(Arthur Samuel)设计了一款可以学习的跳棋程序。这个程序能通过观察棋子的走位自动化、智能化地构建新的模型,并提高自己的下棋技巧。塞缪尔在和这个程序进行多场对弈后发现,随着时间的推移,程序的棋艺变得越来越好。塞缪尔用这个程序推翻了以往"机器无法超越人类,不能像人一样写代码和学习"这一传统认识。塞缪尔对"机器学习"的定义是:不需要确定性编程就可以赋予机器某项技能的研究领域。塞缪尔也被誉为机器学习之父。

在这个时期,除了机器学习技术的萌芽之外,人工神经网络技术也在孕育之中。神经元(就是神经细胞)的结构早在1904年已被生物学家发现,如图1.2(a)所示。1943年,麦卡洛克(Warren McCulloch)和皮茨(Walter Pitts)共同提出了M-P神经元模型,如图1.2(b)所

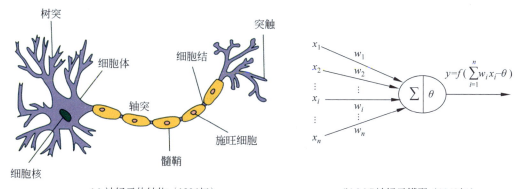

(a) 神经元的结构(1904年)　　　　　　(b) M-P神经元模型(1943年)

图1.2　神经元的结构及M-P神经元模型

示,一般认为这是人工神经网络的开山之作。

1958年,美国康奈尔航空实验室的研究心理学家罗森布拉特(Frank Rosenblatt)提出了感知机(perceptron),采用数学函数对神经元模型进行了抽象和表达,并在1960年基于硬件结构搭建了一个人工神经网络——Mark Ⅰ感知机,如图1.3所示。为了纪念罗森布拉特在人工神经网络方面的首创性工作,美国电气与电子工程师协会(Institute of Electrical and Electronics Engineers,IEEE)于2004年设立了IEEE弗兰克·罗森布拉特奖(The IEEE Frank Rosenblatt Award)。

图1.3 罗森布拉特和Mark Ⅰ感知机(1960年)

在罗森布拉特提出感知机之后,明斯基和派珀特(Seymour Papert)于1969年合作出版了一部著作,其名称就是 *Perceptron*(《感知机》),对感知机进行了批判,并指出感知机不能解决最基本的异或(XOR)问题。异或是计算机科学中的一个基本问题,它的定义是:两个值相同时,异或的结果是假;否则为真。也就是说,异或可以用来判断两个值是否相同。异或问题看上去是一个很简单的问题,但是当时的感知机无法解决这个问题。同时,由于计算机能力弱,明斯基对多层网络也持悲观态度。此后,关于感知机和人工神经网络的研究陷入了停顿。

在20世纪70年代之前的这段时期,研究者对于人工智能的发展速度作出了过于乐观的预言。纽厄尔声称:10年之内,计算机程序将成为国际象棋世界冠军。而西蒙表示:不出20年,机器将能代替人类做一切事情。明斯基则表示:在10年之内,将研制出具有常人智慧的计算机器,能读懂文学作品,可以给车加油,能取悦人类,其智力无与伦比。

此时,由于计算机的计算性能不高,而人工智能领域中许多问题的计算复杂度又比较高,并且常识与推理的实现难度较大,导致大量的研究经费被花掉了,但是并没有获得令人满意的研究成果。1965年,塞缪尔的跳棋程序以1:4不敌当时的世界冠军,无法超越人类。而试图在多种语言之间进行自动翻译的机器翻译技术也远远不能达到研究的预期目标。在美国,国会对此提出了强烈的批评。同时,英国著名数学家莱特希尔(James Lighthill)受英国政府委托进行了调研,随后在1973年发表了一份关于英国人工智能现状的健康报告。他的观点是:机器永远只能下"经验丰富的业余水平的"象棋,常识推理和像人脸识别这样"简单"的任务总是超出它们的能力范围。

从1976年开始,由于机器翻译等项目的失败,再加上莱特希尔报告的负面影响,人工智能领域的研究资助被大幅削减,随之而来的就是众所周知的"人工智能的寒冬"。这个低谷期的时间大约是1976—1982年。此时,IT行业最受关注的是个人计算机(Personal Computer,PC)。

1.2.3 第二个繁荣期

人工智能发展的第二个繁荣期大约是1982—1987年。在此期间,出现了多层人工神经网络。另外,科学家研究出了逻辑规则推演和能够在特定行业解决实际问题的专家系统,这些技术得到了广泛的应用。

首先提出专家系统概念的是美国斯坦福大学教授费根鲍姆(Edward Feigenbaum),他被称为专家系统之父。费根鲍姆于1994年获得图灵奖,获奖贡献是:设计与构建大规模人工智能系统的先驱性的贡献,以及展现了人工智能技术在实际应用中的重要性和潜在的商业影响。

费根鲍姆与同校的化学家布坎南(Bruce G. Buchanan)、莱德伯格(Joshua Lederberg)和杰拉西(Carl Djcrassi)等合作,在1965年研制成功了世界上第一个专家系统——DENDRAL,如图1.4所示。该专家系统的输入是化合物质谱仪的数据,输出则是与该质谱仪数据对应物质的化学结构。费根鲍姆的研究团队捕获化学家的化学分析知识,并把知识提炼成规则。

图1.4 专家系统 DENDRAL(1965年)

专家系统 DENDRAL 的成功,使得人工智能的研究从以推理算法为主转变为以知识为主。专家系统的观点逐渐被人们接受,许多专家系统相继研发成功,其中较具代表性的有医药专家系统 MYCIN(1975年)、探矿专家系统 Prospector(1976年)等。

在20世纪80年代,专家系统的开发趋于商品化,并创造了巨大的经济效益。例如,探矿专家系统 Prospector 发现了人们未能发现的钼矿脉,产生了大约一百万美元的经济效益。DEC 公司与卡内基-梅隆大学(Carnegie Mellon University,CMU)合作开发的 XCON 专家系统,用于辅助 DEC 公司计算机系统的配置设计。XCON 专家系统每年为 DEC 公司节省了数百万美元。

1977年,费根鲍姆在第5届国际人工智能联合会议上提出了"知识工程"的新概念。他认为,知识工程是人工智能的原理和方法,对那些需要专家知识才能解决的应用难题提供求解的手段。恰当运用专家知识的获取、表达和推理过程的构成与解释,是设计基于知识的系统的重要技术问题。知识工程是一门以知识为研究对象的学科,它将具体智能系统研究中那些共同的基本问题抽出来,作为知识工程的核心内容,使之成为指导具体研制各类智能系统的一般方法和基本工具,成为一门具有方法论意义的科学。

1985年,美国认知心理学家鲁姆哈特(David Rumelhart)和他的学生辛顿(Geoffery Hinton,被称为深度学习之父)以及威廉姆斯(Ronald Williams)采用 BP 算法对多层感知机进行了训练并获得成功。多层感知机是一个多层的人工神经网络,它除了包含必要的输入层和输出层之外,还包含一到多个隐含层,如图1.5所示。

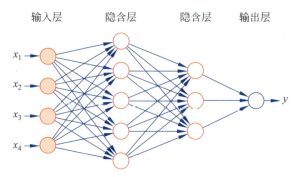

图 1.5　多层感知机（1985 年）

BP（Back Propagation）算法是指反向传播算法。正向传播是指信号从输入层进入人工神经网络，最后在输出层获得一个特定的输出信息。而 BP 算法的核心思想是采用误差反向传播算法，也就是从输出层反向传播到输入层，根据人工神经网络的输出值和真实输出值之间的误差逐层训练人工神经网络中的参数。

在 1987—1993 年，人工智能遭遇到了第二个低谷期。

工业界对专家系统的过度吹捧导致了泡沫的产生，致使专家系统没有达到预期目标。同时，人工神经网络的第二次复兴也因为其局限性没有产生太大的影响力。支持人工智能的研究资金在 20 世纪 80 年代末开始逐渐缩减，美国国防部高级研究计划署（Advanced Research Projects Agency，ARPA）的时任领导认为人工智能并非人们所期待的下一个科技浪潮，他们将优先资助那些看起来更容易出成果的科研项目。

从 1987 年开始，由美国 Apple 公司和 IBM 公司生产的个人计算机性能不断提升。这些计算机没有使用人工智能技术，但性能上却超过了价格昂贵的人工智能计算机（LISP 机）。人工智能硬件的市场急剧萎缩，科研经费随之又被削减。在这一时期，"人工智能"这个词好像成了病菌，很多研究人员不得不用另外的名字伪装自己的研究以便继续获得资助。但在这段时间，许多与人工智能研究关系密切的领域得到了快速发展，例如机器学习、模式识别等。

1.2.4　复苏期

随着机器学习技术的迅猛发展，以及"深蓝"战胜国际象棋世界冠军，标志着人工智能基本度过了寒冬，进入了复苏期，时间约为 1997—2010 年。以机器学习为代表的经验主义方法复兴，取代了符号主义的主导地位。同时，机器学习方法与状态空间搜索方法配合，成为人工智能领域中解决复杂问题的主流方法之一。1997 年，IBM 公司的"深蓝"战胜了国际象棋世界冠军卡斯帕罗夫，又一次在公众领域引发了现象级的人工智能话题讨论。这是人工智能发展的一个重要里程碑。

此时，越来越多的人工智能研究者开始使用数学工具辅助许多问题的研究。人们已经达成了一种共识：人工智能需要解决的问题已经成为数学、经济学和运筹学等领域所共同面临的问题。有了数学工具的支持，人工智能成为了一门更加严谨的学科。

从 20 世纪 90 年代开始，人工智能的研究受到概率论和统计学的影响。美国计算机科学家和哲学家珀尔（Judea Pearl）在 1988 年出版《智能系统中的概率推理》，首次将概率论和决策论引入人工智能的研究中,贝叶斯网络是其中的一项重要成果。2011年,珀尔因其通过概率和因果推理的算法研发在人工智能领域取得的杰出贡献而获得图灵奖。

基于统计的机器学习发展迅速,支持向量机(Support Vector Machine,SVM)就是其中的代表性技术之一。1963年,苏联统计学家、数学家万普尼克(Vladimir Vapnik)在解决模式识别问题时提出了支持向量方法,起决定性作用的样本为支持向量。1971年,美国科学家George Kimeldorf构造了基于支持向量构建核空间的方法。1995年,万普尼克等人正式提出统计学习理论。万普尼克被称为统计学习理论之父。万普尼克建立的一套机器学习理论使用统计的方法,因此有别于归纳学习等其他机器学习方法。由这套理论所引出的支持向量机对机器学习的理论界以及各个应用领域都有极大的贡献。由于具备坚实的理论基础,并且模型更容易训练,SVM迅速成为使用最广泛的机器学习技术。

随着20世纪90年代互联网时代的来临和计算机性能的快速提升,人工智能逐渐渗透到各个行业中。虽然人们对"人工智能"一词还是心有余悸,但是它确实已经开始在工业界发挥作用了。

1.2.5 第三个繁荣期

在经历了21世纪第一个10年的沉淀和积累之后,人工智能终于迎来了第三次浪潮。大数据技术、更强的计算能力和先进的机器学习技术发展迅猛,并在国民经济的许多实际问题中成功应用。在2012—2016年,全球人工智能行业融资规模达到了约220亿美元。

目前人工智能的第三次浪潮中起核心作用的是深度学习技术,也就是深层的人工神经网络技术,与此对应,一般把之前的人工神经网络(包括多层感知机)称为浅层的人工神经网络。近年来,深度学习方法一直是计算机视觉、语音识别、自然语言处理和机器人技术以及其他应用领域取得惊人突破的主要原因。辛顿和他的学生2006年在 *Science* 期刊上发表了论文 *Reducing the Dimensionality of Data with Neural Networks*(《使用神经网络对数据进行降维》),这篇论文正式揭开了深度学习的序幕,开启了深度学习在学术界和工业界的浪潮。

2019年3月27日,ACM宣布,深度学习领域的3位科学家本吉奥(Yoshua Bengio)、杨立昆(Yann LeCun)和辛顿因"在概念和工程方面使深度神经网络成为计算的关键组成部分的突破"获得了2018年的图灵奖。ACM的公告称:虽然在20世纪80年代引入了人工神经网络作为帮助计算机识别模式和模拟人类智能的工具,但到了21世纪初,杨立昆、辛顿和本吉奥仍坚持这种方法。虽然他们重新点燃人工智能社区对人工神经网络兴趣的努力在最初曾遭到怀疑,但其想法引发了重大的技术进步,其方法现在已成为该领域的主导范例。ACM主席潘凯克(Cherri M. Pancake)说:"人工智能现在是所有科学领域中成长最快的领域之一,也是社会上谈论最多的话题之一。人工智能的发展和人们对它的兴趣,在很大程度上要归功于这三人获得的深度学习最新进展。这些技术正被数十亿人使用。任何口袋里有智能手机的人都能实实在在体验到自然语言处理和计算机视觉方面的进步,而这在10年前是不可能的。除了我们每天使用的产品,深度学习的新进展也为科学家们提供了研究医学、天文学、材料科学的强大新工具。"

深度学习首先取得突破性成就的领域是计算机视觉。

杨立昆在1988年首次提出了卷积神经网络(Convolutional Neural Network,CNN),并

用于手写数字识别。1998 年,杨立昆与 Yoshua Bengio 等人合作发表了论文,提出了采用卷积神经网络的 LeNet-5 模型,并使用了 MNIST 数据集,如图 1.6 所示。

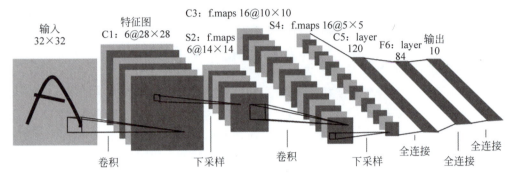

图 1.6　LeNet-5 模型(1998 年)

　　MNIST 是机器学习领域中非常经典的一个数据集,由 6 万个训练样本和 1 万个测试样本组成,每个样本都是一张 28×28 像素的灰度手写数字图片(请参见 2.3.1 节)。LeNet-5 共有 5 层(不包括输入层和池化层),具体为 2 个卷积层和 3 个全连接层。在 MNIST 数据集上,LeNet-5 模型可以达到大约 99.2% 的正确率。LeNet-5 模型推出之后,当时美国大多数银行就使用它识别支票上的手写数字,它是早期卷积神经网络中最有代表性的实验系统之一。

　　深度学习引起社会广泛关注是在 2012 年进行的大规模图形识别挑战赛(ImageNet Large Scale Visual Recognition Challenge,ILSVRC)竞赛之后。ILSVRC 是基于 ImageNet 数据集的众多挑战赛之一。ImageNet 是计算机视觉领域中最著名的数据集之一,该数据集不仅是计算机视觉发展的重要推动者,也是这一波深度学习热潮的关键驱动力之一。ImageNet 数据集的创建者是美国斯坦福大学教授李飞飞。截至 2016 年,ImageNet 中含有超过 1500 万张人工标注的图片,也就是带类别标签的图片,标签说明了图片中的内容,共有超过 2.2 万个类别。

　　在 2012 年 ILSVRC 挑战赛中,克里泽夫斯基(Alex Krizhevsky)、莎士科尔(Ilya Sutskever)和辛顿创造了一个"大型的深度卷积神经网络",也就是现在众所周知的 AlexNet,赢得了 ILSVRC 挑战赛的冠军。这是 ILSVRC 竞赛历史上第一次有模型表现如此出色。AlexNet 的 top-5 识别错误率是 16%,而第二名则为 26%。AlexNet 由 5 个卷积层、3 个全连接层和最终分类器构成,包含 65 万个神经元,需要学习 6000 万个参数,其网络结构如图 1.7 所示。

　　在 2013—2017 年的 ILSVRC 挑战赛中,人工智能行业的公司和研究机构采用各种深度学习模型,可谓"八仙过海,各显神通",模型预测的错误率急剧下降。2010—2016 年 ILSVRC 挑战赛冠军的错误率如图 1.8 所示。需要注意的是,即使是人类也不是百分之百正确识别的,人类的 top5 识别错误率大约在 5% 左右。而 2015 年深度学习模型的错误率已经比人类还低了,也就是说,在基于 ImageNet 数据集的 ILSVRC 挑战赛上,机器智能已经战胜了人类智能。2017 年 7 月 26 日,在"超越 ILSVRC"的研讨会上,组织者宣布 ILSVRC 挑战赛将于 2017 年正式结束,此后将专注于目前尚未解决的问题及未来发展方向。ILSVRC 挑战赛始于 2010 年,终于 2017 年。目前,计算机视觉的竞赛主要基于微软公司

COCO 和其他一些数据集进行。

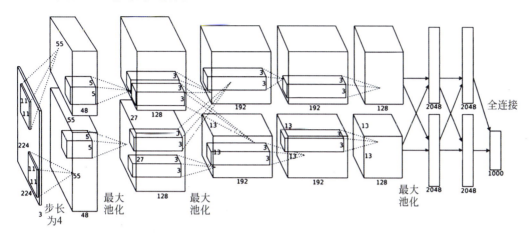

图 1.7 AlexNet 网络结构（2012 年）

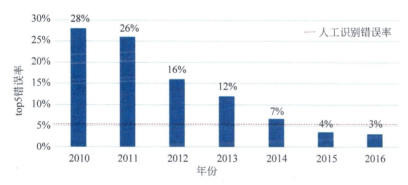

图 1.8 2010—2016 年 ILSVRC 挑战赛冠军错误率

以上是深度学习在计算机视觉领域中的突破性成果。

深度学习引领了人工智能第三次浪潮，但是深度学习并不是独立工作的，它本身采用了深层的人工神经网络，层次越深，每层包含的神经元数量越多，整个模型就会需要训练数量庞大的参数，从而发生连锁反应，需要更大规模的训练数据，同时也要求计算平台提供更强大的算力。因此，目前的人工智能技术包含了以下 3 个要素：算法、算力和数据。其中，算法主要包括深度学习（深度人工神经网络），算力是指超级计算机和智能芯片，数据是指大数据。为了训练复杂的深度人工神经网络模型，采用深度学习技术的公司从使用 CPU 到使用 GPU、FPGA 和 ASIC，并进而研发和使用专用的人工智能芯片。

目前的深度学习对训练使用的数据量有较高的要求。当数据规模很大的时候，传统人工智能算法的效果已经无法进一步提升了，而深度学习模型的效果则仍然继续提升，这也是深度学习能够解决很多人工智能难题的原因所在，例如人脸识别、语音识别等。当然，并不是每一个问题都已经具备了如此海量的数据，因此，这也限制了深度学习在一些缺乏海量数据领域的应用。

为了进一步提高深度学习等前沿技术的研究与应用，世界上很多公司乃至国家都开始重视人工智能技术。为抢先抓住人工智能发展的重大战略机遇，构筑我国人工智能发展的先发优势,加快建设创新型国家和世界科技强国,国务院发布了《新一代人工智能发展规划》,于2017年7月8日印发并实施。在该发展规划中,我国将人工智能上升为国家战略,力争在2030年达到世界领先水平。

1.3 人工智能的三大学派

在人工智能发展的60余年里,不同的科学家对人工智能有着不同的认识和理解,在进行研究工作中采用了不同的方法论,各自取得了杰出的成果,并进而形成了人工智能的三大学派。

第一个是符号主义学派,从模拟人的心智入手,强调知识的表示和自动推理,除此之外还有专家系统和知识图谱等著名成果。符号主义学派是人工智能发展初期的主流学派。

第二个是连接主义学派,从模拟人脑的结构入手,模拟人脑的技术手段主要就是基于神经元模型的人工神经网络。连接主义学派在发展过程中历经多次起起落落,2006年至今席卷全球的深度学习浪潮就是连接主义学派的巨大成功,目前已经基本解决了诸如人脸识别、语音识别等人工智能领域多年的难题,并投入实际应用中,产生了巨大的经济效益和社会效益。可以说,目前是深度学习的时代。

第三个是行为主义学派,从模拟人的行为入手。行为主义学派的理论基础来自20世纪40—50年代维纳(Noebert Wiener)的控制论,各种智能机器人是该学派的研究成果。强化学习是行为主义学派的重大贡献。AlphaGo的主要算法就是结合了深度人工神经网络的强化学习方法。

1.3.1 符号主义学派

符号主义认为人工智能源于数理逻辑,因此符号主义也称为逻辑主义。数理逻辑从19世纪末得以迅速发展,到20世纪30年代开始用于描述智能行为。计算机出现后,又在计算机上实现了逻辑演绎系统,其代表性的成果为西蒙和纽厄尔研究的启发式程序LT,它证明了38条数学定理,表明可以应用计算机研究人的思维过程以模拟人类的智能活动。正是这些符号主义者在1956年首先采用了"人工智能"这个术语。

符号主义主要基于下列理念:
(1) 认知的基元是符号。
(2) 认知过程就是符号运算过程。
(3) 智能的基础是知识,核心是知识表示与知识推理。
(4) 知识可用符号表示,也可使用符号进行推理。

在启发式算法之后,符号主义学派又研究出了专家系统,并进一步总结为知识工程的理论与技术,在20世纪80年代取得很大发展。进入21世纪以后,又涌现出了知识图谱这一应用广泛的技术。目前符号主义仍然活跃在人工智能领域。

符号主义学派的开创性工作是自动定理证明。1958年,美籍华人科学家、洛克菲勒大学教授王浩用他首创的"王氏算法"在一台普通的IBM 704计算机上用时数分钟就证明了《数学原理》中谓词演算部分的全部共220条定理。1960年,王浩在《IBM研究与发展年报》上发表了题为《迈向数学机械化》的文章,首次提出"数学机械化"一词。

在几何定理的自动证明方面，我国科学家吴文俊院士取得了世界瞩目的成就。在对中国数学史的研究中，吴文俊发现中国古代数学就已经蕴含了数学机械化的思想。吴文俊指出，源自希腊的西方数学主要遵循公理化的原则搭建理论大厦；而中国古代数学的传统却着重于构造性算法化的证明，因而适合现代计算机科学发展的脉络。1977年，吴文俊在《中国科学》上发表《初等几何判定问题与机械化问题》的论文。1984年，吴文俊的专著《几何定理机器证明的基本原理》由科学出版社出版。吴文俊为了弘扬中国数学构造性算法化的传统，将数学(特别是代数几何)与计算机科学相结合，开创了机器几何定理证明的方向，凭一人之力推动了数学机械化的发展。吴文俊认为，在很大程度上，人们可以用复杂的计算推演代替抽象的推理，从而用计算机辅助数学家发现自然结构、获取数学真理。吴文俊发明的吴方法完全可以证明所有欧几里得几何的定理，同时被广泛应用于许多数学和工程领域。2001年2月19日，吴文俊获得了2000年我国首届国家最高科学技术奖，和他一起获奖的是袁隆平院士。2011年，中国人工智能学会正式设立了"吴文俊人工智能科学技术奖"，作为中国智能科学技术的最高奖，用于激励创新、成就未来。

符号主义曾长期一枝独秀，为人工智能的发展做出了重要贡献，尤其是专家系统的成功开发与应用，对人工智能走向工程应用和实现理论联系实际具有特别重要的意义。专家系统是一个具有智能特点的计算机程序，它的智能化主要表现为能够在特定的领域内模仿人类专家思维以求解复杂问题。因此，专家系统必须包含领域专家的大量知识，拥有类似人类专家思维的推理能力，并能用这些知识解决实际问题。

第一个专家系统是1965年的DENDRAL。另外，1975年的医学专家系统MYCIN也很有名。1980年代的专家系统XCON在商业上取得了很大的成功。从研究方法上说，专家系统已经不再是百分之百的理性主义，由于采集了人类专家的知识，因此也结合了经验主义的研究思想。

随着时代发展，人工建设专家系统效率低、成本高，效果逐渐跟不上需求，因此慢慢成为历史。但基于知识的人工智能方法仍然在不断进步。近几年来成为研究热点的知识图谱某种程度上就可以看作大规模的知识集合。通用知识图谱中往往会包含上亿条知识，并且采用自动化技术进行知识的采集和自动推理。而面向垂直领域的知识图谱则更强调知识的正确性、完备性以及基于知识图谱的实际应用。基于知识的研究方法仍然是人工智能中重要的方法之一。

1.3.2 连接主义学派

连接主义(也称为结构主义)认为人工智能源于仿生学，特别是对人脑模型的研究。它的代表性成果是1943年由生理学家麦卡洛克和数理逻辑学家皮茨创立的脑模型，即M-P神经元模型，开创了用电子装置模仿人脑结构和功能的新途径。连接主义从神经元开始，进而研究神经网络模型和脑模型，开辟了人工智能的又一发展道路。

20世纪60—70年代，连接主义，尤其是对以感知机为代表的脑模型的研究出现过热潮，由于受到当时的理论模型、生物原型和技术条件的限制，脑模型研究在20世纪70年代后期至80年代初期落入低潮。直到霍普菲尔德(John J.Hopfield)教授在1982年和1984年发表两篇重要论文，提出用硬件模拟人工神经网络以后，连接主义才又重新抬头。1986年，鲁姆哈特等人提出多层人工神经网络中的反向传播(BP)算法。而辛顿于2006年在《科学》期刊上发表了论文《使用神经网络对数据进行降维》之后，连接主义学派通过深度神经网络再次站在了人工智能的最前沿，开启了深度学习在学术界和工业界的浪潮。

下面来看一下几个经典的人工神经网络模型。

首先是卷积神经网络，著名的杨立昆就是卷积神经网络之父。他提出了LeNet-5模型，用于手写数字和英文字母的识别。

之后是AlexNet，这是克里泽夫斯基与辛顿等人提出的模型，后来获得了2012年ILSVRC挑战赛的冠军，其top5错误率领先第二名10个百分点，一举成名。AlexNet的网络结构模型共包含8层，其中前面5层为卷积层，后面3层为全连接层；学习参数有6000万个，神经元有65万个。AlexNet模型在两个GPU(显卡)上运行，以完成参数的训练。

GoogLeNet则获得了2014年ILSVRC挑战赛的冠军。GoogLeNet的网络结构很复杂，其网络深度是22层，但经过巧妙的设计之后，仅包含了500万个参数，是AlexNet参数数量的1/12。

在计算机视觉领域，卷积神经网络是使用最广泛的深度神经网络。而在自然语言处理等领域，历史上曾经使用了循环神经网络(Recurrent Neural Network，RNN)，2017年至今则主要使用包含了注意力机制的Transformer神经网络模型。

1.3.3 行为主义学派

行为主义学派认为人工智能源于控制论。控制论思想早在20世纪40—50年代就成为时代思潮的重要部分，影响了早期的人工智能工作者。1947年，阿什比(William Ross Ashby)提出了自组织系统的概念；1948年，维纳提出了控制论；1954年，钱学森提出了工程控制论和生物控制论。上述理论影响了许多领域。控制论把神经系统的工作原理与信息理论、控制理论、逻辑学以及计算机科学联系起来。

行为主义学派早期的研究工作重点是模拟人在控制过程中的智能行为和作用，如对自寻优、自适应、自镇定、自组织和自学习等控制论系统的研究，并进行"控制论动物"的研制。到20世纪60—70年代，上述控制论系统的研究取得一定进展，播下了智能控制和智能机器人的种子，并在20世纪80年代诞生了智能控制和智能机器人系统。

行为主义是20世纪末才以人工智能新学派的面孔出现的，引起许多人的兴趣。这一学派的代表作者首推布鲁克斯(Rodney Brooks)的六足行走机器人，它被看作新一代的"控制论动物"，是一个基于感知-动作模式模拟昆虫行为的控制系统。在机器人之外，行为主义学派著名的成果还包括强化学习。

强化学习也称增强学习，是机器学习中的一个领域。强化学习是智能体以试错的方式进行学习，通过与环境进行交互获得的奖励指导行为，目标是使智能体(agent)获得最大的奖励。强化学习中由环境提供的强化信号是对产生动作的好坏进行的一种反馈评价，而不是告诉强化学习系统如何产生正确的动作。由于外部环境提供的信息很少，强化学习系统必须靠自身的经历进行学习。通过这种方式，强化学习系统在行动-评价的环境中获得知识，不断改进行动方案以适应环境。强化学习的灵感来源于心理学中的行为主义理论，即有机体如何在环境给予的奖励或惩罚的刺激下，逐步形成对刺激的预期，产生能获得最大利益的习惯性行为，因此，强化学习属于行为主义学派。

强化学习最早可以追溯到巴甫洛夫的条件反射实验，它从动物行为研究和优化控制两个领域独立发展,最终经贝尔曼(Richard Bellman)之手将其抽象为马尔可夫决策过程(Markov Decision Process,MDP)。1980年,伯林(Hans Berliner)打造的计算机战胜双陆棋世界冠军成为标志性事件。1989年,沃特金斯(Christopher Watkins)在自己的博士论文 Learning from delayed rewards(《从延迟奖赏中学习》)中最早提出了 Q-learning 算法,大大提高了强化学习的实用性和可行性。随后,基于行为的机器人学在布鲁克斯的推动下快速发展,成为人工智能的一个重要发展分支。

在 AlphaGo 2016 年击败李世石、2017 年击败柯洁之后,融合了深度人工神经网络的强化学习技术大放异彩,成为近年来最成功的人工智能技术之一。2017 年 5 月,AlphaGo Master 以 3∶0 战胜柯洁。AlphaGo Master 用到了人类棋手以往的 16 万盘棋谱以及 AlphaGo 自己"左右互搏"产生的 3000 万盘棋谱。2017 年 10 月,AlphaGo Zero 使用纯强化学习,不使用任何已有的棋谱数据,经过几天训练后,就以 100∶0 击败了 AlphaGo Master。从这个结果也能看出,强化学习能够迅速产生大量的数据,并且学习的效果非常惊人。尤其是与深度人工神经网络相结合得到的深度强化学习技术,在 AlphaGo Zero 和其他许多案例中都得到了非常成功的应用。

人工智能在博弈和电子竞技中广泛采用了强化学习技术。除了围棋之外,人工智能使用强化学习技术,逐步在各类电子竞技项目中增强了实战能力,已经初步具备了在某些项目上战胜人类顶尖选手的能力。

2017 年 8 月,OpenAI 公司的机器人在 DOTA 2 的一对一比赛中战胜了人类顶级职业玩家 Dendi。至此,继横扫人类国际象棋大师和围棋大师后,人工智能又将风靡全球的电子竞技游戏 DOTA 2 攻陷。在 2018 年,由 5 个神经网络组成的 OpenAI Five 已经能够组成 5v5 团队在 DOTA 2 中击败人类业余玩家队伍。这次事件被比尔·盖茨称为里程碑,因为在比赛中 OpenAI Five 展现出了类似于人的长期规划和团队协作能力,也展现了极高的智能决策能力。2019 年 4 月,OpenAI Five 以 2∶0 的比分战胜了第 8 届 DOTA 2 国际邀请赛冠军队 OG,成为首个在电子竞技比赛中击败世界冠军的人工智能系统。在 OpenAI 组织的 OpenAI Five Arena 的竞技场中,OpenAI Five 的胜率为 99.4%。

1.4 人工智能的研究内容

1.4.1 人工智能的研究内容概述

人工智能的研究离不开对人类智能本身的研究和认知。人类智能本身的研究主要是对智能脑和认知机理的研究,而这又离不开神经科学和认知科学。Google 公司在 2006 年启动了 Google Brain 项目。百度公司则提出了"百度大脑"项目,利用计算机技术模拟人脑。人工智能的研究还包括智能模拟,具体包括智能模拟的理论、方法和技术研究,例如机器感知、机器认知、机器学习、机器行为等。

人工智能的研究内容主要包括以下 5 方面。

1. 计算机视觉

为了模拟人类的视觉感知、认知和理解能力,人工智能有一个非常重要的研究内容,那就是计算机视觉。计算机视觉是一门研究如何对数字图像或视频进行智能理解的学科。它模拟了人类的视觉系统,让计算机具备"会看"的能力。计算机视觉中常见的任务主要包括目标检测、目标跟踪、目标分类、目标行为识别、立体视觉匹配等。

2. 语音技术

除了视觉之外,语音智能也是人类智能的重要内容之一。在人工智能时代,人机交互(Human-Machine Interaction,HMI)的技术手段除了传统的键盘、鼠标之外,还增加了人脸、语音、动作、姿态等多种人工智能技术。自动语音识别(Automatic Speech Recognition,ASR)就是让机器通过识别和理解过程把语音信号转变为相应的文本或命令的人工智能技术。语音合成是通过机械的、电子的方法产生人造语音的技术。文语转换(Text To Speech,TTS)技术隶属于语音合成,它是将计算机自己产生的或外部输入的文字信息转变为可以听得懂的、流利的某种语言口语输出的技术。语音增强是指当语音信号被各种各样的噪声干扰甚至淹没时,从噪声背景中提取有用的语音信号,抑制、降低噪声干扰的技术。语音增强技术的目的就是从含噪语音中提取尽可能纯净的原始语音。

3. 自然语言处理

自然语言处理是人工智能中非常重要的研究内容。自然语言指的是人们在生活中使用的口头和书面语言,例如汉语、英语等。自然语言处理包括两部分,分别是自然语言理解和自然语言生成。自然语言理解是理解给定自然语言的含义;而自然语言生成则正好相反,是根据已有的含义来生成一段自然语言的文本,新华社使用的人工智能自动写作中就使用了自然语言生成技术。自然语言处理技术可以和语音技术相结合,从而实现人机对话,这就是智能问答系统。自然语言处理中典型的任务包括文本分类、机器翻译、智能问答等。今日头条 App 中把各类新闻进行自动分类,就使用了文本自动分类技术。

4. 机器学习

为了能够获得人类的视觉、听说能力,人工智能主要采用机器学习技术来实现。机器学习是人工智能中重要的一部分,而深度学习则是采用了深度人工神经网络的机器学习技术。

机器学习的原理和人类学习的原理是很类似的。人通过不断地学习获得了丰富的经验,并归纳得到许多规律,然后就能对于给定的问题做出自己的预测。机器学习也是如此,也需要很多学习资料,就是历史数据。通过大量的历史数据,机器学习可以训练得到模型。此后对于新的数据,机器学习使用训练得到的模型就可以进行预测了。

5. 知识工程

知识以及基于知识的智能技术一直是人工智能中非常有影响的研究内容之一。知识工程研究如何用机器代替人实现知识的表示、获取、推理、决策,包括机器定理证明、专家系统、机器博弈、数据挖掘和知识发现、不确定性推理、领域知识库,以及数字图书馆、维基百科、知识图谱等大型知识工程。知识工程不仅要研究如何获取、表示、组织、存储知识,如何实现知识型工作(如教师)的自动化,还要研究如何运用知识,更要研究如何创造知识。

1.4.2 人工智能的核心技术

在人工智能的研究中,科学家和研究人员已经成功实现了多项核心技术,并已在工作和生活中广泛应用,发挥了重要的作用。

人脸识别技术是人工智能中最著名同时可能也是最成功的核心技术之一。同时,人脸识别技术也可以应用在很多领域和行业中。

语音识别技术是人工智能中另一项核心技术，目前在智能手机终端上已得到广泛的应用。例如，在苹果手机上可以使用 Siri 进行语音识别，而在 Android 手机上则可以使用科大讯飞公司开发的讯飞输入法，对语音进行识别并转换为文本。而在家庭教育机器人中，语音识别技术是实现家庭教育机器人功能的核心技术之一。

语音合成技术是语音智能中另一项核心技术，在所有需要人类发音的业务中都可以应用该技术。例如，郭德纲和沈腾都给导航软件进行了配音，实际上使用的是语音合成技术，并不是像电影和电视剧那样真正地配音。2018 年 1 月，《创新中国》纪录片共 6 集在 CCTV 播出，由知名配音演员李易配音，他于 2013 年因病去世。《创新中国》中李易的配音是由科大讯飞公司和其他公司合作，根据李易先生生前录音资料制作完成的。

在自然语言处理中，机器翻译是一项应用非常广泛的核心技术。在国内，科大讯飞等公司已研发并推出了多款机器翻译产品。

1.5 人工智能的应用

人工智能发展迅猛，在各行各业中已经广泛应用，这里只列出了其中的一部分。

1. 医疗行业应用

2016 年 8 月，习近平总书记在全国卫生与健康大会上强调：没有全民健康，就没有全面小康。医疗行业中可以应用人工智能技术的主要领域包括虚拟助理、医学影像、辅助诊疗、药物挖掘、疾病风险预测、健康管理、医院管理、辅助医学研究平台等。可以看出，几乎在医疗行业的每一个领域中都可以应用人工智能技术。

使用计算机视觉技术，可以辅助进行医疗影像的自动诊断，从而提高速度，降低影像科和相关科室医生的工作量。一位病人可能约有几十张到上百张 CT 影像，而对一张 CT 影像进行肉眼分析耗时大约为 5～15min。2020 年，阿里巴巴公司旗下的达摩院和阿里云合作，在基于钟南山院士团队等多个权威团队关于新型冠状病毒感染临床特征的论文和最新诊疗方案之后，研发了人工智能助手软件。对 CT 影像分析耗时约 20 秒，准确率在 96% 以上。使用人工智能技术进行 CT 影像分析的辅助诊断示例如图 1.9 所示。

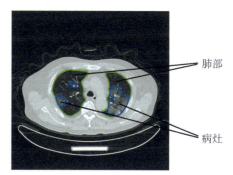

图 1.9 使用人工智能技术进行 CT 影像分析的辅助诊断示例

2. 家庭应用

许多家庭都已经配备了扫地机器人、智能音箱、智能电视等多种智能家居产品。这些产品提高了人们的生活幸福指数，为建设全民小康社会做出了贡献。

3. 智能安防应用

在安防设备的三大产品——视频监控、门禁和防盗报警设备中，视频监控仍是最主要的市场。但在使用人工智能技术之前，监控视频中人物和目标的搜索主要靠人工完成。以海康威视公司为例，该公司在道路智慧监控系统解决方案中使用人工智能技术，可以从视频中识别出车辆等目标,并能提取出其颜色、车牌号码等详细特征。

4. 智慧交通应用

以滴滴公司为例,滴滴每天处理的数据超过 4500TB,日均车辆定位数据超过 150 亿个,每日处理路径规划请求超过 400 亿次。在这些数据的处理中大量使用了机器学习、路径规划等人工智能技术。

Google 公司研发了自动驾驶汽车 Waymo。我国的智能驾驶研究也如火如荼、发展迅猛。2017 年,百度公司董事长李彦宏乘坐无人驾驶汽车在北京五环路上行驶的视频在互联网上迅速传播,这是 2017 年百度 AI 开发者大会活动的一个环节。

5. 法律行业应用

在法院的庭审环节中,有大量各类人员的语音,包括法官、书记员、原告、被告以及双方的律师等,因此,语音识别技术大有用武之地。同时,案件本身会包含大量的资料,法律本身也都是标准的自然语言文本,这些也是自然语言处理技术的处理对象。科大讯飞公司研发了讯飞电子质证系统、智能庭审语音识别系统等,并且已在多个省、市的不同级别法院成功应用,提高了工作效率。

在国外,IBM Watson 在 2011 年战胜人类顶尖选手、获得问答节目 *Jeopardy*！冠军之后,也被应用到包括法律、医疗在内的多个行业。IBM Watson 是认知计算系统的杰出代表,也是一个技术平台。全球首位人工智能律师 Ross Intelligence 在 2016 年就职于美国最大的全球律师事务所之一——Baker & Hostetler,"她"将会进入这家公司的破产业务部门工作,负责协助处理企业破产相关事务。

1.6　人工智能的未来

人工智能有 3 种形态,分别是弱人工智能、强人工智能和超人工智能。

1. 弱人工智能

弱人工智能就是仅擅长某一方面的人工智能,比如 AlphaGo,虽然在围棋方面无人能敌,但是下雨和打伞、收衣服之间的关系这样的常识问题它是没有办法解决的。

2. 强人工智能

强人工智能是人类级别的人工智能,强人工智能是指在各方面都能和人类比肩的人工智能,人类能做的脑力活它都可以做。创造强人工智能比创造弱人工智能要难得多,目前还做不到。有科学家把智能定义为"一种宽泛的心理能力,能够进行思考、计划、解决问题、抽象思维、理解复杂理念,快速学习和从经验中学习等操作"。强人工智能在进行这些操作时应该和人类一样得心应手。

3. 超人工智能

英国哲学家、人工智能思想家博斯特罗姆(Nick Bostrom)把超级智能定义为"在几乎所有领域都比最聪明的人类大脑都聪明很多,包括科技创新、通识和社交技能"。超人工智能可以是各方面都比人类强一点,也可以是各方面都比人类强万亿倍,超人工智能也正是为什么人工智能这个话题这么火热的原因所在。

计算机科学家高德纳(Donald Knuth)说:"人工智能已经在几乎所有需要思考的领域超过了人类,但是在那些人类和其他动物不需要思考就能完成的事情上,还差得很远。"例如常识,对人来说是很容易的事情,人看见下雨知道躲避、打伞、收衣服等,但对于计算机来说就不是那么容易的了。常识系统目前仍然是人工智能中尚待解决的问题之一。

库兹韦尔(Ray Kurzweil)很早就提出了库兹韦尔定律:任何技术只要成为信息技术,就将以指数级的速度迅速向外扩充。正是基于这一定律,库兹韦尔在20多年前就预言:人工智能计算机将在1998年战胜人类的国际象棋冠军,他的这一预言也被后来的事实证明。他还预言:到2027年,用1000美元的价格可以买到超越一个人(脑力)的计算机;到2050年,1000美元的价格就可以买到超过全部人类大脑智能的计算机。库兹韦尔提出:在2045年,人工智能将超越人类智能,存储在云端的"仿生大脑新皮质"与人类的大脑新皮质将实现对接,世界将开启一个新的文明时代,奇点到来!除了库兹韦尔之外,还有许多人和公司都对奇点做出了自己的预测。

1.7 本章小结

人类智能是自然界的奥秘之一,目前还很难给出确切的定义。简单地说,智能可以理解为知识与智力的总和,其中知识是一切智能行为的基础,而智力则是获取知识并应用知识解决问题的能力。智能具有感知能力、记忆和思维能力、学习能力、行为能力等。

人工智能的目的是在计算机上模拟、实现和扩展生物智能(主要是人类智能)。人工智能的研究学派包括符号主义、连接主义(结构主义)和行为主义。目前处于深度学习(深度人工神经网络)带来的人工智能第三个繁荣期。

习 题 1

1. 在人工智能时代,主要的人机交互方式为( )。
   A. 触屏 B. 键盘 C. 语音、视觉、动作等 D. 鼠标
2. 第一个专家系统是( )。
   A. DENDRAL B. XCON C. ELIZA D. Deep Blue
3. 下面( )不是人工智能的主要研究流派。
   A. 模拟主义 B. 连接主义 C. 行为主义 D. 符号主义
4. ( )是在20世纪被提出的,用来进行对计算机智能水平进行测试。
   A. 图灵测试 B. 费马定理 C. 香农定律 D. 摩尔定律
5. 从人工智能研究流派来看,西蒙和纽厄尔提出的LT方法属于( )。
   A. 连接主义 B. 行为主义 C. 符号主义 D. 模拟主义
6. 目前最火热的深度学习技术属于人工智能的( )研究流派。
   A. 连接主义 B. 行为主义 C. 符号主义 D. 模拟主义
7. 深度学习最早在( )领域取得突破性成就。
   A. 自然语言处理 B. 计算机下围棋 C. 计算机视觉 D. 语音识别
8. 关于人工智能的概念和定义,请谈谈你的理解。

第 2 章 计算机视觉

计算机视觉(Computer Vision,CV)是一门研究如何对数字图像或者视频进行智能理解的学科,因此,计算机视觉的处理对象主要是数字图像和视频。

计算机视觉模拟人类的视觉系统,让机器具备"会看"的能力,用计算机实现对视觉信息处理的全过程。从人工智能的视角看,计算机视觉要赋予计算机"看"的智能,与语音识别赋予计算机"听"的智能、语音合成赋予计算机"说"的智能类似,都属于感知智能的范畴。从工程的视角看,对图像和视频进行理解,就是用计算机自动实现人类视觉系统的功能,包括图像或视频的获取、处理、分析和理解等诸多任务。

本章首先介绍计算机视觉的概念,简要回顾计算机视觉的发展史;然后,阐述计算机视觉的研究内容,对计算机视觉领域的经典数据集和相关竞赛进行介绍;最后简要介绍计算机视觉技术的典型应用。

2.1 计算机视觉概述

孟子曰:"存乎人者,莫良于眸子。眸子不能掩其恶。胸中正,则眸子瞭焉;胸中不正,则眸子眊焉。听其言也,观其眸子,人焉廋哉?"(《孟子·离娄上》)达芬奇也说:"眼睛是心灵的窗户。"视觉是人类最重要的感觉。据研究统计,人类认识外界的信息大约80%来自视觉。

2.1.1 计算机视觉的概念

人类视觉系统结构极其复杂,由眼球、神经系统及大脑的视觉中枢构成。人眼的结构如图 2.1 所示。

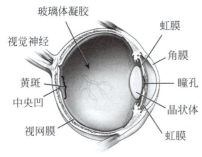

图 2.1 人眼的结构

视网膜是一个多层薄膜,布满了视锥细胞和视杆细胞。视锥细胞在黄斑附近的密集程度特别高。有 3 种不同光敏度的视锥细胞,它们在感受彩色光时起着关键的作用。视杆细胞是非常灵敏的光感受器,甚至能响应单个量子。

人类视觉是通过人眼感知世界的过程。人通过视觉器官——眼睛接收外界的刺激信息,大脑对这些信息进行处理和解释,使这些刺激具有明确的实际意义,人的视觉感知是有明确输入和输出信息处理的过程。人类视觉的输入是通过眼睛对世界的观察,而输出则是对世界的感知。

图 2.2 说明了人类视觉的感知过程。

图 2.2　人类视觉的感知过程

对于模拟和扩展人类智能的人工智能来说,计算机视觉是感知外部世界最重要的途径之一。计算机视觉是使用计算机及相关设备对生物视觉的一种模拟,它的主要任务就是通过对图像或视频进行处理以获得相应场景的三维信息,就像人类和许多其他生物每天所做的那样。计算机视觉是通过对图像和视频的分析处理、实现类似人类视觉感知和认知能力的过程。计算机视觉的输入是图像或视频,其中视频可以理解为图像的序列。

计算机视觉是一门研究如何对数字图像或视频进行高层理解的交叉学科。计算机视觉的感知过程如图 2.3 所示。与人的视觉系统相比,摄像头、雷达等成像设备是计算机的"眼睛",而计算机视觉就是要实现人的大脑(主要是视觉皮层区)的视觉功能。

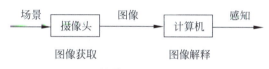

图 2.3　计算机视觉的感知过程

以下列出了计算机视觉的几个著名的定义:
(1) 对图像中的客观对象构建明确而有意义的描述。
(2) 从一个或多个数字图像中计算三维世界的特性。
(3) 基于感知图像做出对客观对象和场景有用的决策。

目前,计算机视觉是人工智能中最热门的研究领域之一。计算机视觉与许多学科都有密切关系,是一个跨领域的交叉学科,包括计算机科学、数学、物理学、生物学等。与计算机视觉关系密切的一类学科来自脑科学领域,例如认知科学、神经科学、心理学等。一方面,这些学科极大地受益于数字图像处理、计算机视觉带来的图像处理和分析工具;另一方面,脑科学领域的学科所揭示的视觉认知规律、视觉皮层神经机制等对于计算机视觉的发展起到了巨大的推动作用。例如,卷积神经网络就是受到了视觉神经科学的启发而发展起来的。

越来越多的计算机视觉系统已经走进人们的工作和日常生活中,例如人脸识别、车牌识别、指纹识别、视频监控、智能驾驶、人体动作的视觉识别系统、工业视觉检测识别系统、智能移动机器人、生物医学影像检测和识别系统等。

2.1.2　计算机视觉的发展史

计算机视觉的研究发端于 20 世纪 60 年代的图像识别研究。经历了近 60 年的变迁,计算机视觉研究的问题也由简单到复杂,其研究方法也随着人工智能的发展而改变。计算机视觉已经取得了一系列研究成果,这一领域在过去的 40 多年中已成为人工智能研究中最活跃的一部分。例如,人脸识别、视频分析等计算机视觉技术已经在人们的生活中随处可见了。

1. 20 世纪 60 年代

20 世纪 60 年代,计算机视觉采用的研究方式是所谓的"积木世界分析方法"。1963 年,美国 MIT 的罗伯茨(Larry Roberts)提交了一份关于机器如何通过二维图像感知三维物体的博士论文,内容是通过计算机程序从数字图像中提取出诸如立方体、楔形体、棱柱体等多面体的三维结构。该工作开创了以"识别三维积木场景中的物体"为目的的计算机视觉研究。研究人员认为,如果积木世界中的物体可以被识别出来,就可以推广到更复杂的三维场景物体识别中。当时,科学家总结不同物体在图像中的特点,编写了对应的数据结构和规则,通过推理进行物体识别。这种方法称为"积木世界"分析方法。罗伯茨后来转向了计算机网络的研究,曾担任阿帕网(ARPANet)计划首席设计师,被称为阿帕网之父,而阿帕网则是 Internet 的前身。

2. 20 世纪 70 年代

20 世纪 70 年代,计算机视觉的主要成果是马尔视觉理论。1977 年,马尔(David Marr)提出了计算机视觉理论。他认为,人类视觉功能的实现是"从视网膜成像的二维图像恢复空间物体的可见三维表面形状",称之为"三维重建"能力。他认为,从图像到三维表达,需要经过 3 个计算阶段:

- 从图像获得基元,包括边缘等。
- 通过立体视觉、运动、光照、轮廓等模块获得 2.5 维表达。
- 最后进行提升,获得三维表达。

一般认为马尔为计算机视觉之父。计算机视觉国际大会(International Conference on Computer Vision,ICCV)评选出的最佳论文奖被命名为马尔奖(Marr Prize),是计算机视觉领域的最高荣誉之一。马尔在 1980 年死于白血病,年仅 35 岁,而他的著作 *Vision: A Computational Investigation into the Human Representation and Processing of Visual Information* 在 1982 年出版。

3. 20 世纪 80—90 年代

进入 20 世纪 80 年代之后,特征匹配方法成为计算机视觉的主流方法。研究人员逐渐认识到:要让计算机理解图像,不一定要先恢复物体的三维结构。可以直接从图像出发,同样可以完成计算机视觉中的任务,最典型的就是物体识别(目标识别),例如,使用计算机识别猫和狗。

采用特征匹配方法的主要步骤如下:

(1) 由人类学家分析猫和狗的形状或其他特征,建立先验知识,构造特征库,包括颜色、形状、纹理等方面的特征。

(2) 计算机分别计算图像中物体的特征,与特征库进行匹配。

(3) 如果满足匹配条件,就完成了识别任务。

在这一阶段,围绕计算机视觉的特征,研究人员提出了很多方法,提取生活中常见物品的特征,构建特征库,然后用几何、代数等方法在特征层面进行匹配。常见的视觉特征包括颜色特征、纹理特征、形状和轮廓特征等。在此时期,计算机视觉形成了以特征为核心的方法:找到一种最优的特征表示方法,对一个待识别或者待分类的问题进行特征表达,然后进行计算,根据特征值的比较结果进行识别。

进入 20 世纪 90 年代之后,特征方法逐渐发展壮大,对物体描述的粒度也从整体特征扩展到局部特征,同时通过统计大量的局部特征获取整体特征,提高了识别准确率。在这一时期，研究人员研究开发了一系列计算机视觉识别的应用系统。

4. 2000—2010 年代

在 21 世纪的第一个十年，**机器学习**（Machine Learning，ML）方法开始流行。以机器学习为手段的计算机视觉研究框架成为主流。以前，为了完成计算机视觉的任务，需要专家构建特征库、统计模型，进而使用特征进行图像匹配。专家需要选择特征知识，还要制定图像匹配的规则，而在使用了机器学习技术之后，模型在优化过程中可以自动从大量数据中寻找最优识别方法，提高了识别的效率。机器学习技术是从大量的数据中构造模型，因此，机器学习离不开大规模的数据集。这一时期也是互联网迅猛发展的时期，计算机视觉领域的各个大规模数据集也应运而生。

机器学习方法在很多情况下能获得较好的效果，但在 2010 年之后也逐渐遇到了瓶颈，主要体现在以下几方面：

- 针对具体任务进行特征的设计，需要丰富的经验，并且需要根据任务的场景进行大量的调试工作。
- 随着任务越来越复杂，机器学习模型的选择和调试也变得更复杂。
- 选择适合的特征并搭配合适的机器学习算法，以获得最优的效果，变得日益困难。

5. 2012 年至今

2012 年，深度学习技术带来了计算机视觉技术的突破。在基于 ImageNet 数据集的 ILSVRC 竞赛中，辛顿教授的团队使用了深度卷积神经网络 AlexNet，将 ImageNet 数据集上图像分类的错误率由 26.172% 降低到了 16.422%，如图 2.4 所示。在 ILSVRC 竞赛中，图片的类别为 1000 种，错误率评价采用 top5 错误率，即对一张图像预测 5 个类别，只要有一个和人工标注类别相同就算对，否则算错。

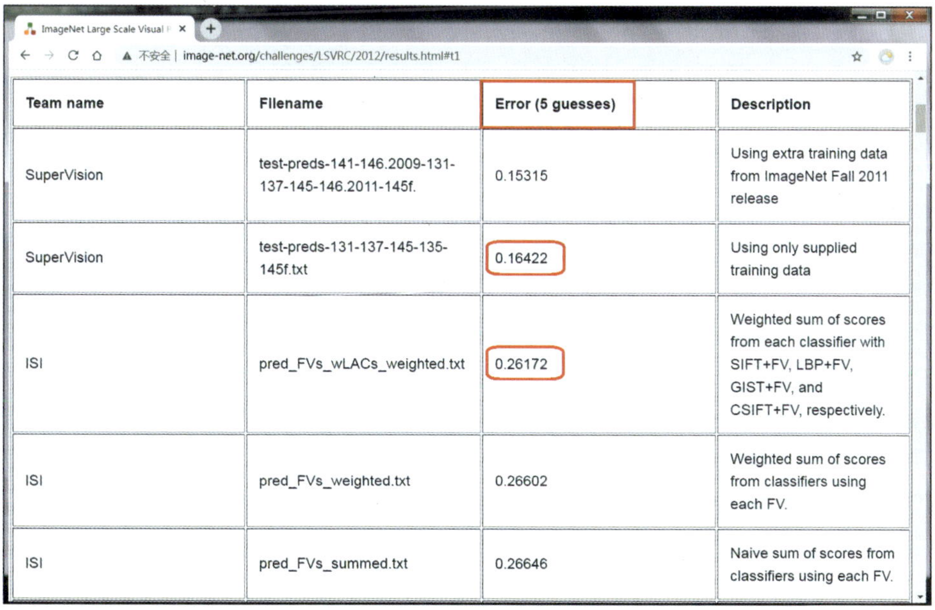

Team name	Filename	Error (5 guesses)	Description
SuperVision	test-preds-141-146.2009-131-137-145-146.2011-145f.	0.15315	Using extra training data from ImageNet Fall 2011 release
SuperVision	test-preds-131-137-145-135-145f.txt	0.16422	Using only supplied training data
ISI	pred_FVs_wLACs_weighted.txt	0.26172	Weighted sum of scores from each classifier with SIFT+FV, LBP+FV, GIST+FV, and CSIFT+FV, respectively.
ISI	pred_FVs_weighted.txt	0.26602	Weighted sum of scores from classifiers using each FV.
ISI	pred_FVs_summed.txt	0.26646	Naive sum of scores from classifiers using each FV.

图 2.4　ILSVRC 竞赛 2012 年结果情况

此后短短几年内,各种深度神经网络技术迅猛发展。2015 年 ILSVRC 竞赛冠军 ResNet(由微软亚洲研究院何恺明等提出)的错误率降到了 3.6%,已经低于人类的错误率了(大约为 5%)。可以说,计算机视觉技术已经基本上解决了基于 ImageNet 数据集的图像分类问题。

深度学习的主要优点如下:
- 不需要专家提供知识,由深度神经网络自动进行特征学习和表征。
- 深度神经网络具有复杂的参数结构,可以使用同一个模型解决多种不同的视觉任务。
- 基于深度学习的计算机视觉技术从原理上更加符合人类视觉的工作机制,容易吸收脑科学和神经科学的研究成果。

但是,深度学习技术的缺点也非常明显,那就是模型过于复杂,需要海量的训练数据和大量的计算资源。而人类视觉其实只需要很少量的样本就可以学习到知识。例如,一个小朋友可能只需要学习几张猫的图片,就能比较准确地识别出猫这种动物了。这种基于小样本数据的学习机制是目前的深度学习技术还无法使用的。

2.2 数字图像

图像是计算机视觉主要的处理对象,其中绝大多数都是数字图像。数字图像是以像素为基本元素的、可以用数字计算机或数字电路存储和处理的图像。数字图像由一个个点组成,这些点称为像素(pixel)。每个像素的颜色、亮度或距离等属性在计算机中存储时表示为一个或多个数字。以下将按类别对数字图像进行介绍。

1. 黑白图像

黑白图像的每个像素用一个亮度值表示,通常使用 1 字节存储。最小值为 0,表示最低亮度,黑色;最大值为 255,表示最高亮度,白色。其他在 0 和 255 之间的数值则表示相应的中间亮度值。图 2.5 是手写体数字 7 的一幅黑白图像,其尺寸是 28×28 像素,该图像来自于 MNIST 数据集。

图 2.5 手写体数字 7 的黑白图像

该黑白图像所有像素的具体灰度值如图 2.6(a)所示。可以看出,在所有的 28×28=784 个像素中,大部分像素的灰度值为 0,也就是黑色。这些灰度值是使用计算机程序解析后读取出来的。

图 2.5 的图像为 JPG 格式,其文件真实存储的内容如图 2.6(b)所示(采用十六进制显示文件内容,大多数图片格式文件都对原有数据进行了压缩,并不是直接存储原始的灰度值)。人眼无法看出其中的具体内容。可见,计算机"看"到的和人眼看到的差别非常大,这也妨碍了计算机对数字图像语义的理解,数字图像的像素值和其语义之间的巨大差异有时候被称为语义鸿沟,而计算机视觉的目的就是跨越语义鸿沟,建立像素和图像语义之间的映射。在建立映射时,过去往往使用传统的机器学习模型(也称为浅层模型),而 2012 年之后则更多地使用深度学习模型。

2. 彩色图像

对于彩色图像,每个像素的颜色通常用分别表示红绿蓝(Red-Green-Blue,RGB)的 3 字

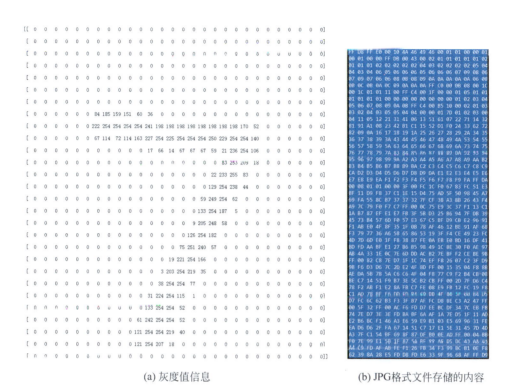

(a) 灰度值信息　　　　　　　　　　　(b) JPG格式文件存储的内容

图 2.6　手写体数字 7 黑白图像的灰度值和存储

节表示,如果红色分量是 0,则表示该像素点吸收了全部红色光;如果是 255,则表示该像素点反射了全部红色光。绿色和蓝色分量情况与之类似。有时也把 3 个分量称为 3 个颜色通道。例如,图 2.7 中分别给出了原始图像以及红色、绿色和蓝色通道的情况。

(a) 原始图像　　　　　　　　　　(b) 红色通道

(c) 绿色通道　　　　　　　　　　(d) 蓝色通道

图 2.7　彩色图像的 RGB 颜色通道

3. 包含深度信息的彩色图像

除了黑白和彩色图像,还有一类特殊的相机——可以采集深度信息的摄像机,能够获得 RGBD 图像。RGBD 图像中的每一个像素除了包含彩色信息之外,还包含一个表示深度的信息,深度就是该像素与摄像机的距离。深度的单位取决于摄像机的测量精度,一般为毫米,至少用 2 字节存储。通过包含深度信息的图像,可以获得物体的三维形状信息。可以采集深度信息的摄像机在体感游戏、智能驾驶、机器人智能导航等领域有着广泛的应用。

4. 其他图像

除了上述类型的图像之外,计算机视觉处理的图像还可能来自超越人眼的成像设备。这些成像设备所采集的电磁波段信息超出了人眼所能感知的可见光波段范围,如红外、紫外、X 射线成像等。这些成像设备及其后续的计算机视觉处理系统在工业、医疗、军事等领域有着非常广泛的应用,可用于成品缺陷检测、目标检测、机器人智能导航等。例如,在医疗领域,通过计算机断层 X 光扫描(Computed Tomography,CT),可以获得人体器官内部的组织结构,其中,3D CT 图像中的灰度值反映了人体内某个位置(称为体素)对 X 射线的吸收情况,体现了人体内部组织的致密程度。通过 CT 图像的处理和分析,可实现对病灶的自动检测和识别。目前使用计算机视觉技术处理和分析 CT 图像,已经可以用于肺结节、肝脏肿瘤、宫颈癌等疾病的检测和识别中。

2.3 计算机视觉数据集

在计算机视觉领域的研究中,出现了很多有代表性、广泛使用的数据集,基于这些数据集展开了许多竞赛,研究人员在各项竞赛中不断降低错误率,提升计算机视觉各类任务的性能。本节介绍一些典型的数据集及相关竞赛。

2.3.1 MNIST 数据集

MNIST 数据集来自美国国家标准与技术研究所(National Institute of Standards and Technology,NIST)。该数据集由来自 250 个不同人手写的数字构成,其中 50% 是高中生,50% 则来自美国人口普查局的工作人员。

MNIST 数据集一共包含 7 万条数据,其中 6 万条构成训练集,另外 1 万条为测试集。每条数据都是 28×28 像素的灰度图像。此数据集是以二进制存储的,不能直接以图像格式查看,有很多将其转换成图像格式的工具。由于图片对应的类别标签是数字 0~9 共 10 个数字,因此,MNIST 数据集的处理是一个有 10 个类别的分类任务。MNIST 数据如图 2.8 所示。

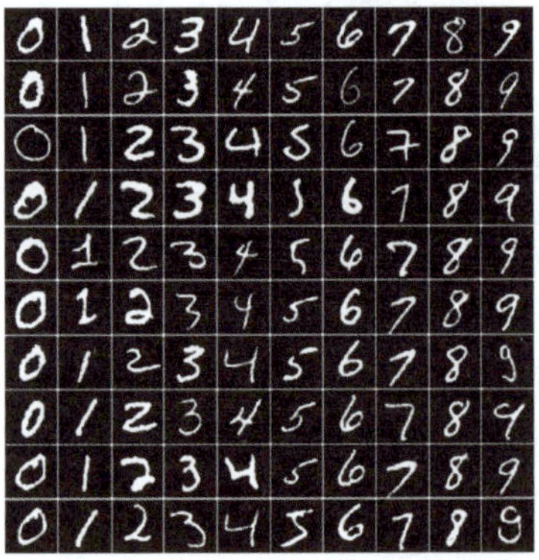

最早的卷积神经网络 LeNet-5 便是针对 MNIST 数据集的。目前主流的深度学习框架几乎无一例外地都将 MNIST 数据集的处理作为入门案例,其地位与程序设计中的"Hello world!"类似。MNIST 数据集的大小

图 2.8 MNIST 数据

约为 12MB,可从 http://yann.lecun.com/exdb/mnist/ 获得该数据集,大多数深度学习框架中也内置了该数据集,提供给用户使用。

2.3.2 CIFAR 数据集

CIFAR(Canada Institute For Advanced Research,加拿大高等研究院)数据集是由克里泽夫斯基、莎士科尔和辛顿收集而来的,起初的数据集共分 10 类,分别为飞机、汽车、鸟、猫、鹿、狗、青蛙、马、船、卡车,这个包含 10 类的 CIFAR 数据集也称为 CIFAR-10 数据集。

CIFAR-10 数据集共包含 6 万张 32×32 像素的彩色图片,每个类别约 6000 张图片。其中,5 万张图片作为训练数据集,1 万张图片作为测试数据集。CIFAR-10 数据集示例如图 2.9 所示。

图 2.9 CIFAR-10 数据集示例

和 MNIST 数据集一样,CIFAR-10 数据集的处理也是一个 10 类的分类任务,不同之处在于前者是灰度图片,而后者是彩色图片。由于是彩色图片,因此这个数据集是三通道的,分别是 R、G、B 通道。后来 CIFAR 又推出了一个分类更多的版本——CIFAR-100,共有 100 类。

和 MNIST 数据集不同的是,CIFAR 数据集是已经打好包的文件,分别为 Python、MATLIB 和二进制 bin 文件包,以方便不同的程序读取。CIFAR 数据集的官网为 http://www.cs.toronto.edu/~kriz/cifar.html。Python 版本的 CIFAR-10 数据集为 163MB,CIFAR-100 数据集为 161MB。

2.3.3 PASCAL VOC 数据集

PASCAL VOC(Visual Object Classes)为图像识别和图像分类提供了一整套标准化的优秀的数据集,从 2005 年到 2012 年每年举行了一场图像识别竞赛。

PASCAL VOC 2012 数据集主要针对视觉任务中的监督学习提供标签数据。该数据集中的图片主要有 4 个大类,分别是人、常见动物、交通工具、室内家具用品,一共有 20 个小类,大类和小类如表 2.1 所示。

表 2.1 PASCAL VOC 2012 数据集中的类别

大　　类	小类数量	小　　类
人类	1	人
常见动物	6	鸟、猫、牛、狗、马、羊
交通工具	7	飞机、自行车、船、公共汽车、小轿车、摩托车、火车
室内家具用品	6	瓶子、椅子、餐桌、盆栽植物、沙发、电视
合　计	20	

PASCAL VOC 挑战赛在 2012 年后便不再举办了,但其数据集图像质量好,标注完备,非常适合用来测试算法性能。该数据集的主页为 http://host.robots.ox.ac.uk:8080/pascal/VOC/。

基于 PASCAL VOC 数据集,可以进行图像分类、目标检测、图像分割等任务。基于该数据集的图像分类是一个 20 类的分类任务。PASCAL VOC 2012 数据集的训练(含验证)数据集约 1.9GB,测试数据集约 1.8GB。用于分类任务的训练数据集包含的图片共有 17 125 张,这些图片的尺寸大小不一,横向图的尺寸为 500×375 像素左右,纵向图的尺寸为 375×500 像素左右,长宽均不会超过 512 像素,如图 2.10 所示。测试数据集则有 16 135 张图片。

图 2.10 PASCAL VOC 2012 数据集中的数据

该数据集还包含了 2913 张 PNG 格式的图片,可用于图像分割任务,对语义分割和实例分割这两类任务都支持,分别存储于文件夹 SegmentationClass 和 SegmentationObject 中。

图 2.11 给出了编号为 2007_000480 的原图、语义分割结果和实例分割结果(语义分割、实例分割的具体含义参见 2.4.4 节)。

2.3.4 ImageNet 数据集

ImageNet 数据集包含了 14 197 122 幅图片,涵盖了 21 841 个类别,其中有 1 034 908

幅图片有图像中物体位置的标注。ImageNet 数据集中数据的统计情况如表2.2 所示。

(a) 原图　　　　　　　　　(b) 语义分割结果　　　　　　　(c) 实例分割结果

图 2.11　PASCAL VOC 数据集中原图和图像分割的结果

表 2.2　ImageNet 数据集中数据的统计情况

序号	大类	小类	每个小类平均数量	大类图片总数量
1	两栖动物	94	591	56 000
2	动物	3822	732	2 799 000
3	家用电器	51	1164	59 000
4	鸟类	856	949	812 000
5	遮盖物	946	819	774 000
6	仪器	2385	675	1 610 000
7	纺织物	262	690	181 000
8	鱼	566	494	280 000
9	花	462	735	339 000
10	食物	1495	670	1 001 000
11	水果	309	607	188 000
12	真菌	303	453	137 000
13	家具	187	1043	195 000
14	地质构造	151	838	127 000
15	无脊椎动物	728	573	417 000
16	哺乳动物	1138	821	934 000
17	乐器	157	891	140 000
18	植物	1666	600	999 000
19	爬行动物	268	707	190 000
20	运动	166	1207	200 000
21	结构	1239	763	946 000
22	工具	316	551	174 000
23	树	993	568	564 000

续表

序号	大　　类	小类	每个小类平均数量	大类图片总数量
24	家庭用具	86	912	78 000
25	蔬菜	176	764	135 000
26	车辆	481	778	374 000
27	人	2035	468	952 000

ImageNet 数据集对深度学习的浪潮起了巨大的推动作用。辛顿在 2012 年发表了论文 *ImageNet Classification with Deep Convolutional Neural Networks*(《使用深度卷积神经网络对 ImageNet 图像进行分类》),在计算机视觉领域带来了一场革命,此论文的工作正是基于 ImageNet 数据集展开的。

目前,ImageNet 数据集在基于深度学习方法的计算机视觉领域应用非常广泛,关于图像分类、定位、检测等方面的研究工作大多基于此数据集展开。ImageNet 数据集几乎成为目前深度学习图像领域算法性能检验的标准数据集。ImageNet 数据集的网址为 http://www.image-net.org/。

基于 ImageNet 数据集,2010—2017 年开展了 ILSVRC 竞赛,在该竞赛中使用了一个经过处理的含有 1000 个类别的列表,因此这是一个 1000 类的分类任务。图 2.12 列出了 ILSVRC 2012 年竞赛中验证数据集的部分图片。可以看出,图片的尺寸并不统一,许多图片中有文字的水印,这也给竞赛增加了难度。

图 2.12　ILSVRC 2012 年竞赛中验证数据集的部分图片

2.3.5　COCO 数据集

COCO(Common Objects in Context)数据集是由微软研究院提出的大规模计算机视觉数

据集,致力于对常见视觉任务(包括目标检测、实例分割、人体关键点检测、全景分割等)进行分析与评测。与之前的 PASCAL VOC、ImageNet 等数据集不同的是,COCO 数据集场景更加复杂,任务更加丰富,更接近实际应用。其官网地址为 https://www.cocodataset.org/。

COCO 数据集对于图像的标注信息不仅包含了类别、位置信息,还包含了对图像的语义文本描述。COCO 数据集以场景理解为目标,主要从复杂的日常场景中截取,图像中的目标通过精确的分割进行位置的标定。COCO 是目前为止支持语义分割任务的最大数据集,提供的类别有 80 类,超过 33 万张图片,其中 20 万张图片包含标注信息。

COCO 数据集中带标注信息的图片如图 2.13 所示。最左侧列出了每一行图片的类别,在图片中相应类别的所有实例都进行了标注,不同的实例采用了不同的颜色,这属于图像分割中的实例分割(具体含义请参见 2.4.4 节)。

图 2.13　COCO 数据集中带标注信息的图片

COCO 数据集的开源使得图像分割语义理解取得了巨大的进展,也几乎成为图像语义理解算法性能评价的标准数据集。在 ImageNet 竞赛停办之后,COCO 竞赛成为当前目标识别、目标检测等任务最重要的标杆之一(在 PASCAL VOC 数据集上深度学习模型的正确率较高,因此 PASCAL VOC 数据集用得越来越少了)。

在 2018 年 COCO 竞赛的 6 项任务中,我国的团队包揽了所有的冠军,其中旷视科技获得 4 项冠军。在其后 2019—2020 年的 COCO 竞赛中,我国的团队也获得了多项冠军。旷视科技获得了 2018—2020 年的三连冠。

2.4　计算机视觉的研究内容

计算机视觉中的研究内容主要包括图像分类、目标定位、目标检测、图像分割等。

2.4.1　图像分类

图像分类属于机器学习中的分类问题。图像分类是针对一个输入的图像,输出对该图像内容分类标签的问题。图像分类是计算机视觉的核心和基础性任务,实际应用广泛。

MNIST 数据集中的数据如图 2.8 所示(参见 2.3.1 节),这是一个手写数字的图片数据集,图像分类就是判断出其中的每一个图片是数字几,范围是 0~9,因此,这是一个 10 类的分类任务。

图 2.9 是 CIFAR-10 数据集的示例。该数据集共包含飞机、汽车、鸟、猫、鹿、狗、青蛙、马、船、卡车共 10 类,因此这也是一个 10 类的分类任务。而 CIFAR-100 数据集中图片类型的预测则是一个 100 类的分类任务。

图 2.12 是 ImageNet 数据集的部分数据,该数据集有 1400 多万幅图片,涵盖 2 万多个类别,因此,这个分类问题的难度是非常大的。基于 ImageNet 数据集的 ILSVRC 竞赛就包含了图像分类的任务内容,其分类数量为 1000,在竞赛中该分类任务一般采用 top5 错误率作为评价标准,在深度学习技术性能大幅度提升之后也经常使用 top1 错误率。

2.4.2 目标定位

目标定位任务的目的是找到图像中某一类别的物体在图像中的位置,输出边框。也就是说,不仅要识别出是什么类别的物体(类标签),还要给出物体的位置,位置用边框(Bounding Box,BB)标记。目标定位任务通常是针对单个物体的。如图 2.14(a)所示,这是一张包含了猫的图片,目标定位任务把这张图片分类为猫,并使用红色边框标出了猫的位置。

2.4.3 目标检测

目标检测任务包含了图像分类和目标定位这两个简单任务,其目的是用多个边框分别把多个目标的位置标记出来,并分别给出目标对应的类别。目标检测通常是多个目标的定位任务。如图 2.14(b)所示,这是一张包含了多个目标的图片,目标检测任务对每一个目标进行了分类并添加了类别标签,不同类别的目标使用不同颜色的边框标出了具体的位置。

CAT

(a) 目标定位(单个目标)

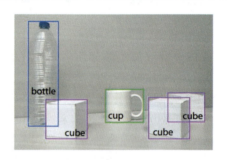

(b) 目标检测(多个目标)

图 2.14 目标定位与目标检测

2.4.4 图像分割

图像分割是一个很有挑战性的任务。图像分割任务的目标是将图像细分为多个具有相似性质且不相交的区域,是对图像中的每一个像素添加标签的过程,即像素级别的分割。

图像分割任务主要有语义分割和实例分割两种。语义分割是对图像中每一个像素点进行分类,确定每个点的类别(如属于背景、人或车等),从而进行区域划分。例如,图 2.15(a)就属于语义分割,图像中的浅色像素点表示背景,深色表示瓶子,等等;而图 2.15(b)则属于实例分割。实例分割是目标检测和语义分割的结合。与语义分割相比，实例分割需要标注出图像中同一类物体的不同个体。图 2.15 中包含了 3 个立方体，实例分割需要把同属立方体这个类别的不同实例添加不同的标注。

(a) 语义分割

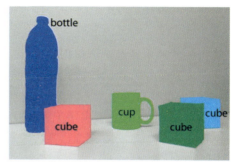
(b) 实例分割

图 2.15 图像分割

下面来看计算机视觉中常见任务之间的关系。首先，最基本的计算机视觉任务是图像分类。其次，图 2.16 展示了其他几个常见任务之间的关系。语义分割是对图像中每一个像素点进行分类，确定每个点的类别，不涉及目标。目标定位是对单个目标进行分类和定位，而目标检测和实例分割都是针对多个目标进行的。

(a) 图像分类

(b) 目标检测

(c) 语义分割

(d) 实例分割

图 2.16 计算机视觉常见任务之间的关系

除了上述任务之外，目标跟踪也是计算机视觉中的常见任务之一。目标跟踪是指在特定场景中跟踪某一个或多个特定感兴趣对象的过程。目标跟踪有着广泛的应用，如视频监控、人机交互、智能驾驶等。

2.5 计算机视觉的应用

计算机视觉的应用非常广泛，包括但不限于以下领域：人脸识别、视频分析、图片识别分析、智能驾驶、三维图像视觉、工业视觉检测、医疗影像诊断和文字识别等。本节首先对计算机视觉的应用进行简要介绍,然后讨论人脸识别技术。

2.5.1 计算机视觉应用概述

以下为计算机视觉的部分应用领域。

1. 视频分析

计算机视觉技术可以对结构化的人、车、物等视频内容信息进行快速检索、查询。这项技术使得公安系统在繁杂的监控视频中搜寻到罪犯成为可能。同时,在大量人群流动的交通枢纽,该技术也被广泛用于人群分析、防控预警等。

目前,将计算机视觉技术应用于视频及监控领域在人工智能公司中正在形成一种趋势,这项技术应用将率先在安防、交通、零售等行业掀起应用热潮。

2. 图片识别分析

图片识别分析是计算机视觉的另外一个应用。人脸识别属于图片识别的一个应用场景,提供人脸识别服务的大多数企业同时也提供图片识别服务;图片识别大多商用场景还属于蓝海,潜力有待开发。

使用计算机视觉技术,可以解译不同的场景,对卫星遥感图像和无人机等拍摄的图像进行解读,商汤科技等公司在此方面做了许多工作。

3. 智能驾驶

智能驾驶是计算机视觉非常热门的应用领域。汽车行业已经成为人工智能技术非常大的应用投放方向。利用人工智能技术,汽车的驾驶辅助的功能及应用越来越多,这些应用大多数是基于计算机视觉和图像处理技术实现的。

视觉导航是指:利用两个或更多摄像机同步获取的一组图像恢复三维场景信息,进而使用三维场景信息完成识别目标、判别道路、确定障碍物等任务,实现道路的规划、自主导航以及与周围环境自主交互。我国的玉兔2号月球车首次实现了月球背面着陆,其中就使用了视觉导航技术。

4. 三维图像视觉

三维图像视觉主要是对于三维物体的识别,应用于三维视觉建模、三维测绘等领域。

5. 工业视觉检测

工业视觉检测是计算机视觉在工业中的重要应用。计算机视觉可以快速获取大量信息,并进行自动处理。在自动化生产过程中,人们将计算机视觉系统广泛地用于工况监视、生产成品检验和质量控制等领域。工业视觉检测可以在危险工作环境或者人工视觉难以满足要求的场合使用。此外,在工业生产过程中,工业视觉检测可以大大提高生产效率和生产的自动化程度。

6. 医疗影像诊断

利用计算机视觉进行医疗影像诊断,对于我国全面建设小康社会有着非常重要的意义。在传统医疗场景中,培养出优秀的医学影像专业医生,所用时间长,投入成本大。另外,影像科医生在读片时具有一定的主观性,信息利用不足,在判断过程中可能会出现误判。

有研究统计,医疗数据中超过80%的数据都来自医疗影像。医疗影像领域拥有能够训练深度人工神经网络的海量数据,医疗影像诊断可以辅助医生,提升医生的诊断效率。计算机视觉在医疗影像诊断中已经有了很多成功案例,包括脑白质分割、前列腺分割、皮肤癌分类、糖尿病检测、眼病检测、肺结节分析、肝肿瘤分析、肝分割、结肠炎检测等。

2.5.2 人脸识别技术

人脸识别是计算机视觉领域最著名的应用之一,它是一种计算机利用分析比较人脸的视觉特征信息自动进行身份鉴别的智能技术。与指纹、虹膜等传统生物识别手段相比,人脸识别具有无接触、符合人们生活习惯、交互性强、不易被盗取等优势,尤其是近年来,随着深度学习技术的发展,人脸识别的准确率得以跨越式提升,基于人脸识别的身份认证、门禁、考勤、支付等系统开始大量部署并投入运行,受到了广泛的关注。

人脸识别的本质是对两个图像中人脸相似度的计算。为了计算人脸相似度,人脸识别技术主要包括以下步骤。

(1) 人脸检测。从输入的图像中判断是否含有人脸,如果有,获得人脸的位置和大小。

(2) 特征点定位。在第(1)步人脸检测给出的矩形框内进一步找到眼睛中心、鼻子尖、嘴角、下巴等关键的特征点,方便后续第(3)步的预处理操作。理论上,可以采用通用的目标检测技术实现对眼睛、鼻子、嘴巴、下巴等目标的检测。另外,也可以采用回归的方法,采用端到端的方式,直接用深度学习技术实现从人脸检测到的人脸子图到上述关键特征点坐标位置的映射。图2.17展示了人脸特征点定位的结果。

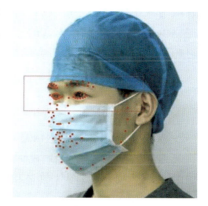

图 2.17 人脸特征点定位的结果

(3) 预处理。这一步主要是完成人脸子图的归一化,主要包括以下两个操作:第一个操作是把人脸所有的关键特征点放到彼此大致相同的位置,以消除原有图像中人脸大小、角度、旋转等因素对人脸识别结果的影响;第二个操作是对人脸子图进行光亮度方面的处理,以消除光的强弱、偏光等因素的影响。预处理步骤完成之后,将会得到一个标准大小(例如 100×100 像素)的人脸核心区子图。

(4) 特征提取。从人脸子图中提取出可以区分不同人脸的特征,这一步是整个流程的核心。人脸识别技术已经研究了很多年,研究人员也总结出了许多不同的特征定义方法,如SIFT、SURF、HOG、LBP等,目前则主要采用深度学习技术进行特征的自动提取。深度卷积神经网络(Deep Convolutional Neural Network,DCNN)是计算机视觉领域使用最多的深度学习技术,在人脸识别问题上也是如此。

(5) 特征比对。对从两幅图像中提取的特征进行距离或相似度的计算。

(6) 决策。对第(5)步计算得到的距离或相似度进行阈值化处理。最简单的处理就是使用阈值法:如果相似度超过预先设定的阈值,则判断为同一个人;否则为不同的人。

和计算机视觉的其他任务类似,人脸识别任务也依赖于面向该任务的特定数据集,例如AR、AFW、AFLW、LFPW、HELEN等。国际上也有一些人脸识别的竞赛,比较著名的是由美国NIST组织的FRVT(Face Recognition Vendor Test),该竞赛在2014年之前曾经举办过5次,从2017年又重新开始举办。我国的依图科技、旷视科技等公司在该竞赛的不同项目中均获得了较好的成绩。

2.6 本章小结

自20世纪60年代开始至今,计算机视觉领域已经取得了巨大的进步。特别是2012年之后,深度学习技术在计算机视觉领域获得了突破性成就,在图像分类、目标检测、人脸识别、医疗影像解析等许多任务上达到甚至超越了人类的智慧和能力。

在深度学习技术之前,大多数模型使用的都是研究人员根据经验提出的各种特征,最终并未达到投入实际应用的性能要求。以深度卷积神经网络为代表的深度学习模型在2012年起至今已经远远超越了过去浅层模型的性能,使人脸识别等应用落地,成为人们工作和生活中不可缺少的一部分。这要归功于无数的人工智能科学家在计算机视觉领域做出的巨大贡献。

尽管深度学习技术在计算机视觉领域取得了突破性的成绩,但是它同时也把计算机视觉领域引入了依赖于海量数据、监督学习的路线上。而实际上,人类视觉能力的学习和训练只需要少量的数据,配合丰富的知识和经验即可完成。因此,在监督学习方法之外,弱监督学习和强化学习也是目前研究的热点。

习 题 2

1. 人类获取外部世界的信息,占比最高的是(　　)
    A. 听觉　　　　　B. 视觉　　　　　C. 味觉　　　　　D. 触觉
2. 以下数据集中,图片数量和类别数量都最多的是(　　)。
    A. CIFAR 数据集　　　　　B. PASCAL VOC 数据集
    C. ImageNet 数据集　　　　D. MNIST 数据集
3. 有研究统计,在可用于人工智能技术处理的医疗数据中,有超过80%的数据来自(　　)。
    A. 电子病历　　B. 医学影像　　C. 化验数据　　D. 治疗处方
4. (　　)任务是计算机视觉中的基础与核心任务,也是其他任务的基础。
    A. 图像分类　　B. 目标定位　　C. 目标检测　　D. 图像分割
5. 简要说明人脸识别技术的流程。
6. 通过调研,简要说明在计算机视觉中常用的各种特征(如 SIFT、HOG、LBP 特征等)。

第 3 章 自然语言处理

充分利用信息将会给人们带来巨大的收益,而大量的信息以自然语言(英语、汉语等)的形式存在。如何有效地获取和利用以自然语言形式出现的信息?自然语言处理(Natural Language Processing,NLP)就是用计算机对自然语言信息进行处理的方法和技术。

计算机视觉技术大多数属于感知智能的层次,而本章介绍的自然语言处理技术中有相当一部分属于认知智能的层次。由于自然语言中的歧义现象以及认知科学发展的不成熟,因此与计算机视觉领域相比,自然语言处理技术仍亟待发展,一些难题(例如机器翻译、自动问答等)仍未完全解决。

本章介绍自然语言处理技术,主要介绍自然语言处理的概念、自然语言理解和自然语言生成,对自然语言处理的典型应用——机器翻译、问答系统等进行介绍。

3.1 自然语言处理概述

信息同能源、材料一起构成经济发展与社会进步的三大战略资源。信息技术正在推动和改变人类的生产、生活甚至思维方式。信息是无形的,但它可以用语言表达。语言是信息的重要载体之一,是文化的支柱,是人类思维、沟通与交流的工具。语言与经济、文化、教育、社会发展和人类进步有着紧密的关系。

3.1.1 自然语言处理的概念

自然语言处理通常是指用计算机对人类自然语言进行的有意义的分析与操作。自然语言处理的对象,包括字、词、句子、段落与篇章。图 3.1 列出了自然语言处理各级别对应的研究任务。

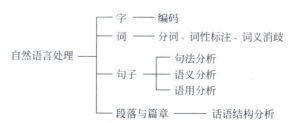

图 3.1 自然语言处理各级别对应的研究任务

自然语言处理的内容包括基础技术、核心技术和应用,如图 3.2 所示。

自然语言处理的研究方法主要包括两类:基于规则的理性主义方法和基于语料库的经

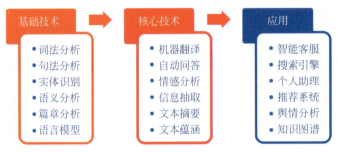

图 3.2　自然语言处理的内容

验主义方法,以下分别进行介绍。

第一类方法是基于规则的理性主义方法。这类方法基于以规则形式表达的语言知识进行符号推理,从而实现自然语言处理。这类方法强调人对语言知识的理性整理,受到了美国语言学家乔姆斯基(Noam Chomsky)主张的人具有先天语言能力观点的影响。以下是基于规则方法的代表性成果:

(1) 基于词典和规则的形态还原、词性标注及分词。

(2) 基于上下文无关文法(Context-Free Grammar,CFG)和扩充的上下文无关文法句法。

(3) 基于逻辑形式和格语法的句义分析。

(4) 基于规则的机器翻译。

第二类方法是基于语料库的经验主义方法。这类方法以大规模语料库为语言知识基础,利用统计学习和深度学习等方法自动获取隐含在语料库中的知识,学习到的知识体现为一系列模型参数,然后基于学习到的参数和相应的模型进行语言信息处理。以下是基于语料库方法的代表性成果:

(1) 语言模型(N元文法)。

(2) 分词、词性标注(序列化标注模型)。

(3) 句法分析(概率上下文无关模型)。

(4) 文本分类(朴素贝叶斯模型、最大熵模型)。

(5) 机器翻译(IBM Model 等)。

(6) 机器翻译(基于人工神经网络的深度学习方法)。

语料库(corpus)是指存放在计算机中的原始语料文本或经过加工后带有语言学信息标注的语料文本。可以把语料库看作一个特殊的数据库,能够从中提取语言数据,以便对其进行分析、处理。第2章介绍过计算机视觉领域的部分数据集,而语料库则是自然语言处理(包含语音处理)领域中数据集的专有名称。

语料库具有以下特征:

(1) 语料库中存储了在实际使用中真实出现过的语言材料。

(2) 语料库是以计算机为载体,承载语言知识的基础资源,但并不等于语言知识。

(3) 真实语料需要经过分析、处理和加工,才能成为有用的资源。

实际上,不仅人工智能领域中的自然语言处理研究者使用语料库进行语言的研究和处理,传统的语言学研究者也依赖语料库进行语言学的研究。例如,2019年11月上海外国语大学就成立了语料库研究院,这是一个校级跨学科实体研究机构。因此,语料库是人工智能领域自然语言处理研究者和语言学研究者共同的研究利器。不同学科的研究彼此之间不再壁垒森严,跨学科的合作研究是当代科学研究的趋势之一。

3.1.2 自然语言处理的发展史

自然语言处理的历史几乎跟人工智能的历史一样长。计算机出现之后就有了人工智能的研究,而最早的人工智能研究就已经涉及了自然语言处理和机器翻译。一般认为,自然语言处理的研究是从机器翻译系统的研究开始的。

一般把自然语言处理的发展过程粗略地划分为萌芽期、复苏期和以大规模真实文本处理为代表的繁荣期。

1. 萌芽期(20世纪40年代至60年代中期)

在这个时期,自然语言处理的主流方法是经验主义方法。机器翻译是自然语言处理最早的研究领域。

1947年,被誉为机器翻译鼻祖的美国数学家韦弗(Warren Weaver)最早提出了机器翻译的概念,并与英国数学家Andrew Booth在1949年共同提出了机器翻译4种可能的实现策略。从冷战的初期开始,当时的美国、苏联等国家展开的英俄互译研究工作开启了自然语言处理的早期阶段。由于早期研究理论和技术的局限,所以当时开发的机器翻译系统技术水平较低,不能满足实际应用的需要。1954年,美国乔治敦大学与IBM公司合作,在IBM 701计算机上将俄语翻译成英语,进行了第一次机器翻译的试验。尽管这次试验的文本仅包含了250个俄语单词,语法规则也只有6条,但它第一次展示了机器翻译的可行性。

1956年,美国著名语言学家乔姆斯基提出了形式语言和形式文法的概念,把自然语言和程序设计语言放在相同的层面,使用统一的数学方法进行解释和定义。乔姆斯基建立了转换生成文法,使语言学的研究进入了定量研究的阶段。乔姆斯基建立的文法体系仍然是目前自然语言处理中文法分析依赖的体系,也是基于规则理性主义方法的主要理论基础,但它不能处理复杂的自然语言问题。

机器翻译作为自然语言处理的核心研究领域,在这个时期经历了极不平坦的发展道路。第一代机器翻译系统的质量很低,并且随着研究的深入,人们看到的不是机器翻译的成功,而是一个又一个无法克服的困难。在此后一段时间内,机器翻译的研究跌到了低谷。1966年,由皮尔斯(John R. Pierce)担任主席的ALPAC(Automatic Language Processing Advisory Committee,自动语言处理咨询委员会)发表了报告,全面否定了机器翻译的可行性。从此,机器翻译进入了长期的低谷期。

2. 复苏期(20世纪60年代后期至80年代中期)

在这个时期,自然语言处理领域的主流方法是理性主义方法。人们更关心思维科学,通过建立很多小的自然语言处理系统模拟人的语言智能和行为。在该时期,计算语言学(Computational Linguistics,CL)的理论得到长足的发展。这个时期,自然语言理解领域的发展又可以分为20世纪60年代以关键词匹配技术为主的阶段和20世纪70年代以句法-语义分析技术为主的阶段。

从20世纪60年代开始,已经出现了一些自然语言处理系统,用来处理受限的自然语言子集。这些人机对话系统可以作为专家系统、办公自动化系统以及信息检索系统等的自然语言人机接口,具有很大的实用价值。这些系统大都没有真正意义上的文法分析,而主要使用关键词匹配技术理解输入句子的意思。

1968年,MIT的拉斐尔(Bertram Raphael)使用LISP语言开发成功语义信息检索(Semantic Information Retrieval,SIR)系统。SIR系统能够记住用户通过英语告诉它的事实,然后对这些事实进行演绎,并回答用户提出的问题。MIT的维森鲍姆(Joseph Weizenbaum)在1966年设计的ELIZA系统能够使用英语和用户进行交谈,这也是第一个聊天机器人(chat robot)。ELIZA最著名的应用是模拟心理医生和患者进行谈话,如图3.3所示。

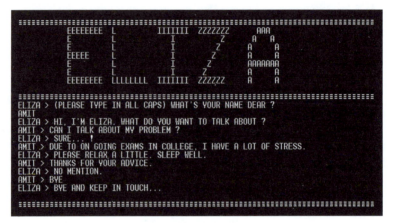

图3.3　ELIZA与人谈话

在这些系统中存储了大量包含某些关键词的模式,每个模式都与一个或多个解释(即回答)相对应。系统将当前用户输入的句子与这些模式进行匹配,一旦匹配成功,就得到了这个输入句子的解释,而不再考虑输入句子中那些非关键词对句子意思的影响。因此,基于关键词匹配的理解系统并非真正的自然语言理解系统,它既不懂文法,也不懂语义,仅仅是一种近似匹配技术。这种技术最大的优点是允许输入的句子不一定要遵守规范的语法,甚至可以是文理不通的句子;而其主要缺点则是性能不高,经常会导致错误的分析和回答。

在这个时期,自然语言处理领域取得了很多重要的理论研究成果,包括约束管辖理论、扩充转移网络、广义短语结构语法和句法分析算法等。这些成果为自然语言的自动句法分析奠定了良好的理论基础。在语义分析方面,提出了格语法(case grammar)、语义网络(semantic network)、优选语义学和蒙塔格语法(Montague grammar)等。

自然语言理解研究在句法和语义分析方面的重要进展还表现在建立了一些有影响的自然语言处理系统,在语言分析的深度和难度上有了很大进步。例如,1972年,美国BBN公司伍兹(William Woods)设计了Lunar人机接口,该系统第一次允许用户使用日常英语与计算机进行对话,用于协助地质学家查找、比较和评价阿波罗11号飞船带回的月球标本的化学分析数据。Lunar系统的词汇量在3500左右。同年,美国斯坦福大学维诺格拉德(Terry Winograd)设计了SHRDLU系统,这是一个在积木世界中进行英语对话的自然语言理解系统。该系统把句法、推理、上下文和背景知识灵活地结合起来,模拟一个能够操纵桌子上的积木玩具的机器人手臂,用户通过人机对话方式命令机器人放置积木玩具。系统通过屏幕给出回答并显示现场的场景,还能提出比较简单的问题。该系统为自然语言的计算机处理做出了巨大贡献。

进入20世纪80年代之后,自然语言理解的应用研究进一步深入,机器学习研究也十分活跃,出现了许多具有较高水平的实用化系统,其中比较著名的有美国的METAL和LOGOS、日本的PIVOT和HICAT、法国的ARIANE、德国的SUSY等,国内则有由中国软件总公司开发的商品化英汉机译系统"译星"(TRANSTAR)。这些系统是自然语言理解研究的重要成果,表明自然语言处理在理论和应用上均获得了重要进展。

在复苏期,自然语言处理领域取得的研究成果不仅为自然语言理解的发展奠定了坚实的理论基础,而且对目前人类语言能力的研究以及促进认知科学、语言学、心理学和人工智能等相关学科的发展都具有重要的意义。

3. 繁荣期(20世纪80年代后期至今)

从20世纪90年代开始,自然语言处理的研究人员越来越多地开展实用化和工程化的解决方案研究,经验主义方法得到迅速发展,出现一批商品化的自然语言人机接口,例如美国AIC公司的英语人机接口Intellect和美国弗雷公司的人机接口Themis。同时,在自然语言处理研究的基础上,机器翻译也走出了低谷,出现了一些具有较高水平的机器翻译系统并进入了市场,例如美国乔治敦大学的SYSTRAN系统。欧洲共同体(欧盟的前身)在SYSTRAN系统的基础上实现了英、法、德、西、意、葡等多种语言的互译。SYSTRAN是基于规则的机器翻译技术的代表性商业化系统(https://www.systransoft.com/),目前仍然使用很广泛。

这个时期自然语言处理研究的突出标志,是把基于统计的方法引入自然语言处理领域,提出了语料库语言学(corpus linguistics),并发挥了重要的作用。由于语料库语言学从大规模真实语料中获取语言知识,使得对自然语言规律的认识更加客观、准确,因而受到越来越多的研究者青睐。在20世纪90年代,随着Web的快速发展,语料的获取更加便捷,语料库的规模也越来越大,质量越来越高,语料库语言学的兴起又推动了自然语言处理其他相关技术的快速发展,一系列基于统计模型的自然语言处理系统开发成功了。

基于大规模语料的统计学习方法获得充分发展,结束了基于规则的自然语言处理研究方法一统天下的局面。例如,1983年,英国语言学家利奇(Geoffrey Neil Leech)领导的研究小组设计了成分似然性自动词性标注系统(Constituent Likelihood Automatic Word-tagging System,CLAWS),利用已带有词性标记的Brown语料库,通过统计模型消除兼类词歧义,对LOB语料库(Lancaster-Oslo/Bergen Corpus)约100万词的语料进行自动词性标注,准确率可达96.7%。此外,隐马尔可夫模型(Hidden Markov Model,HMM)等统计方法在语音识别中的成功应用对自然语言处理的发展起到了重要的推动作用。

基于统计的机器学习方法在机器翻译上也取得了成功。IBM公司的布朗(Peter F. Brown)等人在《计算语言学》(Computational Linguistics)杂志发表的《统计机器翻译方法》(1990年)和《统计机器翻译的数学:参数估计》(1993年)两篇论文奠定了统计机器翻译(Statistical Machine Translation,SMT)的基础。对Peter F. Brown等人建立的模型,一般简称为IBM翻译模型。IBM翻译模型共包括5个复杂度依次递增的统计翻译模型。

20世纪80年代以来设想和进行的智能计算机研究也对自然语言理解提出了新的要求,此后又提出了对多媒体计算机的研究。新型的智能计算机和多媒体计算机均要求设计出更为友好的人机界面,使自然语言、文字、图像和声音等信号都能直接输入计算机。要实现计算机能使用自然语言与人进行对话交流这个目标,就需要计算机具有自然语言能力,尤其是口语理解和生成能力。

自辛顿在 2006 年提出深度学习技术以来,深度学习最先在计算机视觉领域取得突破性成绩。2011 年,微软研究院的邓力和俞栋等人与辛顿合作,创造了第一个基于深度学习的语音识别系统,该系统也成为深度学习在语音识别领域繁荣发展和提升的起点。自 2013 年提出了神经机器翻译(Neural Machine Translation,NMT)系统之后,神经机器翻译系统取得了很大的进展。神经机器翻译是指直接采用神经网络以端到端方式进行翻译建模的机器翻译方法,一般采用编码器-解码器(encoder-decoder)的结构,更简单直观。NMT 中主要使用循环神经网络(Recurrent Neural Network,RNN)结构,并引入了注意力(attention)机制,如长短期记忆(Long Short-Term Memory,LSTM)等。2017 年,Google 公司瓦斯瓦尼(Ashish Vaswani)等人提出了 Transformer 模型,该模型完全基于注意力机制,使用注意力实现编码、解码以及编码器和解码器之间的信息传递。基于 Transformer 这个强大的基础结构,又衍生出了许多强大、复杂的大模型,其中 GPT(Generative Pre-Training)和 BERT(Bidirectional Encoder Representation from Transformers)是其中两个典型的代表,也是自然语言处理领域中预训练模型的代表,这两个模型在许多自然语言处理的任务上都获得了目前最好的效果。

在深度学习应用于自然语言处理的问题中,机器翻译的进展尤其引人注目,正成为该应用的代表性技术。此外,深度学习还首次使某些应用成为可能,例如,将深度学习成功应用于图像检索、生成式的自然语言对话等。深度学习在自然语言处理中的优势主要在于端到端的训练和表示学习,这使深度学习区别于传统机器学习方法,也使之成为自然语言处理的强大工具。同时,深度学习也面临着一些挑战,例如,缺乏理论基础和模型可解释性,模型训练需要大量数据和强大的计算资源。而深度学习在自然语言处理中也面临一些独特的挑战,如长尾问题、与符号处理的结合以及推理和决策等。可以预见,深度学习与其他技术(包括强化学习、推断、知识等)结合起来,将会使自然语言处理更上一层楼。

3.2 自然语言理解

自然语言理解(Natural Language Understanding,NLU)是指对某种自然语言的文本的真正理解,是自然语言处理的一部分。自然语言理解的研究目标是更好地理解语言和智能的本质,开发实用、有效的语言处理和分析系统。

自然语言理解的应用可以分为两类:基于文本的应用和基于对话的应用。基于文本进行研究的一个非常有意思的领域是故事理解。在这个任务中,自然语言理解系统首先要处理一个故事,然后回答有关这个故事的问题。这和在语文、英语课程中进行的阅读理解测验非常类似,而且这种方法为评价一个自然语言理解系统所能达到的理解深度提供了丰富的手段。基于对话的应用涉及人机交互,也可以使用语音的方式(语音处理技术将在第 4 章中介绍)。基于对话的自然语言处理应用典型的使用场景包括问答系统、智能客服、教学系统等,2022 年年底推出的 ChatGPT 就属于基于对话的 NLP 应用。

本节主要介绍基于文本的应用,3.7 节将介绍基于对话的应用。

3.2.1 自然语言理解的层次

语言虽然表示为一连串的文字符号或者一串语音流,但其内部实际上是一个层次化的结构。一个句子的层次结构为字→词→句子,而使用语音表达的句子的层次结构为音素→音节→音句,上述的每个层次都受到语法规则的约束。因此,语言的分析和理解过程也应该是一个层次化的过程。

许多现代语言学家把以上过程划分为 5 个层次:语音分析、词法分析、句法分析、语义分析和语用分析。虽然这些层次之间并不是完全相互独立的,但这种层次化的结构确实有助于更好地体现语言的内在结构,也更方便使用计算机完成自然语言理解的任务。

1. 语音分析

在有声语言中,音素是最小的、独立的声音单元。音素是一个或一组音,可以和其他音素相区别。语音分析是根据音位规则,从语音流中区分出一个个独立的音素,再根据音位形态规则找出一个个音节及其对应的词素或词。这部分内容将在第 4 章中进行介绍。

2. 词法分析

词法分析的主要目的是找出词汇的各个词素,从中获得语言学信息,例如 unforgettable 是由 un、forget 和 table 构成的。在英语等语言中,找出句子中的一个个词是很容易的,因为词与词之间有空格隔开。但是要找出各个词素的任务就复杂得多,例如 importable,它可以是 im-port-able,也可以是 import-able,这是因为 im、port 和 import 都是词素。在汉语中则很容易找出一个个词素,因为汉语中的每个字就是一个词素;但是词法分析中词(不是字)是处理的最小单元,而要切分出各个词就不容易了。例如,"我们研究所有东西",可能是"我们/研究所/有/东西",也可能是"我们/研究/所有/东西",这里的"/"用于表示词之间的分隔。

通过词法分析可以从词素中获得许多语言学知识。例如,英语单词词尾中的词素"s"可以表示名词的复数形式或者动词的第三人称单数形式,"ly"一般是副词的后缀,而"ed"通常是动词的过去式与过去分词等,上述信息对于句法分析很有帮助。

3. 句法分析

句法分析是对句子和短语的结构进行分析。在自然语言处理的研究中,主要集中在句法分析上,部分原因在于乔姆斯基的理论贡献。自动句法分析的方法很多,包括短语结构语法、格语法、扩充转移网络、功能语法等。句法分析的对象是一个个的句子,分析的目的是找出词、短语等之间的相互关系以及在句子中的作用等,并以层次结构进行表示。这种层次结构可以反映从属关系、直接成分关系或者语法功能关系。

4. 语义分析

对于自然语言中的实词而言,每个词均用来称呼事务或表达概念。句子是由词组成的,句子的含义与词义直接相关,而不仅仅是词义的简单相加。例如,"我打他"和"他打我"这两句话中的词是完全相同的,但是表达的意思是完全相反的。因此,在进行语义分析时,还需要考虑句子的结构意义。语义分析就是通过分析找出词义、结构意义及其结合意义,从而确定语言所表达的真正含义。在自然语言处理中,语义和语境越来越成为一个重要的研究内容。

5. 语用分析

语用学研究语言符号和使用者之间的关系。具体地说,语用学研究语言所存在的外界环境对语言使用者的影响,描述语言的环境知识以及语言与语言使用者在给定语言环境中的关系。自然语言处理的语用分析更侧重于讲话者/听话者的模型设定,而不是处理嵌入到给定话语的结构信息。研究人员已经提出了一些语言环境计算模型,用来描述讲话者及其目的,以及听话者对讲话者信息的重组方式。构建这些模型的难点在于如何把自然语言处理的各个方面和各种不确定的生理、心理、社会、文化等因素集中在一个完整的模型中。

3.2.2 词法分析

词是最小的能够独立运用的语言单位,因此,词法分析是其他一切自然语言处理问题的基础,会对后续问题产生深刻的影响。词法分析的任务就是:将输入的句子字串转换成词序列,同时标记出各词的词性。这里所说的"字"并不仅限于汉字,也可以指标点符号、外文字母、注音符号和阿拉伯数字等任何可能出现在文本中的文字符号,所有这些文字符号都是构成词的基本单元。从形式上看,词是稳定的字的组合。

词法分析的任务如下:

(1) 形态还原。主要针对英语、德语、法语等。形态还原是指把句子中的词还原成它们的基本词形,例如,把动词的过去式还原为动词原形。

(2) 命名实体识别。识别出人名、地名、机构名等。

(3) 分词。针对汉语等,识别出句子中的词。

(4) 词性标注。为句子中的词添加预定义类别集合中的类别标记。

汉语的词与词紧密相连,没有明显的分隔标志。另外,汉语词的形态变化少,主要靠词序或虚词表示。中文的词法分析任务主要包括分词、未登录词识别、词性标注等。

1. 形态还原

形态还原是指把自然语言中句子里的词还原成基本词形,作为词的其他信息(词典、个性规则)的索引。简单地说,就是把各种时态的单词还原成单词的基本形态。对英语单词进行形态还原,主要是利用给出的规则进行处理。词干提取是抽取词的词干或词根形式,不一定能够表达完整语义。词形还原和词干提取是词形规范化的两类重要方式,都能够达到有效归并词形的目的,二者既有联系也有区别。

2. 命名实体识别

命名实体识别(Named Entity Recognition,NER),是指识别文本中具有特定意义的实体,主要包括人名、地名、机构名、专有名词、时间等,换言之,就是识别自然文本中的实体指称的边界和类别。早期的命名实体识别方法基本都是基于规则的。后来,基于大规模语料库的统计方法在自然语言处理各个方面取得了不错的效果,一大批机器学习的方法也开始用于完成命名实体识别的任务。

基于机器学习的命名实体识别方法可以分为以下几类:

- 有监督的学习方法。这类方法需要利用大规模的已标注语料对模型进行参数训练。基于条件随机场(Conditional Random Field,CRF)的方法是命名实体识别中最成功的方法之一。

- 半监督的学习方法。这类方法利用标注的小数据集(种子数据)自举学习。
- 无监督的学习方法。这类方法利用词汇资源(如 WordNet)等进行上下文聚类。
- 混合方法。多种模型相结合或利用统计方法和人工总结的知识库。

由于深度学习在自然语言处理中的广泛应用,基于深度学习的命名实体识别方法也获得了不错的效果,识别的主要思路仍然是把命名实体识别作为序列标注任务来完成。

3. 分词

词是语言中最小的能独立运用的单位,也是语言信息处理的基本单位。中文词与词之间没有明显的分隔符,使得计算机对于词的准确识别变得比较困难。因此,分词就成了中文处理中所要解决的最基本的问题,分词的性能对后续的语言处理,如机器翻译、信息检索等,有着至关重要的影响。

自然语言中经常存在歧义现象,中文也是如此。中文分词中的歧义主要包括以下几类:
- 交集型歧义字段,ABC 可以在 B、C 之间切开,也可以在 A、B 之间切开。例如,"和平等"三个字,在"独立/自主/和平等/独立/的/原则"中是在"和""平"之间切开的,而在"讨论/战争/与/和平/等/问题"中是在"平""等"之间切开的。
- 组合型歧义字段,AB 可以切分为 A 和 B,也可以不切分。例如,"马上"二字,在"他/骑/在/马/上"中切分开了,而在"马上/过来"中则不切分,作为一个词出现。
- 混合型歧义。由交集型歧义和组合型歧义嵌套与交叉而成。例如,"得到达",第一句是"我/今晚/得/到达/南京",第二句是"我/得到/达克宁/了",第三句是"我/得/到/达克宁/公司/去",后面的两句话中都包含了"达克宁"这个命名实体。

4. 词性标注

词性(Part-Of-Speech,POS)是词汇基本的语法属性,也称为词类。词性标注(POS tagging)就是在给定句子中判定每个词的语法范畴,确定其词性并加以标注的过程。词性标注的正确与否将会直接影响到后续的句法分析、语义分析,是中文信息处理的基础性课题之一。常用的词性标注模型有 n 元语法模型、隐马尔可夫模型、最大熵模型、基于决策树的模型等,以上方法都属于基于语料库的经验主义方法。

汉语的特点是缺乏严格意义上的形态标志和形态变化,汉语词性标注的困难在于以下几点:
- 汉语缺乏词的形态变化,不能像印欧语系那样,直接从词的形态变化上判别词的类别。
- 常用词的兼类现象严重。兼类词的使用频度高,兼类现象复杂多样,覆盖面广,又涉及汉语中大部分词性的词,使得词类歧义排除的任务困难重重。
- 研究者本身的主观因素也会造成兼类词处理的困难。

词性标注的重点是解决兼类词和确定未登录词的词性问题。未登录词是指没有被收录在分词词表和语料库中但必须切分出来的词,包括各类专有名词(人名、地名、企业名等)、缩写词、新增词汇等。

兼类词是指一个词具有两种或两种以上的词性。根据研究统计,在英文的 Brown 语料库中,有 10.4% 的词是兼类词。例如,以下 3 个英文短语中的 back 就是兼类词,其词性分别是形容词、名词和动词:

- the *back* door
- on my *back*
- promise to *back* the bill

汉语兼类词也非常普遍。例如,以下的"锁"分别是动词和名词:

- 把门锁上。
- 买了一把锁。

以下例句中,"研究"分别是动词和名词:

- 他研究人工智能。
- 他的研究工作。

在自然语言处理中,有许多任务可以转化为"将输入的语言序列转化为标注序列"以解决问题,称为序列标注(sequence labeling),例如命名实体识别、词性标注等。简言之,输入是一个序列,输出也是一个序列。

例如,词性标注就是一个典型的序列标注问题。以下是一个英语句子的词性标注结果,如图3.4(a)所示。

输入序列: It is easy to learn and use Python .
输出序列: PRP VBZ JJ TO VB CC VB NNP .

这里使用了 NLTK 工具,这是一个 Python 构建的高效的平台,用来处理自然语言数据。NLTK 是一个免费、开源社区驱动的项目。NLTK 的词性一共 36 类。

另外,命名实体识别也是一个典型的序列标注问题。以下分别为原句和命名实体识别的结果:

输入序列: 我 爱 北 京 天 安 门
输出序列: O O B E B I E

在输出序列的标记中,B 表示实体的开始,E 表示实体的结束,I 表示实体中间内容,O 表示非实体的单个字。输出序列说明,原句中有两个命名实体,第一个是北京(标注为 BE),第二个是天安门(标注为 BIE)。

图3.4(b)中使用 HanLP 分词器进行分词、词性标注和命名实体识别,输出中的 ns 表示命名实体中的地名。输出时把输入序列(语言序列)和得到的输出序列(标记序列)混合在了一起。在许多语料库中,这是一种常用的语料存储方式。

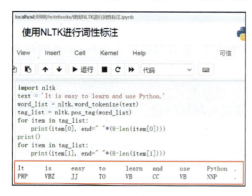

(a) 英语的词性标注

(b) 汉语的词性标注和命名实体识别

图 3.4　英语和汉语的词法分析结果

在词法分析中,有时候会自动过滤某些字或词,这些字或词即被称为停用词(stop words)。这些停用词大都是人工输入、非自动化生成的,生成后的停用词会形成一个停用词表。英语和汉语各自有自己的停用词表。停用词和停用词表的概念是由卢恩(Hans Peter Luhn)在1959年提出的。

3.2.3 句法分析

句法分析是从句子得到其结构语法的过程。不同的语法形式,对应的句法分析算法也不完全相同。由于短语结构语法(特别是上下文无关文法,Content-Free Grammar,CFG)应用最为广泛,因此以短语结构树为目标的句法分析器研究得最为彻底。很多其他形式语法对应的句法分析器都可以通过对短语结构语法的句法分析器进行改造得到。

形式语言一般是人工构造的语言,是一种确定性的语言。形式语言中的任何一个句子,只能有唯一的一种句法结构是合理的。即使语法本身存在歧义,也往往可以通过人为的方式规定一种合理的解释。例如,程序设计语言中的if…else if…else,往往都规定else是和最近的if配对的。而在自然语言中,歧义现象是天然的、大量存在的,这些歧义的多种解释又经常都有可能是合理的。因此,对歧义现象的处理是句法分析器的基本要求。由于要处理大量的歧义现象,自然语言的句法分析器的复杂程度要远高于形式语言的句法分析器。

句法分析的任务是确定句子的句法结构或句子中词汇之间的依存关系。

句法分析主要包括3种:完全句法分析、局部句法分析和依存关系分析,其中,前两种句法分析是对句子的句法结构进行分析(也称为短语结构分析),而依存关系分析则是对句子中词汇间的依存关系进行分析。

1. 完全句法分析

在完全句法分析任务中,句子已经完成了词法分析,而句法分析的目的是得到句子的句法结构,通常使用短语结构树表示。可以使用层次分析法将已经进行过词法分析的句子处理为一棵短语结构树。

图3.5(a)中的表格使用了层次分析法,而图3.5(b)则是这个句子的短语结构树,IP代表简单从句,NP代表名词短语,VP代表动词短语,ADVP代表副词短语。

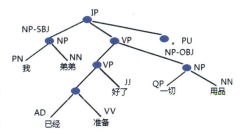

图 3.5 层次分析法和短语结构树

层次分析法枝干分明,便于归纳句型。但是,这种方法会遇到大量的歧义。另外,层次分析法还面临着很多困难:

- 在汉语中,词类与句法成分之间的关系比较复杂,除了副词只能作状语(一对一)之外,其余的都是一对多,即一种词类可以作多种句法成分。

- 词存在兼类。
- 短语存在多义。

在完全句法分析中,乔姆斯基形式文法是很重要的理论。乔姆斯基形式语言理论一共经历了古典理论、标准理论、扩充式标准理论、管辖约束理论、最简理论五个阶段。

乔姆斯基文法用 G 表示形式语法,将其表示为四元组:

$$G=(V_n,V_t,S,P)$$

- V_n:非终结符的有限集合,不能处于生成过程的终点,即在实际句子中不出现。在推导中起变量作用,相当于语言中的语法范畴。
- V_t:终结符的有限集合,只处于生成过程的终点,是句子中实际出现的符号,相当于单词表。
- S:V_n 中的初始符号,相当于语法范畴中的句子。
- P:重写规则,也成为生成规则,一般形式为 $\alpha \rightarrow \beta$,其中 α 和 β 都是符号串,α 至少含有一个 V_n 中的符号。

乔姆斯基根据重写规则的形式,将形式文法分为 4 级:

- 0 型文法(无约束文法)。
- 1 型文法(上下文相关文法)。
- 2 型文法(上下文无关文法)。
- 3 型文法(正则文法)。

句子分析过程是生成过程的逆过程。由于乔姆斯基形式文法中的生成规则是根据语法规则制定的,在分析句子是否由某文法产生的同时就等同于对句子进行语法结构分析。显然,这种方法有很大的局限性:它受到规则的限制。有很多句子无法由规则集生成(例如,"我看你打篮球"),也有很多不合逻辑的句子可以由规则集生成(例如,"我吃冰箱")。这说明,规则很难具有完备性,同时,符合规则的句子不一定合乎逻辑。

利用概率统计法进行句法分析,主要采用概率上下文无关文法(Probabilistic Content-Free Grammar,PCFG),它是 CFG 的概率拓展,可以直接统计语言学中词与词、词与词组以及词组与词组之间的规约信息,并且可以由语法规则生成给定句子的概率。在自然语言处理领域,如果引入了概率,那么这种方法的作用很有可能是解决歧义现象(消除歧义,简称消歧),因为可以根据概率的大小对可能出现的情况进行选择。

例如,有英文例句如下:

Astronomers saw stars with ears.

首先,给 CFG 的每条句法规则赋予一个概率,这个概率代表了这条规则出现的可能性大小,如图 3.6 所示。对于左端非终结符动词短语 VP 来说,有两条句法规则 VP→V NP 和 VP→VP PP。由于 VP→V NP 更常见,所以经过统计为其赋值 0.7,为另外一条赋值 1−0.7=0.3,即同一个左端非终结符的语法规则总的概率值为 1。图 3.6 中的概率是为了说明 PCFG,并不是来自语料库的真实概率统计结果。

对于所有可能的句法分析树,计算其整体概率,选择概率最大的作为分析结果。图 3.7 中给出了两棵句法分析树 t_1 和 t_2,一般会选择概率更大的句法树 t_1 作为句法分析的结果。

2. 局部句法分析

相比于完全句法分析要求对整个句子构建句法分析树,局部句法分析仅要求识别句子

S→NP VP	1.0	NP→NP PP	0.4
PP→P NP	1.0	NP→*astronomers*	0.1
VP→V NP	0.7	NP→*ears*	0.18
VP→VP PP	0.3	NP→*saw*	0.04
P→*with*	1.0	NP→*stars*	0.18
V→*saw*	1.0	NP→*telescopes*	0.1

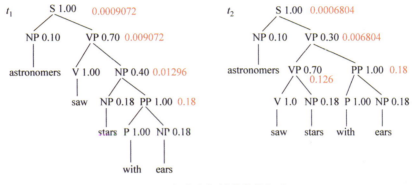

图 3.6 句法规则的概率

图 3.7 句法分析树的整体概率

中某些结构相对简单的独立成分，如非递归的名词短语、动词短语等。这些识别出来的结构通常被称作语块，语块和短语这两个概念基本可以认为相同。在局部句法分析中，可以将语块的分析转化成序列标注问题来解决。因此，仍然可以使用隐马尔可夫模型进行建模。

3. 依存句法分析

与完全句法分析以及局部句法分析不同，依存句法分析的主要任务是分析出词与词之间的依存关系。现代依存语法理论认为，句法关系和词义体现在词之间的依存关系中。而且，参加组成一个结构的成分（词）之间是不平等（有方向）的，一些成分从属于另一些成分，每个成分最多只能从属于一个成分。而且，哪两个词之间有依存关系是根据句法规则和词义定义的，例如：主语、宾语从属于谓语等。在一句话中，动词是句子的中心，它支配其他成分，而不受其他成分支配。例如，在句子“北京是中国的首都”中，动词“是”是句子的中心，其他成分都依存于它。可以使用有向图和依存树的形式表示依存语法。目前，依存句法分析主要是在大规模训练语料的基础上用机器学习的方法（即数据驱动的方法）得到依存句法分析器。

3.3 语料库和语言知识库

在使用统计方法（包括深度学习技术）的经验主义方法时，一般都需要首先建设大规模、有质量的数据集。计算机视觉领域就是如此，ImageNet 数据集极大地推动了图像分类的研究工作。对于自然语言处理技术来说也是如此，而该领域数据集的特定名称就是语料库（corpus）。

语料库语言学的主要奠基人和倡导者、英国著名语言学家利奇在 1991 年说：“在今天，仅仅将语料库视为存放语言材料的仓库,是令人无法忍受的观点。新一代的兆亿级的大规模语料库可以作为语言模型的训练和测试手段,来评价一个语言模型的质量;此外,诸如困惑度之类的统计方法也可利用语料库来评估一个语法模型对语料的解释能力。"利奇曾在1983年利用已带有词性标记的Brown语料库对LOB语料库进行了自动词性标注,准确率可达96.7%。

在基于语料库的经验主义方法中,语料库是获取知识的主要来源。语料库中存储的是在语言的实际使用中真实出现过的语言材料,以计算机为载体承载语言知识的基础资源;语料库中的真实语料需要经过加工(分析和处理),才能成为有用的资源。

3.3.1 语料库

根据不同的划分标准,语料库可以分为多种类型。例如,按语种可以分为单语种语料库、双语种语料库、多语种语料库;按照地域可以分为国家语料库、国际语料库;按来源可以分为口语语料库、书面语料库;按加工方式,单语语料库可分为原始语料库、切分标注语料库、句法树库、语义标注语料库等,双语语料库可分为篇章对齐语料库、句子对齐语料库、词语对齐语料库、结构对齐语料库等。

平行语料库也称平衡语料库,是指其内容来自多种体裁和行业领域,着重考虑的是语料的代表性和平衡性,是与专门语料库相对而言的。平行语料库一般有两种含义。第一种是指同一种语言的语料上的平行,例如,国际英语语料库(International Corpus of English,ICE)一共有20个平行的子语料库,分别来自以英语为母语或官方语言及主要语言的国家,如英国、美国、加拿大、澳大利亚、新西兰等。这些子语料库的平行性表现为语料选取的时间、对象、比例、文本数、文本长度等几乎是一致的。建库的目的是对不同国家的英语进行对比研究。第二种含义是指两种或多种语言之间的平行采样和加工。例如,机器翻译中的双语对齐语料库(句子对齐或段落对齐)就属于这种语料库。

本节介绍有代表性的语料库。

1. Brown 语料库

Brown 语料库中单词的数量有上百万,以语言研究为导向,它属于第一代语料库。第一代语料库还包括 LOB 语料库、LLC 语料库等。

Brown 语料库是第一个计算机存储的美国英语语料库,也是第一个平行语料库。Brown 语料库包含 100 万单词的语料,由美国布朗大学在 1963—1964 年收集,包括 500 个连贯英语书面语,每个文本超过 2000 个单词,整个语料库约 1 014 300 个单词,用于研究当代美国英语。Brown 语料库是英语平行语料库的标准,20 世纪 80 年代构建的英语平行语料库,如 LOB 语料库及 LLC 语料库,都遵循了 Brown 语料库的架构。

2. COBUILD 语料库

COBUILD 语料库(Collins Birmingham University International Language Database)由辛克莱尔(John Sinclair)在 20 世纪 80 年代建立,其贡献在于它是第一个动态语料库。该语料库由英国伯明汉大学与柯林斯出版社合作完成,规模达 2000 万词。

3. BNC 语料库

英国国家语料库(British National Corpus,BNC)是目前网络可直接使用的最大的语料库之一,也是目前世界上最具代表性的当代英语语料库之一。该语料库由英国牛津大学出版社、朗曼出版公司、牛津大学、兰卡斯特大学、大英图书馆等联合开发建立,于1994年完成。英国国家语料库词容量超过一亿,由4124篇代表广泛的现代英式英语文本构成,其中书面语占90%,口语占10%。

该语料库的建立标志着语料库语言学的发展进入一个新的阶段,并在语言学和语言技术研究方面发挥重要作用。

4. 宾州树库

树库(treebank)是一种深加工语料库,可以用来对句子进行分词、词性标注和句法结构关系的标注。树库主要包括以下两类:短语结构树库、依存结构树库,其中,短语结构树库一般使用句子的结构成分描述句子,而依存结构树库则根据句子的依存结构建立。树库的作用主要包括:为自动句法分析器提供数据和平台;为句法学研究提供真实文本标注素材;作为进行句子内部词语义项和语义关系标注的基础。

宾州树库(UPenn Treebank)由美国宾夕法尼亚大学马库斯(Mitchell Marcus)等人在1989—1996年历时8年建成,包括约700万词的带词性标记语料库、300万词的句法结构标注语料库。宾州树库通过设在宾夕法尼亚大学的语言数据联盟(Linguistic Data Consortium,LDC)组织和发布,LDC的官网为http://www.ldc.upenn.edu。

LDC中文树库是LDC开发的中文句法树库,语料取材于新华社和香港新闻等媒体,目前该语料库已发展成为第8版,由3007个文本文件构成,含有71 369个句子、约162万个词、约259万个汉字。文件采用UTF-8编码格式存储。例如,短语"制定了引进外资、加强横向经济联合和对外下放权三个文件"标注后的树状结构信息如图3.8所示。

```
(VP(VV 制定)
    (AS 了)
    (NP-OBJ(IP-APP (NP-SBJ(-NONE- * pro * ))
                    (VP (VP (VV 引进)
                            (NP-OBJ(NN 外资)))
                        (PU、)
                        (VP (VV 加强)
                            (NP-OBJ (ADJP(JJ 横向))
                                    (NP (NN 经济)
                                        (NN 联合))))
                        (CC 和)
                        (VP (PP(P 对)
                                (NP(NN 外)))
                            (VP (VV 下放)
                                (NP-OBJ(NN 权))))))
            (QP(CD 三)
                (CLP(M 个)))
            (NP(NN 文件))))
```

图3.8 示例标注后的树状结构信息

5. 美国国家语料库

美国国家语料库(American National Corpus,ANC)是目前规模最大的关于美国英语使用现状的语料库,它包括从1990年起的各种文字材料、口头材料的文字记录。ANC的第一个版本包含了1000万口语和书面语的美式英语词汇,第二个版本则包含了2200万口语和书面语的美式英语词汇。ANC也通过LDC组织和发布。

6.《人民日报》标注语料库

北京大学计算语言学研究所从1992年开始进行现代汉语语料库的多级加工,在语料库建设方面成绩显著,先后建成了2600万字的1998年《人民日报》标注语料库、包含2000万汉字和1000多万英语单词的篇章级英汉对照双语语料库以及8000万字篇章级信息科学与技术领域的语料库等。

《人民日报》标注语料库对《人民日报》1998年上半年的纯文本语料进行了词语切分和词性标注,严格按照《人民日报》的日期、版序、文章顺序编排。文章中的每个词语都带有词性标记。目前的标记集里除了包括26个基本词类标记外,从语料库应用的角度又增加了专有名词(人名nr、地名ns、机构名称nt、其他专有名词nz),从语言学角度也增加了一些标记,总共使用了40多个标记。后来又推出了2014版的《人民日报》标注语料库(大小约116MB),可以用来训练词性标注、分词模型、实体识别模型等,如图3.9所示。

```
37  新年/t 前夕/f ,/w [国家/n 主席/nnt]/nnt 习近平/nr 通过/p [中国/ns 国际/n 广播/vn 电台/nis]/nt 、/w [中央/n 人
    民/n 广播/vn 电台/nis]/nt 、/w [中央/n 电视台/nis]/nt ,/w 发表/v 了/ule 2014年/t [新年/t 贺词/n]/nz 。/w
38  这/rzv 是/vshi 习近平/nr 主席/nnt 发表/v 的/ude1 [第/m 一份/mq]/mq 新年/t 贺词/n 。/w 在/p 8分/mq 钟/qt 寰寰/z
    [数百/m 字/n]/mq 的/ude1 贺词/n 中/f ,/w 我们/rr 读/v 到/v 的/ude1 不仅/d 只是/d 来自/v [国家/n 领导人/nnt]/nnt
    的/ude1 新年/t 问候/vn 与/cc 祝福/vn ,/w 更/d 读/v 到/v 了/ule [世界/n 舞台/n]/nt 上/f 步履/n 坚毅/a 、/w
    /w 包容/v 自信/a 的/ude1 中国/ns ,/w 一个/mq 在/p 改革/v 大道/ns 上/f 矢志不移/dl 、/w [扬帆/vi 起航/vi]/nz
    的/ude1 中国/ns ,/w 一个/mq 为/p [复兴/vn 之/uzhi 路/n]/nz 上/f 努力/ad 让/v 社会/n 更加/d [公平/a 正义/n]/nz
    、/w 让/v [人民/n 生活/vn]/nt 更加/d 美好/a 的/ude1 中国/ns 。/w
39  "/w [70/m 多/a 亿/m 人/n]/mq [共同/d 生活/vn]/nz 在/p 我们/rr 这个/rz 星球/n 上/f ,/w 应该/v 守望相助/vl 、/w
    同舟共济/vl 、/w [共同/d 发展/vn]/nt ,/w 这/rzv 是/vshi [中国/ns 政府/nis]/nt 对/p [世界/n 的/ude1 和平/n]/nz 发
    展/vn 、/w 包容/v 共/d 进/vf 的/ude1 期待/vn 。/w 身/n 处/v 同一/mq 地球村/n ,/w 中国/ns 这个/rz "/w 国际/n
    公民/n "/w 也/d [vshi 国际/n 责任/n 的/ude1 践行者/n]/nz ,/w 也/d 是/vshi [一个/mq 追梦/n 的/ude1 支持
    者/n 。/w 今年/t 时值/v 甲午战争/n 爆发/v 两甲子/m ,/w 曾/d 饱受/v [百年/mq 屈辱/n 的/ude1 [中国/ns 人民
    /n]/nz ,/w 深知/v 和平/n 生活/vn 的/ude1 宝贵/a ,/w 不畏/v [复兴/vn 之/uzhi 路/n]/nz 的/ude1 艰辛/an 。/w 以
    史为鉴/vl ,/w 面向/v 未来/t ,/w [中国/ns 人民/n]/nz 追求/v 实现/vn 中华民族/n 伟大/a 复兴/vn 的/ude1 中
    国/ns 梦/n ,/w 也/d 祝愿/v [各国/rzs 人民/n]/nz 能够/v 实现/vn 自己/rr 的/ude1 梦想/n 。/w
40  /w 2014年/t ,/w 我们/rr 在/p 改革/vn 路/n 的/ude1 [千/m 里马/n 迈出/v 新/a 的/ude1 一步/v 。/w "/w 这/rzv 是/vshi
    [中国/ns 政府/nis]/nt 对/p 新/a [一年/mq 全面/ad 深化改革/v]/nz 有力/a 表态/vi 。/w 习近平/nr 主席/nnt 将/d
    2013/m 定义/v 为/p 对/p [国家/n 和/cc 人民/n]/nz 很/d 不/d 平凡/a 的/ude1 一年/mq 。/w 我们/rr 战胜/v 了
    [ule 各种/rz 困难/an 和/cc 挑战/vn ,/w "/w 也/d 切实/ad 感受到/v 了/ule 来/v 各种/r 细微/a 变化/vn 。
    /w 这/rzv 一年/mq 注定/v 是/vshi 载入/v [中国/ns 改革/vn]/nz 史册/n 的/ude1 标志性/n 一年/mq 。/w 全面/ad 改革
    /v 号角/n 吹响/v ,/w 也/d 发展/v 蓝图/n 正/d 实施/v 就/d ,/w /w [ule 美丽/a 的/ude1 [中国/ns 春天/t 故事/n]/nz 正
    在/d 中国/ns 大地/n 上/f 谱写/v 。/w "/w 一分/t 部署/n ,/w 九分/t 落实/v "/w ,/w 无论/c 多么/a 美好/a 的/ude1 改革
    /vn 路径/n ,/w 只有/c 付诸/v 实践/vn 才能/v 得到/v 检验/vn 、/w 评估/vn 和/cc 收获/n 。/w 过去/vf 一年/mq
    中国/ns 社会发展/v /w [ule 社会/n 发展/v]/vl 的/ude1 新气象/n ,/w 我们/rr 有/vyou 理由/n 相信/v ,/w 只要/c
    作为/p [全面/ad 深化改革/v 元年/t]/ude1 2014/m ,/w 中国/ns 的/ude1 改革者/nnd 们/k 会/v 有/vyou 更大/d 作为
    /v ,/w 公众/n 也/d 会/v 对/p 改革/vn 参与/vn 中/f 感到/v 更加/d 积极/ad 。/w "
41  "/w 让/v 老百姓/n 过/uguo 上/f 更加/d 幸福/a 的/ude1 生活/vn ,/w 我们/v 还有/v 大量/m 工作/vn 要/v 做/v 。/w "/w 这
    /rzv 是/vshi [中国/ns 政府/nis]/nt 对/p 人民/n 的/ude1 庄严/a 承诺/vn 。/w 犹/d 记得/v 新/a 一届/mq [中央/n 政
    治局/nis]/nto 常委/nnt 同/q 下/vd 记者/nnt]/nz 见面/vi 时/ng ,/w "/w [人民/n 对/p [美好/a 生活/vn 的/ude1
    ude1 向往/vn ,/w 就是/v 我们/rr 的/ude1 [奋斗/vi 目标/n]/nz "/w 、/w 习近平/nr 的/ude1 深情/n 阐述/v 激起/v
```

图3.9 《人民日报》标注语料库(2014版)中的语料

7. 联合国平行语料库

联合国平行语料库(1.0版)由已进入公有领域的联合国正式记录和其他会议文件组成。这些文件多数都有联合国6种语言(英、法、俄、汉、阿拉伯、西班牙)的文本。该语料库当前版本包含1990—2014年编写并经人工翻译的文字内容,包括以语句为单位对齐的文本。创立语料库既是为了表明联合国对多种语言并用的承诺,也是因为统计机器翻译(Statistical Machine Translation,SMT)在大会和会议管理部各笔译处和联合国统计机器翻译系统Tapta4UN中的作用越来越大。

联合国平行语料库的目的是提供多语种的语言资源,帮助相关各界在机器翻译等各种

自然语言处理方面开展研究并取得进展。为了方便使用，该语料库还提供了现成的特定语种双语文本和六语种平行语料子库。

8. 欧洲议会平行语料库

欧洲议会平行语料库是从欧洲议会的会议记录里抽取出来的，是目前互联网上可免费获取的非常规范的平行语料库。该语料库的时间跨度为 1996—2006 年，目前这个语料库还在继续扩建。

第 3 版的欧洲议会平行语料库包括 11 种语言的单语语料库和 10 对双语语料库，其中单语语料库主要用于语言模型的训练，双语语料库主要用于统计机器翻译中翻译模型的训练。欧洲议会平行语料库中 11 种语言的语料如图 3.10 所示。

```
Danish: det er næsten en personlig rekord for mig dette efterår .
German: das ist für mich fast persönlicher rekord in diesem herbst .
Greek: πρόκειται για το προσωπικό μου ρεκόρ αυτό το φθινόπωρο .
English that is almost a personal record for me this autumn !
Spanish: es la mejor marca que he alcanzado este otoño .
Finnish: se on melkein minun ennätykseni tänä syksynä !
French: c ' est pratiquement un record personnel pour moi , cet automne !
Italian: e ' quasi il mio record personale dell ' autunno .
Dutch: dit is haast een persoonlijk record deze herfst .
Portuguese: é quase o meu recorde pessoal deste semestre !
Swedish: det är nästan personligt rekord för mig denna höst !
```

图 3.10 欧洲议会平行语料库中 11 种语言的语料

3.3.2 语言知识库

语言知识库在自然语言处理的研究中具有重要的作用。词汇知识库、句法规则库、语法信息库和语义概念库的各类语言知识资源，都是自然语言处理技术赖以建立的重要基础。本节对一些具有代表性的语言知识库进行简要介绍。

语言知识库包含了比语料库更广泛的内容。广义上来说，语言知识库可分为两种类型：第一种是词典、规则库、语义概念库等，其中的语言知识表示是显性的，可使用形式化结构进行描述；第二种语言知识存在于语料库之中，每个语言单位（主要是词）的出现，其意义、内涵、用法都是确定的。语料库是文本的集合，也是语句的结合，其中的每一个语句都是线性的非结构化的文字序列，其中包含的知识都是隐含的。语料加工的目的就是要把隐含的知识明确化，以便计算机能够学习和使用。

下面将对具有代表性的语言知识库进行简要介绍。

1. WordNet

WordNet 是由美国普林斯顿大学米勒（George A. Miller）领导开发的英语词汇知识库，是一种传统的词典信息与计算机技术以及心理语言学等学科有机结合的产物。WordNet 从 1985 年开始建设，目前已经成为国际上非常有影响的英语词汇知识库，其官网为 https://wordnet.princeton.edu。

WordNet 与同义词词林类似，使用同义词集合（synset）作为基本的构建单位来组织。但不同的是，WordNet 不仅是用同义词集合的方式列出概念，而且同义词集合之间是以一定数量的关系类型相互关联的。这些关联关系包括同义关系、反义关系、上下位关系、整体与部分关系、继承关系等。在这些语义关联关系中，同义关系是最基础的语义关系，也是 WordNet 组织词汇的方式。为了尽量使语义之间的关系明晰、易于使用，WordNet 中没有包含发音、派生形态、词源信息、用法说明、图示等。

由此可见，WordNet 是一个按语义关系网络组织的巨大词库，使用多种词汇关系和语义关系组织表示词汇的知识。词形式和词义是 WordNet 源文件中的两个基本组成部分，其中词形式用规范的词形表示，词义则用同义词集合表示。词汇关系是两个词形式之间的关系，而语义关系是两个词义之间的关系。

WordNet 中词汇的组织方式如图 3.11 所示。

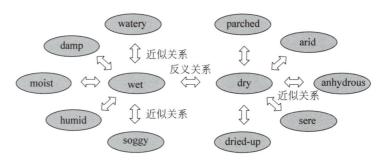

图 3.11　WordNet 中词汇的组织方式

2. 北京大学综合型语言知识库

北京大学计算语言学研究所俞士汶教授领导建立的综合型语言知识库 CLKB 覆盖了词、词组、句子、篇章各单位和词法、句法、语义多个层面，从汉语向多语言辐射，从通用领域深入到专业领域。CLKB 是目前国际上规模最大并获得广泛认可的汉语语言知识资源，其中的《现代汉语语法信息词典》是一部面向语言信息处理对的大型电子词典，收录了 8 万个汉语词语，在依据语法功能分布完成的词语分类的基础上，又根据分类进一步描述了每个词语的详细语法属性。

《现代汉语语法信息词典》以复杂特征集、合一运算理论为基础，采用"属性-属性值"的形式详细描述了词语的句法知识，并使用关系数据库技术把"属性-属性值"的描述形式转换为数据库表的字段和值，如表 3.1 所示。

表 3.1　《现代汉语语法信息词典》示例

词　语	词　类	同　形	拼　音	备　注	…
挨	v	A	ai1	触，碰，靠近	
挨	v	B	ai2	遭受，忍受	
保管	v	1	bao3guan3	保存	
保管	v	2	bao3guan3	担保	
报告	n		bao4gao4	书面文件	
报告	v		bao4gao4	发表讲话	

续表

词　语	词　类	同　形	拼　音	备　注	…
别	d		bie2	不要	
别	v	A	bie2	分离	
别	v	B	bie2	附着,固定	

在表 3.1 中,属性"词语""词类""同形"是主要的描述信息,其中的"同形"用于对同一词类的同形词的不同义项在粗粒度上进行区分,如果某个词在读音和词类均相同的情况下义项不同,那么"同形"的值使用 1、2、3 等数字进行区分。当"同形"的值使用 A、B、C 进等字母进行区分主要有以下两种情况：第一种情况是读音不同;第二种情况是词类相同但词义不同。

除了《现代汉语语法信息词典》之外,综合型语言知识库还包含现代汉语多级标注语料库。该多级标注语料库是在对《人民日报》语料的基础上进行词语切分和词性标注建立的大规模现代汉语基本标注语料库(规模达 6000 万字)的基础上,以《现代汉语语法信息词典》和《现代汉语语义词典》为参考,加注不同粒度的词义信息之后形成的。基本标注语料库中的命名实体都使用相应标记进行了标注。

3. 知网

知网(HowNet)是机器翻译专家董振东领导创建的汉语语言知识库,是一个以汉语和英语中词语代表的概念为描述对象,以揭示概念与概念之间以及概念具有的属性之间的关系为基本内容的常识知识库。

知网作为一个知识系统,是一个意义的网络,它反映了概念的共性和个性。图 3.12 展示了知网中的多层语义关系网络,其中重点反映了概念之间和概念的属性之间的各种关系。

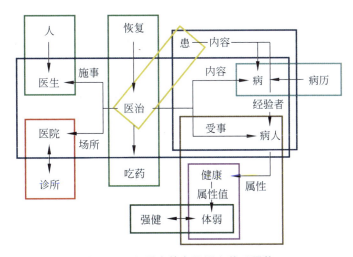

图 3.12　知网中的多层语义关系网络

通过对各种关系进行标注,知网把这种知识网络系统明确地教给了计算机,进而使知识对计算机来说成为可利用、可计算的。在知网中,一共定义了 16 种语义关系,并且这些语义关系是用户借助于《同义、反义以及对义组的形成》自主构建的。知网是一个知识系统,而不是一部语义词典。知网使用了概念与概念之间的关系以及概念的属性与属性之间的关系并形成了一个网状的知识系统,这是知网与其他树状词汇数据库的本质区别。

总体来说,知网是一个具有丰富内容和严密逻辑的语言知识系统,它作为自然语言处理领域,尤其是中文信息处理技术重要的基础资源,在实际应用中发挥着越来越重要的作用。知网可以应用于词汇语义相似度计算、词汇语义消歧、命名实体识别和文本分类等许多具体问题和任务上。

3.4 语言模型

语言模型(Language Model,LM)在自然语言处理中占有重要的地位,尤其在基于统计模型的语音识别、机器翻译、中文分词、句法分析等研究中应用广泛。目前主要采用的是 n 元(n-gram)语法模型,这种模型构建简单、直接,但由于数据缺乏而必须采用平滑方法进行处理。本节主要介绍 n 元语法的基本概念。由于 n 元语法模型是一个马尔可夫链,因此首先来看马尔可夫链。

3.4.1 马尔可夫链

俄罗斯数学家、圣彼得堡数学学派代表性人物安德列·安德列维奇·马尔可夫(Andrei Andreyevich Markov,1856—1922)在 1906—1912 年提出了马尔可夫链。马尔可夫链(也称为马尔可夫过程)是一个典型的随机过程。

考虑一个随机变量的序列 $X=\{X_0,X_1,X_2,\cdots,X_t,\cdots\}$,这里的 X_t 表示时刻 t 的随机变量,$t=0,1,2,\cdots$。各个随机变量的取值集合范围相同,称为状态空间,表示为 S。随机变量可以是离散的,也可以是连续的。由随机变量组成的序列就构成了随机过程。

假设在时刻 0 的随机变量 X_0 遵循概率分布 $P(X_0)=\pi_0$,称为初始状态分布。在某个时刻 $t \geqslant 1$ 的随机变量 X_t 与前一个时刻的随机变量 X_{t-1} 之间有条件概率分布 $P(X_t|X_{t-1})$,如果 X_t 只依赖于 X_{t-1},而不依赖于更早的随机变量,这一性质称为马尔可夫性,即

$$P(X_t|X_0,X_1,X_2,\cdots,X_{t-1})=P(X_t|X_{t-1}), \quad t=1,2,3,\cdots \tag{3-1}$$

马尔可夫性的直观解释是:未来只依赖于现在(假设现在是已知的),而与过去无关,也称为无后效性。这个假设在很多应用和情况下是合理的。具有上述马尔可夫性的随机序列 $X=\{X_0,X_1,X_2,\cdots,X_t,\cdots\}$ 就称为马尔可夫链或马尔可夫过程。条件概率分布 $P(X_t|X_{t-1})$ 称为马尔可夫链的转移概率分布,简称转移概率。转移概率决定了马尔可夫链的特性。

如果转移概率分布 $P(X_t|X_{t-1})$ 与时刻 t 无关,即

$$P(X_{t+s}|X_{t-1+s})=P(X_t|X_{t-1}), \quad t=1,2,3,\cdots;s=1,2,3,\cdots \tag{3-2}$$

则称该马尔可夫链为时间齐次的马尔可夫链,本书中提到的马尔可夫链都是时间齐次的。以上定义的是一阶马尔可夫链。相应地,二阶马尔可夫链是满足式(3-3)的随机过程序列:

$$P(X_t|X_0,X_1,X_2,\cdots,X_{t-1})=P(X_t|X_{t-2},X_{t-1}) \tag{3-3}$$

同理,可以扩展到 n 阶马尔可夫链,满足 n 阶马尔可夫性:

$$P(X_t|X_0,X_1,X_2,\cdots,X_{t-1})=P(X_t|X_{t-n},\cdots,X_{t-2},X_{t-1}) \tag{3-4}$$

马尔可夫是第一个建立这样一种具有无后效性的数学模型的人,有意思的是,他曾用语言学方面的材料验证这一模型。在《概率演算》的第 4 版中,马尔可夫使用普希金的长诗《叶甫盖尼·奥涅金》作为语料,研究了其中元音字母和辅音字母交替变化的规律,验证了只有两种状态的简单马尔可夫链在俄文字母随机序列中的存在。马尔可夫链已经成功应用到物理、化学、自然语言处理、语音识别、信息科学、金融等领域,Google 公司所使用的网页排序算法 PageRank 也是使用马尔可夫链定义的。

3.4.2 n 元语法模型

例如,猜测哪一个词最有可能跟在下面的句子片段的后面:

Please turn your homework…

大多数人也许会猜测,最有可能的单词是 in 或者是 over,但基本上不可能是 the。这种问题一般采用 n 元语法模型这种概率模型解决。n 元语法模型根据前面出现的 $n-1$ 个单词猜测下一个单词。当 $n=1$ 时,也就是后面的这个单词与前面的单词无关,称为一元语法(unigram、uni-gram 或 monogram)。当 $n=2$ 时,后面的这个单词与前面最近的一个单词有关,称为二元语法(bigram 或 bi-gram)。显然,二元语法符合式(3-2),因此,二元语法也被称为一阶马尔可夫链。当 $n=3$ 时,后面的这个单词与前面相邻的两个单词有关,称为三元语法(trigram 或 tri-gram)。显然,三元语法符合式(3-3),因此,三元语法也被称为二阶马尔可夫链。在实际应用中,取 $n=3$ 的情况较多。

一个 n 元语法是包含 n 个单词的序列。二元语法是包含两个单词的序列,如 please turn、turn your、your homework。3 元语法是包含 3 个单词的序列,如 please turn your、turn your homework。

使用 n 元语法模型可以计算下面可能出现单词的各个条件概率值,可以对给定的短语或句子计算整体的联合概率值。在自然语言处理和语音处理中,无论是预测下面的单词还是预测整个句子,n 元语法模型都是非常重要的工具。

概率论是获取语言知识技术中关键的一部分,其他的很多模型都可以使用概率论得到进一步的提高。概率论的作用是能够解决自然语言处理中的各种歧义问题。n 元语法模型的构建主要就使用了概率论。下面利用概率论的表示方法对 n 元语法模型进行说明。

对于一个由 l 个词(包括字、短语、成语等)构成的句子 $s=w_1w_2\cdots w_l$,其概率计算公式可以表示为

$$P(s)=P(w_1)\times P(w_2|w_1)\times P(w_3|w_2w_1)\cdots \times P(w_l|w_1w_2\cdots w_{l-1})$$

$$=\prod_{i=1}^{l}P(w_i|w_1w_2\cdots w_{i-1}) \qquad (3-5)$$

对于一元语法模型,式(3-5)就近似为式(3-6):

$$P(s)=\prod_{i=1}^{l}P(w_i|w_1w_2\cdots w_{i-1})\approx \prod_{i=1}^{l}P(w_i) \qquad (3-6)$$

也就是说,在一元语法模型中,整个句子的联合概率近似为每个单词概率的连乘,单词之间没有影响。这种近似过于简单,是一种强假设,一元语法模型在实际中很少使用。

对于二元语法模型,式(3-5)则近似为式(3-7):

$$P(s)=\prod_{i=1}^{l}P(w_i|w_1w_2\cdots w_{i-1})\approx \prod_{i=1}^{l}P(w_i|w_{i-1}) \qquad (3-7)$$

式(3-7)说明,在二元语法模型中,可以近似地认为一个词的概率只依赖于它前面的一个词。

对于三元语法模型,式(3-5)则近似为式(3-8):

$$P(s) = \prod_{i=1}^{l} P(w_i|w_1w_2\cdots w_{i-1}) \approx \prod_{i=1}^{l} P(w_i|w_{i-1}w_{i-2}) \tag{3-8}$$

下面以二元语法模型为例,介绍如何使用语言模型计算句子的概率。

在式(3-7)中,为了使 $P(w_i|w_{i-1})$ 当 $i=1$ 时有意义,可以在句子最前面加上一个句子的开始标记<BOS>。另外,为了使所有字符串的概率之和为1,需要在句子结尾增加一个句子的结束标记<EOS>,并使之包含在式(3-7)的连乘中。例如,要计算概率 P(Brown read a book),可以这样计算:

$$P(\text{Brown read a book}) = P(\text{Brown}|<\text{BOS}>) \times P(\text{read}|\text{Brown}) \times P(\text{a}|\text{read}) \\ \times P(\text{book}|\text{a}) \times P(<\text{EOS}>|\text{book}) \tag{3-9}$$

为了估计式(3-9)中 $P(w_i|w_{i-1})$ 这些条件概率的值,可以首先计算二元语法 $w_{i-1}w_i$ 在某个文本中出现的频率,然后再进行归一化处理。如果使用 $c(w_{i-1}w_i)$ 表示二元语法 $w_{i-1}w_i$ 在给定文本中的出现次数,就可以采用下面的计算公式:

$$P(w_i|w_{i-1}) = \frac{c(w_{i-1}w_i)}{\sum_{w_i} c(w_{i-1}w_i)} \tag{3-10}$$

用于构建语言模型的文本称为训练语料。对于 n 元语法模型,使用的训练语料的规模一般需要几百万个词。式(3-10)用来估计 $P(w_i|w_{i-1})$ 的方法称为 $P(w_i|w_{i-1})$ 的最大似然估计(Maximum Likelihood Estimation,MLE)。

例如,假设训练语料由以下3个句子构成:

("Brown read holy bible",

"Mark read a text book",

"He read a book by David")

使用最大似然估计方法计算句子"Brown read a book"的概率。

首先,估计二元语法模型中各个条件概率的值:

$$P(\text{Brown}|<\text{BOS}>) = \frac{c(<\text{BOS}>\text{Brown})}{\sum_{w} c(<\text{BOS}>w)} = \frac{1}{3}$$

$$P(\text{read}|\text{Brown}) = \frac{c(\text{Brown read})}{\sum_{w} c(\text{Brown } w)} = \frac{1}{1}$$

$$P(\text{a}|\text{read}) = \frac{c(\text{read a})}{\sum_{w} c(\text{read } w)} = \frac{2}{3}$$

$$P(\text{book}|\text{a}) = \frac{c(\text{a book})}{\sum_{w} c(\text{a } w)} = \frac{1}{2}$$

$$P(<\text{EOS}>|\text{book}) = \frac{c(\text{book}<\text{EOS}>)}{\sum_{w} c(\text{book } w)} = \frac{1}{2}$$

然后,再计算整个句子的概率:

$$P(\text{Brown read a book}) = P(\text{Brown}|<\text{BOS}>) \times P(\text{read}|\text{Brown}) \times P(\text{a}|\text{read})$$
$$\times P(\text{book}|\text{a}) \times P(<\text{EOS}>|\text{book})$$
$$= \frac{1}{3} \times 1 \times \frac{2}{3} \times \frac{1}{2} \times \frac{1}{2}$$
$$\approx 0.06$$

3.4.3 数据平滑

如果根据给定的训练语料计算句子"David read a book"的概率,有如下的计算公式:

$$P(\text{read} \mid \text{Peter}) = \frac{c(\text{David read})}{\sum_w c(\text{David } w)} = \frac{0}{1}$$

从而导致整个句子的概率值也为 0。显然,这个结果不够准确,因为句子"David read a book"总有出现的可能,其概率值应该大于 0。因此,必须分配给所有可能出现的字符串一个非 0 的概率值以避免这种情况。

平滑技术就是用来解决这类零概率问题的。术语"平滑"指的是为了产生更准确的条件概率和联合概率,调整最大似然估计的一种技术,也称为数据平滑。数据平滑处理的基本思想是提高低概率(例如零概率),降低高概率,使概率分布尽量趋于均匀。

对于二元语法模型来说,一种最简单的平滑技术就是假设每个二元语法出现的次数比实际出现的次数多 1 次,这种平滑技术也称为加 1 平滑,因此,

$$P(w_i \mid w_{i-1}) = \frac{1 + c(w_{i-1} w_i)}{\sum_{w_i}[1 + c(w_{i-1} w_i)]} = \frac{1 + c(w_{i-1} w_i)}{|V| + \sum_{w_i} c(w_{i-1} w_i)} \tag{3-11}$$

其中,V 是训练语料中所有单词的单词表,$|V|$ 是单词表中单词的总个数。如果 $|V|$ 取无穷大,那么分母就是无穷大,所有的概率都趋于 0。但实际上,单词表总是有限的,单词的数量大约在几万到几十万之间。所有未登录词可以映射为一个区别于其他已知词汇的单独的单词。

下面使用加 1 平滑方法重新考虑前面的例子。V 为训练语料中出现的所有单词的集合,因此 $|V|=11$。对句子"Brown read a book",其概率为

$$P(\text{Brown read a book}) = P(\text{Brown}|<\text{BOS}>) \times P(\text{read}|\text{Brown}) \times P(\text{a}|\text{read})$$
$$\times P(\text{book}|\text{a}) \times P(<\text{EOS}>|\text{book})$$
$$= \frac{2}{14} \times \frac{2}{12} \times \frac{3}{14} \times \frac{2}{13} \times \frac{2}{13}$$
$$\approx 0.0001$$

也就是说,句子"Brown read a book"出现的频率为在每 10 000 个句子中出现一次。这个结果似乎要比前面估计得到的概率 0.06(每 16 个句子就出现一次)更合理一些。而对于句子"David read a book",其概率值为

$$P(\text{David read a book}) = P(\text{David}|<\text{BOS}>) \times P(\text{read}|\text{David}) \times P(\text{a}|\text{read})$$
$$\times P(\text{book}|\text{a}) \times P(<\text{EOS}>|\text{book})$$
$$= \frac{1}{14} \times \frac{1}{12} \times \frac{3}{14} \times \frac{2}{13} \times \frac{2}{13}$$
$$\approx 0.00003$$

这个结果显然也比平滑之前计算得到的零概率更合理。加 1 平滑方法由法国数学家、物理学家拉普拉斯提出，也称为拉普拉斯平滑。

3.5 自然语言生成

自然语言生成(Natural Language Generation，NLG)是自然语言处理领域的一个重要研究方向。自然语言生成研究使计算机具有人一样的表达和写作的功能，能够根据一些关键信息及其在计算机内部的表达形式，经过一个规划过程，自动生成一段高质量的自然语言文本。这项技术极具应用前景，可以撰写新闻稿、创作诗词、写歌词等。

自然语言生成是自然语言处理的一部分，自然语言处理包括自然语言理解和自然语言生成两个部分。自然语言理解需要消除输入语句的歧义以产生计算机表示语言，而自然语言生成的工作过程与自然语言理解相反，它是从抽象的概念层次开始，决定如何用语言表示这个抽象的概念，通过选择并执行一定的语义和语法规则生成文本。

自然语言生成可以分为以下 3 类。

1. 文本到文本的生成

输入现有文本，对其进行变换和处理，生成一个新文本。文本摘要、句子压缩、句子融合、文本复述等均属于文本到文本的生成。

2. 数据到文本的生成

输入给定的数据，生成相关文本。例如，基于给定的数据生成天气预报文本、体育新闻、财经报道、医疗报告等。

3. 图像到文本的生成

输入给定的图像，生成描述图像内容的自然语言文本，例如新闻图像附带的标题、医学图像附属的说明等。这种任务称为图像描述(image captioning)生成，该任务需要综合应用计算机视觉和自然语言生成等多种技术。

自然语言生成是一项复杂的、富有挑战性的任务。对于复杂的任务，一般都会把它分解成若干个子任务，然后针对每一个子任务给出解决方案。这种解决问题的思路可以称为"分而治之"。解决自然语言生成问题也采用了这种方式，将输入数据转换输出数据的任务拆分成若干个子任务加以解决。

自然语言生成的子任务如下：

(1) 内容测定。

(2) 构建文本结构。

(3) 集成。

(4) 词汇选择。

(5) 指代表达生成。

(6) 语言实现。

下面来看自然语言生成的系统架构，也就是如何把这些子任务组织起来，共同完成自然语言生成的总目标。具体的自然语言生成系统架构包括模块化架构、规划方法、综合或全局方法。模块化架构如图 3.13 所示。模块化的流水线架构已成为自然语言生成领域的经典架构。该架构将自然语言生成系统分成 3 个模块,分别是文档规划、微观规划和表层实现。该系统架构在健壮性、复用性及独立性方面比较突出,近年来应用广泛。

图 3.13　自然语言生成系统的模块化架构

3.6　机器翻译

机器翻译(Machine Translation,MT)是采用计算机进行自然语言之间翻译的一门学科。这门学科兴起于 20 世纪 50 年代初,60 年代中期曾一度陷入低潮,60 年代后期又重新兴旺起来,到目前仍在不断发展中。

3.6.1　机器翻译概述

机器翻译大致可以分为基于规则的机器翻译(Rule-Based Machine Translation,RBMT)和基于语料库的机器翻译(Corpus-Based Machine Translation,CBMT)两大类。

基于规则的机器翻译过程一般可分为分析、转换、生成 3 个阶段,具体如下:

(1) 原文分析。分析原文的形态和句法结构。

(2) 原文译文转换。把原文词转换为译文词,并进行原文和译文之间的结构转换。

(3) 译文生成。生成译文的句法和形态,输出译文。

自从 1954 年美国乔治敦大学进行第一次机器翻译试验以来,基于规则的机器翻译可以大致划分为以下 3 代:

(1) 第一代,以词汇转换为主。

(2) 第二代,以句法为主,重点研究句法结构的分析和生成。

(3) 第三代,以语义为主。

目前,国内外大多数基于规则的机器翻译系统都是以句法为主的技术。由于语义的形式表示比较困难,以语义为主的机器翻译发展得还很不成熟。

自 1989 年以来,机器翻译的发展进入了一个新纪元,标志就是在基于规则的技术中引入了语料库方法,其中包括统计方法、基于实例的方法、通过语料加工使语料库转化为语言知识库的方法等。这种建立在大规模真实文本基础上的机器翻译方法是机器翻译发展中的一场革命,把机器翻译推向了崭新的发展阶段。

Systran 于 1968 由托马(Peter Toma)创办,曾经是应用最广泛、开发的语种最丰富的翻译软件,可进行 13 种语言的互译,是老一代基于规则的机器翻译技术的商业化代表,其最新产品中也使用了统计机器翻译和神经机器翻译的技术。

基于语料库的机器翻译可以分为基于实例的机器翻译、统计机器翻译和神经机器翻译等。这些机器翻译方法都使用语料库作为翻译知识的来源,因此可以统称为基于语料库的机器翻译方法。在统计机器翻译中,知识的表示是语料库数据的统计值,而不是语料库本身,翻译知识的获取是在翻译之前完成的,即翻译之前已经完成了统计翻译模型的训练。在基于实例的机器翻译中,双语平行语料库本身就是翻译知识的表现形式之一,翻译知识的获取在翻译之前并没有全部完成,在翻译的过程中还需要查询并使用语料库。

基于实例的翻译方法是1984年由日本机器翻译专家长尾真提出的,该方法开创了基于类比思想的机器翻译技术路线。基于实例翻译方法的基本思想包括:主要知识库是双语对照的实例库;当需要翻译一个新句子时,通过检索的办法在实例库中寻找和该句子类似的翻译实例;新句子的翻译可通过模拟最类似实例的译文获得。

3.6.2 统计机器翻译

统计机器翻译的思想并不是在20世纪90年代才产生的,在机器翻译产生的初期,就有学者提出采用统计方法进行机器翻译的想法了。1949年,机器翻译鼻祖韦弗在一份以Translation(翻译)为主题的备忘录中最早提出了机器翻译的概念,同时他还认为翻译类似于解读密码的过程,首次提出了用解读密码的方法解读机器翻译的想法。但由于当时缺乏高性能的计算机,同时也缺乏进行统计的语料库,因此采用基于统计的机器翻译在技术上还不成熟。随着计算机性能的提高以及计算机网络(尤其是Web)的迅猛发展,也有了大量的语料可供统计实用,在20世纪90年代,基于统计的机器翻译又开始兴起了。

在韦弗思想的基础上,IBM公司Watson研究中心布朗等人提出了统计机器翻译的数学模型。在1990年发表的论文 A Statistical Approach To Machine Translation 中,布朗提出了基于统计的机器翻译模型,该模型把机器翻译问题看成一个噪声信道问题(该理论出自香农在1948年提出的信息论)。

基于信源信道模型的统计机器翻译方法的基本思想是:把机器翻译看成是一个信息传输的过程,用一种信源信道模型对机器翻译进行解释。假设一段目标语言文本 T 经过某一噪声信道后变成源语言文本 S,也就是说,假设源语言文本 S 是由一段目标语言文本 T 经过某种奇怪的编码得到的,如图3.14所示。

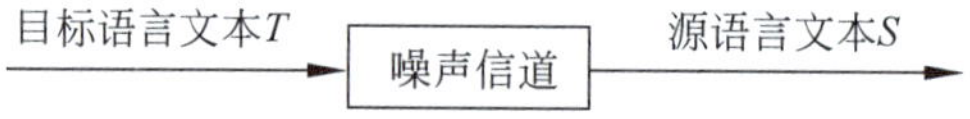

目标语言文本T → 噪声信道 → 源语言文本S

图3.14 统计机器翻译的信源信道模型

根据概率论中的贝叶斯公式可推导得到

$$P(T|S)=\frac{P(T)P(S|T)}{P(S)} \tag{3-12}$$

由于式(3-12)右边的分母 $P(S)$ 与 T 无关,因此计算 $P(T|S)$ 的最大值相当于寻找一个 $\hat{T}$,使等式右边分子 $P(T)P(S|T)$ 的值最大,即

$$\hat{T}=\arg\max_{T} P(T)P(S|T) \tag{3-13}$$

式(3-13)在布朗等人的论文中称为统计机器翻译的基本方程式。在这个方程式中,$P(T)$ 是目标语言的文本 T 出现的概率,称为语言模型(参见3.4节)。$P(S|T)$ 是由目标语言文本 T 翻译成源语言文本 S 的概率,称为翻译模型。根据语言模型和翻译模型,求解在给定源语言文本 S 的情况下最接近真实的目标语言文本 $\hat{T}$ 的过程,相当于噪声信道模型中解码的过程。

语言模型只与目标语言相关,与源语言无关,反映的是一个句子在目标语言中出现的可能性,实际上就是该句子在句法语义等方面的合理程度;而翻译模型与源语言、目标语言都有关系,反映的是两个句子互为翻译结果的可能性。为什么不直接使用 $P(T|S)$,而要使用 $P(T)P(S|T)$ 这样一个更加复杂的公式估计译文的概率呢? 其原因在于,如果直接使用 $P(T|S)$ 选择合适的 T,那么得到的 T 很可能不符合目标语言的语法规则,而语言模型 $P(T)$ 就可以保证得到的译文尽可能符合目标语言的语法规则。语言模型和翻译模型在统计机器翻译中的作用如图 3.15 所示。

图 3.15　语言模型和翻译模型在统计机器中的作用

这样,机器翻译问题被分解为 3 个问题:

(1) 语言模型 $P(T)$ 的参数估计。

(2) 翻译模型 $P(S|T)$ 的参数估计。

(3) 搜索问题,寻找最优的译文。

从 20 世纪 80 年代末开始到 90 年代中期,IBM 公司的机器翻译研究小组在统计机器翻译的思想指导下进行了一系列研究工作,并以英法双语对照加拿大议会辩论记录作为双语语料库,开发了一个法英机器翻译系统 Candide。

对于翻译模型 $P(S|T)$,IBM 公司提出了 5 种复杂程度递增的数学模型,简称为 IBM 模型 1~5(Model 1~5)。模型 1 仅考虑词与词互译的概率。模型 2 考虑了单词在翻译过程中位置的变化。模型 3 考虑了一个单词翻译成多个单词的情形,引入了产出概率。模型 4 在对齐时不仅考虑了单词的位置变化,同时考虑了该位置上的单词。模型 5 是对模型 4 的修正,消除了模型 4 中的缺陷,以避免对一些不可能出现的对齐给出非零的概率值。

IBM 模型提出的统计机器翻译基本方程式具有非常重要的意义。从理论上说,IBM 模型只考虑了词与词之间的线性关系,没有考虑句子的结构。这在两种语言的语序相差比较大时效果可能会不太好。

IBM 公司提出的统计机器翻译方法引起了研究者广泛的兴趣。1999 年,有研究者构造了一个基本的统计机器翻译工具集 Egypt,这是一个免费的工具包,其源代码可以在网上自由下载。这为相关的研究工作提供了一个很好的研究基础。

Egypt 工具包主要包含以下几个模块:

(1) GIZA。这个模块用于从双语语料库中抽取统计知识(参数训练),由奥科(Franz Josef Och)等人开发,目前仍然被广泛使用,其升级版本为 GIZA++。

(2) Decoder(解码器)。用于执行具体的翻译过程(在信源信道模型中,解码就是翻译)。

(3) Cairo。整个翻译系统的可视化界面。

(4) Whittle。语料库预处理工具。

奥科在 IBM 模型的基础上提出了最大熵(maximum entropy)方法,并在 2002 年提出了使用一种区别性学习方法进行训练。采用基于最大熵方法的统计机器翻译方法,比简单地采用信源信道模型可以大幅度提高系统的性能。基于最大熵的统计机器翻译方法为统计机器翻译的研究提供了一个更加广阔的视野,奥科的论文获得了 ACL 2002 的最佳论文奖。在 2002 年 NIST 举办的机器翻译评测中,奥科所在的德国亚琛工业大学提交的系统获得了最好的成绩,统计机器翻译方法的优势得到了明显体现。在 2003 年 7 月的 NIST 评比中,奥科任职的美国南加利福尼亚大学获得了最好成绩,他使用统计方法在很短时间内构造了阿拉伯语和汉语到英语的若干个机器翻译系统。2004 年,奥科加盟了 Google 公司,随后在 2005 年的 NIST 评比中,Google 公司开发的汉英机器翻译系统获得第一名,比第二名南加利福尼亚大学的系统在性能上提高了近 5 个百分点。

3.6.3 神经机器翻译

神经机器翻译(Neural Machine Translation,NMT)是指直接采用人工神经网络以端到端的方式进行翻译建模的机器翻译方法。有别于利用深度学习技术完善传统统计机器翻译中某个模块的方法,神经机器翻译采用一种简单直观的方法完成翻译工作:首先使用一个称为编码器(encoder)的神经网络将源语言句子编码为一个稠密向量,然后使用一个称为解码器(decoder)的神经网络从该向量中解码出目标语言句子。上述神经网络模型一般称为编码器-解码器结构,如图 3.16 所示。

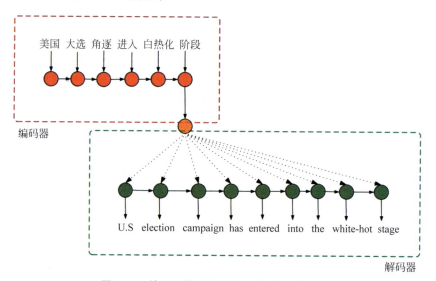

图 3.16 神经机器翻译的编码器-解码器结构

神经机器翻译的建模思想可以追溯至 20 世纪 90 年代,西班牙阿利坎特(Alicante)大学的 Forcada 和 Neco 于 1997 年提出编码器-解码器结构进行翻译转换工作。在深度学习和分布式表示成功应用于自然语言处理领域的背景下,英国牛津大学 Kalchbrenner 和 Blunsom 于 2013 年以连续表示为基础提出了神经机器翻译。加拿大蒙特利尔大学 Cho 等人和 Google 公司 Sutskever 等人于 2014 年分别对该方法进行了完善。Bahdanau 等人在 Cho 等人工作的基础上引入注意力(attention)机制,显著提高了神经机器翻译模型的翻译性能。由于其结构简单且性能显著,采用注意力机制的神经机器翻译引起全球科研人员的广泛关注和研究,获得了迅速的发展。

虽然神经机器翻译取得了不错的翻译性能表现,但是上述研究的实验均是在单个翻译任务(英语-法语)上以自动评价指标 BLEU(BiLingual Evaluation Understudy,双语评估见习)为标准进行翻译性能评测。神经机器翻译的性能难免面临更多的质疑。针对上述问题,一些研究者开展了神经机器翻译和传统统计机器翻译的对比工作。Junczys-Dowmunt 等人在联合国平行语料库的 30 个语言对上开展对比工作。实验表明,以 BLEU 值为评测指标,与传统的基于短语的统计机器翻译相比,神经机器翻译具有压倒性的优势:神经机器翻译在 27 个语言对上超过了基于短语的统计机器翻译,仅在两个语言对上以微弱的劣势落败。值得注意的是,神经机器翻译在涉及汉语的翻译任务上能够比短语系统提高 4~9 个 BLEU 点,性能提高尤其显著。Bentivogli 等人对口语翻译国际研讨会(International Workshop on Spoken Language Translation,IWSLT)评测任务中英语-德语翻译任务的官方结果进行了深入的人工分析和对比。他们发现,相比基于短语的机器翻译,神经机器翻译不仅在人工评测指标上占优,而且能够减少词法错误、词汇错误和词序错误。Google 公司 Wu 等人的实验表明,在大规模语料情况下,神经机器翻译在实验所涉及的 6 个语言对的翻译任务上的人工评测结果仍能占优。

与此同时,神经机器翻译在国际机器翻译公开评测中的性能也达到或者超出传统统计机器翻译方法。在 2015 年的统计机器翻译研讨会(Workshop on Statistical Machine Translation,WMT)评测任务所发布的官方评测结果中,加拿大蒙特利尔大学的神经机器翻译系统在英语-德语翻译任务上斩获头名,在德语-英语、捷克语-英语、英语-捷克语的翻译任务上获得第三名。在 2015 年的口语翻译国际研讨会评测任务所发布的官方评测结果中,美国斯坦福大学的神经机器翻译系统在英语-德语翻译任务上夺得头名。

2015 年 5 月,百度翻译发布融合统计和深度学习方法的在线翻译系统,以提升在线翻译质量。2016 年 9 月,Google 翻译在汉语-英语方向上采用了内部开发的 Google 神经翻译系统(Google Neural Machine Translation,GNMT),以替代其旧版所使用的基于短语的翻译系统。神经机器翻译在工业界的应用为其发展壮大进一步奠定了基础。

3.6.4 机器翻译评测

在自然语言处理领域,系统评测问题已经成为整个领域研究的重要内容之一。近年来,机器翻译评测、中文分词评测、句法分析评测和文本分类、信息抽取等评测,都有力地推动了自然语言处理领域的发展。

在机器翻译的译文质量评测中常用的评测标准有两种:一种是主观评测标准,即由人工通过主观判断对系统的输出译文进行打分;另一种是客观评测标准,即通常所说的自动评测标准,评测系统根据一定的数学模型对机器翻译系统输出的译文自动计算得分。

1. 人工评测标准

在 20 世纪 90 年代中期美国国防部国防高级研究计划局(Defense Advanced Research Projects Agency,DARPA)组织的机器翻译系统评测中,主观评测主要依据人工给出的参考译文对系统输出句子的流畅性(fluency)和充分性(adequacy)进行评测。流畅性和充分性均被划分为 5 个等级。

在 2005 年美国卡内基-梅隆大学承办的第二届 IWSLT 评测中,主观评测的标准除了将流畅性和充分性的打分等级修改为 0~4 以外,还增加了对语义保持性(meaning maintenance)的评测指标,该指标划分为 5 个等级。

2. 自动评测标准

自动评测是指由评测系统根据一定的数学模型对译文句子自动计算得分。近几年来常用的一些自动打分方法有 BLEU、NIST、mWER、mPER 等。这里主要介绍双语互译质量辅助工具 BLEU。

BLEU 评测方法是 IBM 公司 Watson 研究中心在 2001 年提出的,其出发点是:机器译文越接近职业翻译人员的翻译结果,翻译系统的性能越好。利用 BLEU 方法的关键是如何定量计算机器译文与一个或多个人工翻译参考答案之间的接近程度。机器译文和参考答案之间的接近程度可以使用句子精确度的计算方法,也就是比较系统译文的 n 元语法与参考译文的 n 元语法相匹配的个数,这种匹配与位置是无关的。系统译文与人工参考译文相匹配的 n 元语法的个数越多,BLEU 的得分就越高。所谓 n 元语法实际上就是 n 个连续的词。该研究中心随后又提出了对 BLEU 得分的修正方案,即计算一元语法精确度的方法。

例如,机器翻译的译文例句如下。

机器翻译译文 1:

It is a guide to action which ensures that the military always obeys the commands of the party.

机器翻译译文 2:

It is to insure the troops forever hearing the activity guidebook that party direct.

人工翻译的参考译文有如下 3 个。

人工翻译参考译文 1:

It is a guide to action that ensures that the military will forever heed Party commands.

人工翻译参考译文 2:

It is the guiding principle which guarantees the military forces always being under the command of the Party.

人工翻译参考译文 3:

It is the practical guide for the army always to heed the directions of the party.

机器翻译译文 1 中的全部单词个数为 18,其中有 17 个出现在参考译文中,其中第 1~6、8~11、14、15、17、18 个词均出现在参考译文 1 中,第 7 个词出现在参考译文 2 中,第 12、16 个词出现在参考译文 2 和 3 中。因此,机器翻译译文 1 修正后的一元语法精确度为 17/18。同理,可以计算出机器翻译译文 2 修正后的一元语法精确度为 8/14。

在计算 n 元语法的精确度时,n 的值可以是正整数。如果取 $n=2$,即计算二元语法的精度,那么上述例子中机器翻译译文 1 修正的二元语法精确度为 10/17,机器翻译译文 2 修正的二元语法精确度为 1/13。

对于含有多个句子的文本来说,BLEU 方法以句子为单位进行评测。另外,考虑到句子的长度对 BLEU 评分有一定的影响,BLEU 方法中引入了一个长度惩罚因子。借助长度惩罚因子,打分较高的机器翻译候选译文必须在长度、选词和词序 3 方面都与参考译文有较好的匹配。

与 BLEU 方法相比,NIST 方法调整了同现单元的记分方法,修改了长度惩罚因子。根据实验结果,NIST 方法在稳定性和可靠性方面都优于 BLEU 方法。mWER 方法是一种基于多个参考译文的词错误率计算方法。mPER 方法是 mWER 方法的一个变种。

3.7 问答系统

问答系统先问后答。首先来看问题,如果问题是"王府井有北京烤鸭吗?",通过百度搜索得到的网页下方列出了一些优质的回答,如图 3.17 所示。其中的最佳答案是:"全聚德的烤鸭比较正宗。王府井有家全聚德,具体位置是王府井新东安市场的南侧(地址)。价格是 88 只(价格),现烤真空包装,全聚德外卖的只有这一种……"

图 3.17 问答系统示例

问答系统技术对于用户提出的问题予以理解,并找到答案回答给用户。苹果公司 2011 年推出的手机应用程序 Siri 是一个基于问答系统的助手。近年来利用互联网语料自动挖掘实体关系、知识图谱的思路为这项技术注入了新鲜的血液。结构化的知识仍然是智能问答系统的重要知识来源之一。现代的问答系统是融合了知识库、信息检索、机器学习、自然语言理解等技术的人机对话服务。

按照涉及的领域,问答系统主要可以分为以下 3 类。

(1) 基于事实的问答系统。该类问答系统通过学习百科知识、字典、期刊、杂志、新闻和文学作品等内容,从这些语料中挖掘出"问题""问题类型"和"答案",可回答"姚明有多高""诺贝尔奖获得者名单"等问题。

(2) 基于常见问题集的问答系统。通常是面向一个垂直领域,在已有的(问题,答案)对的集合中找到与用户提问相匹配的问题,然后将答案返回给用户。例如,某银行关于理财业务的问答系统就属于此类。

(3) 开放领域的问答系统。通常是通过抽取海量的聊天记录,例如即时通信应用和论坛网站等语料,提供一个能闲聊的服务。

另外,问答系统还有一类,称为社区问答系统,例如知乎、百度知道、百度经验等。通过使用社区问答系统,人们不但可以发布问题进行提问以满足自己的信息需求,而且还可以回答其他用户提问的问题来分享自己的知识。此外,用户还可以对系统所积累的问题答案库进行检索,以快速地满足自己的信息需求。

近年来比较流行的问答系统可以说都是围绕检索展开的。检索的过程是:理解问题,在合适的知识库中检索、筛选检索的答案并整理输出。基于检索的智能问答系统与搜索引擎的区别在于:在这种问答系统中,用户问的不再是若干关键词,而是整句话;系统回复的也不再是若干包含关键词的文档,而是更精确的答案。

1993年,第一个基于互联网的智能问答系统START由美国麻省理工学院开发上线。START系统使用结构化知识库和非结构化文档集合作为问答的知识库。对于能够被结构化知识库回答的问题,系统直接返回问题对应的标准答案;否则,START系统首先对输入问题进行句法分析,并根据分析结果抽取关键词,然后基于抽取的关键词从非结构化文档集合中找到与之相关的文档集合,最后采用答案抽取技术,从相关文档中抽取可能的候选答案进行打分,并选择得分最高的句子作为答案输出。

1999年,文本检索会议(Text Retrieval Conference,TREC)举办了第一届开放领域智能问答评测任务TREC-8,目标是从大规模文档的集合中找到输入问题对应的相关文档。该任务从信息检索角度开创了智能问答的一个崭新方向。TREC问答评测是世界范围内最受关注和最具影响力的问答评测任务之一。

2000年,跨语言评估论坛(Cross-Language Evaluation Forum,CLEF)提出了跨语言问答评测任务,在该任务中问题和检索文档集合分别使用不同的语言,这就需要在问答中考虑并使用机器翻译技术。此外,还引入了包括推理类和动机类的复杂问题,用于检验问答系统处理这类问题的水平。

IBM Watson是基于事实的问答系统的代表。2011年,IBM公司推出了名为Watson的人工智能系统。Watson参加了综艺节目 *Jeopardy* 以测试它的能力,这是该节目有史以来第一次人与机器对决。Watson打败了最高奖金得主和连胜纪录保持者。IBM Watson包含了2亿页结构化和非结构化的信息,随着互联网数据规模的增长,Watson所学习的信息也在不断增长。DBPedia、WordNet和Yago是其数据的主要来源。关于DBPedia、Yago等的介绍,请参见第6章。

问答系统的结构与进行提问→思考→回答的思维过程相近。一个典型的问答系统主要包括以下3个模块:问题分析、知识检索、答案生成,其结构如图3.18所示。

1. 问题分析模块

输入的是自然语言的问题,问题分析模块需要分析问题问的是什么,例如询问词语定义、查询某项智力知识、检索周边生活信息、查找某件事发生原因等,例如"北京面积有多大?""太阳的温度是多少?"等等。

图 3.18 问答系统的结构

2. 知识检索模块

理解问题后,问答系统通常会把问题组织成为一个计算机可理解的检索式,检索式的具体格式则由知识库的结构决定。如果使用搜索引擎作为知识来源,那么理解后的问题就可以是若干关键词。例如,生成"北京""面积"这两个关键词。如果使用百科全书作为知识来源,那么问题就应组织为一个主词条及其属性:在"北京市"这个词条中,检索"面积"这一属性信息。

3. 答案生成模块

通常,检索到的知识并不能直接作为答案返回。因为最精确的答案往往混杂在上下文档中,需要提取其中与问题最相关的部分。利用搜索引擎搜索到若干相关文章,需要从这些文档的大量内容中提取核心段落、句子甚至词语;而百科全书的知识结构可能与问题并不能一一对应。例如,对于"北京面积有多大?"的问题,可以选取最新的数值作为答案;但如果加上限定词"建国初期",则还需要针对这些约束条件选取最佳答案。

ELIZA 是第一个可以与人对话的问答系统。1966 年,维森鲍姆在《ACM 通讯》上发表了题为《ELIZA,一个研究人机自然语言交流的计算机程序》的论文。该论文描述了 ELIZA 程序如何使人与计算机在一定程度上进行自然语言对话成为可能。尽管 ELIZA 是一个脚本引擎,可以加载不同的脚本进行对话。但是最为人们所熟知的还是使用一个模拟罗杰斯式的心理治疗师的脚本的 ELIZA。用户与 ELIZA 的对话示例如图 3.19 所示,这是一个基于命令行的界面。对话内容比较简单,但实现效果看上去相当不错。ELIZA 在当时也引起了很大的反响。

这种多轮的问答系统称为交流对话系统。交流对话系统更侧重于交流和应答,其特点有两个:首先,用户问的不一定是问题,而可能是打招呼、下指令、抒发情感的句子等;其次,对于输入的问题,系统即使无法作答,也可以给出一些建议,让用户到其他地方寻找答案。

在图灵测试中,机器的目标是让人分辨不出是机器还是人在做答,并不是使用回答的正确与否作为检验标准。交流对话系统的实现,传统上可以撰写对话模板匹配用户输入,并输出相应的回复;而在大数据时代,通过挖掘网络论坛、微博回复等网民互动信息,可以获得更多的对话方式和对话内容,利用信息检索模型、机器翻译模型、深度学习模型以及情感模型,自动学习出对话过程,甚至结合情感的变化做出不同的反应。

和计算机视觉、自然语言处理其他任务一样,针对问答系统任务,研究人员也构造了许

用户	ELIZA
Men are all alike.（男人都一样。）	In what way?（在哪方面？）
They're always bugging us about something or other.（他们总是用这样或者那样的事情来麻烦我们。）	Can you think of a specific example?（你能想到一个特定例子吗？）
Well, my boyfriend made me come here.（是啊,我男朋友要我来这儿。）	Your boyfriend made you come here.（你男朋友要你来这儿。）
He says I'm depressed much of the time.（他说我大部分时间都情绪低落。）	I am sorry to hear you are depressed.（我很遗憾听说你情绪低落。）
It's true, I am unhappy.（真的,我不快乐。）	Do you think coming here will help you not to be unhappy?（你认为来这儿可以帮助你快乐起来吗？）
I need some help; that much seems certain.（我需要某种帮助,肯定是这样的。）	What would it mean to you if you got some help?（如果你得到某种帮助,那意味着什么呢？）
Perhaps I could learn to get along with my mother.（也许我可以学会如何跟我母亲相处。）	Tell me more about your family.（告诉我更多你家里的情况。）
My mother takes care of me.（我母亲照顾我。）	Who else in your family takes care of you?（你家里还有谁照顾你？）
My father.（我父亲。）	Your father.（你父亲。）
You are like my father in some ways.（你在某些方面像我父亲。）	What resemblance do you see?（你看到了什么相似之处？）

图 3.19 用户与 ELIZA 的对话示例

多数据集,这里对斯坦福大学构建的 SQuAD(Stanford Question Answering Dataset,斯坦福问答数据集)进行介绍。在 2015 年,斯坦福大学的研究人员从维基百科上随机选取了 500 多篇文章,并进一步细分成两万多个段落,之后使用众包的方式,由人阅读这些文章后,从每个段落中提取出 5 个问题,并对段落内的答案进行人工标注。最终完成的阅读理解数据集 SQuAD 包含了 10 万多个问题和答案对。2018 年又推出了 SQuAD 2.0,新增了 5 万个由人撰写的问题,而且这些问题不一定有对应答案,这进一步增加了计算机在精准回答方面的难度。SQuAD 数据集的网址为 https://rajpurkar.github.io/SQuAD-explorer/。除了 SQuAD 数据集之外,问答系统领域内的数据集还包括 HotpotQA、Microsoft MARCO、NewsQA、NarrativeQA、Cosmos QA、DuReader、SearchQA 等。

问答系统应用很广泛,智能客服就是其中之一。例如,在京东智能客服系统中,大约 80% 的简单问题是由机器人来回答的。

3.8 本章小结

本章所讨论的自然语言处理是人工智能较早的研究领域,目前正受到人们前所未有的重视,并已经取得了一些重要乃至突破性的进展。

自然语言处理是一个困难、富有挑战性的研究领域。在传统的基于规则的方法中,它需要大量和广泛的知识作为基础,包括词法、语法、语义和语音等语言学知识以及相关背景知识。在研究自然语言处理时,可能会用到多种知识表示和推理方法。

一般把语言定义为人类进行通信的媒介,而把自然语言理解看成从自然语句到机器表示的一种映射以及机器执行人类语言的功能。然后,把自然语言理解分解为词法分析、句法分析、语义分析和语用分析等层次,后续内容主要是围绕这些层次展开的。这些层次是互相影响和互相制约的,并且最终从整体上解决自然语言的理解问题。

语料库是存放语言材料的数据库,而语料库语言学就是基于语料库进行语言学研究的学科,基于现实生活中语言应用的实例进行语言研究。语料库语言学的研究基础是大规模真实语料。3.3 节介绍了语料库语言学的发展、研究内容以及有代表性的语料库和语言知识库。

机器翻译是使用计算机实现不同语言之间的自动翻译,它建立在自然语言理解和自然语言生成的基础上,是自然语言处理领域最重要的应用之一。机器翻译的发展史也是自然语言处理发展的重要组成部分。早期的机器翻译方法主要是基于规则的理性主义方法,20 世纪 90 年代之后,统计机器翻译方法逐渐兴起。进入 2012 年之后,又发展出了神经机器翻译方法。统计机器翻译和神经机器翻译都属于基于语料库的经验主义方法。机器翻译目标的最终实现可能仍然需要理性主义和经验主义的结合使用。

随着语言学、逻辑学、认知科学、控制论等相关学科的发展,必将开发出更多的自然语言使用系统,使自然语言处理获得更广泛的应用。

习 题 3

1. 以下( )属于序列标注问题。
   A. 英文词的形态还原　　　　B. 命名实体识别
   C. 词干提取　　　　　　　　D. 词频统计
2. 从给定的句子、段落中识别人名、组织名的过程称为( )。
   A. 词干提取　　B. 词形还原　　C. 去停用词　　D. 命名实体识别
3. 自然语言处理作为人工智能领域最重要的一个研究方向,其技术发展与人工智能的发展历史一样,主要有以下两类方法:一类是基于规则的方法,另一类是( )。
   A. 基于乔姆斯基语言学的方法　　B. 基于字典的方法
   C. 基于深度学习的方法　　　　　D. 基于统计的方法
4. 在词法分析里,需要处理的最小单位是( )。
   A. 字　　　　　B. 词　　　　　C. 短语　　　　D. 句子
5. 下列( )属于词法分析的范畴。(多项选择)
   A. 分词　　　　B. 词性标注　　C. 命名实体识别　　D. 指代消解
6. 所谓的命名实体包括( )。(多项选择)
   A. 人名　　　　B. 地名　　　　C. 机构名　　　D. 时间
7. 什么是语言模型?请举例说明二元语言模型、三元语言模型。
8. 基于规则的机器翻译技术一般涉及哪些过程或步骤?每个步骤的主要功能是什么?
9. 简述统计翻译模型中是如何使用信源信道模型构造翻译模型的。可参考香农的《通信的数学理论》(*A Mathematical Theory of Communication*)。

第 4 章 语音处理

用语音实现人与计算机之间的智能交互,主要涉及了语音识别、自然语言理解、自然语言生成、语音合成等技术。例如,人向智能计算机提问,语音识别完成人的提问到文字的转换,自然语言理解完成文字到语义的转换,自然语言生成完成计算机给出的答案到文字的转换,而语音合成则用语音方式输出智能计算机的答案。

本章介绍语音技术。语音技术主要包括语音识别技术、语音合成技术、语音增强技术等。

4.1 语音处理概述

语音处理涉及许多学科,它以语言和声学等为基础,以信息论、控制论和系统论等理论作为指导,通过信号处理、统计分析和模式识别等现代技术手段,已经发展成为新的学科。语音处理技术不仅在通信、工业、金融、国防等领域有着广泛的应用,而且正在逐渐改变人机交互的方式。语音技术主要包括语音识别、语音合成、语音增强、语音转换等。

语音,是指人类通过发音器官发出来的、具有一定意义的、用来进行社会交际的声音。在语言的形、音、义 3 个基本属性中,语音是第一属性,人类的语言首先是以语音的形式形成的。

语音是肺部呼出的气流通过在喉头至嘴唇的器官的各种作用而发出的。根据发音方式的不同,可以把语音分为元音和辅音,辅音又可以根据声带有无振动分为清辅音和浊辅音。人可以感觉到频率在 20~30Hz、强度在 -5~130dB(分贝)的声音信号,不在上述范围内的声音信号人耳是无法感知的,在处理过程中可以忽略。

语音的四要素是指语音的音高、音强、音长和音色。音高指声波的频率,即每秒振动的次数。音强指声波的振幅大小。音长指声波振动持续时间的长短,也就是时长。音色是声音的特色和本质,也称为音质。

在采集到语音信号之后,一般用波形文件的方式存储,这种波形文件反映了语音在时域上的变化。Windows 操作系统中的 WAV 格式文件就属于波形文件。从语音的波形中,人们可以判断语音的音强(即振幅)、音长等要素,但很难分辨出不同的语音内容或不同的说话人。为了更好地反映不同语音的内容或音色差别,需要对语音进行频域上的转换,即提取语音频域的参数。常见的语音频域参数包括傅里叶谱、梅尔频率倒谱系数(Mel-Frequency Cepstral Coefficients,MFCC)等。通过对语音进行离散傅里叶变换(Discrete Fourier Transform,DFT)可以得到傅里叶谱,然后根据人耳的听感特性,将语音信号在频域上划分成不同的子带,就可以得到 MFCC 了。MFCC 是一种能够近似反映人耳听感特性的频域参数,在语音识别和说话人的识别上应用广泛。

4.2 语音识别

语音识别是指将语音信号自动转换为文字的过程。在实际应用中,语音识别可以通过与自然语言理解、自然语言生成、语音合成等技术结合,构建一个智能的人机语音交互系统。

语音识别技术的研究从20世纪50年代就开始了,迄今已有70余年的时间了。1952年,贝尔实验室研究出世界上第一个能通过语音识别10个英文数字的识别系统。20世纪60年代,基于动态时间规整的模板匹配方法是该领域的代表性研究成果和主流方法。进入20世纪80年代以后,基于统计的建模方法逐渐取代了模板匹配方法,其中使用最广泛的就是隐马尔可夫模型(HMM)和高斯混合模型(Gaussian Mixture Model,GMM)。基于GMM-HMM的混合声学建模技术推动了语音识别的蓬勃发展。许多机构研发了各自的语音识别系统,在开源的语音识别系统中最具代表性的是英国剑桥大学的隐马尔可夫工具包HTK。而在2010年之后,深度学习技术的兴起和分布式计算技术的进步使语音识别技术取得了突破性进展。2011年,微软研究院的俞栋等人将深度神经网络成功地应用于语音识别任务,在公共数据集上的词错误率(Word Error Rate,WER)相对降低了30%。基于深度神经网络的开源工具包使用最为广泛的是美国约翰霍普金斯大学Daniel Povey研发的Kaldi(https://www.github.com/kaldi-asr/kaldi)。国内科大讯飞、思必驰等公司在语音识别领域处于领先地位。

一个典型的语音识别系统主要包括以下部分:特征提取、解码搜索、声学模型和语言模型,如图4.1所示。

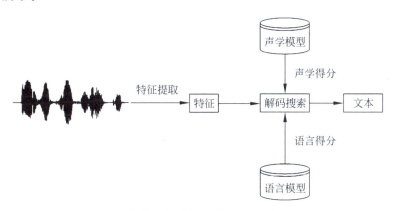

图 4.1 语音识别系统的框架

4.2.1 语音的特征提取

语音信号的复杂性和多变性是造成语音识别技术困难的主要原因。一段内容很简单的语音信号,其中包含了说话人、发音内容、信道特征、方言口音等大量的信息。另外,上述信息交叉组合,又表达了包含情绪、语法、语义、暗示、内涵等更高层的信息。在如此丰富的信息中,只有小部分信息是和语音识别相关的。因此,需要从原始的语音信号中提取出与语音识别最相关的信息,滤除其他无关信息,这就是语音的特征提取。

常用的声学特征包括梅尔频率倒谱系数、梅尔标度滤波器组特征和感知线性预测倒谱系数等。梅尔标度滤波器组特征和梅尔频率倒谱系数不同,保留了特征维度之间的相关性。感知线性预测倒谱系数在语音的特征提取过程中利用人的听觉机理对人的声音进行建模。

例如,说话人对计算机说"我和我的祖国"。语音识别系统处理这段语音输入的具体流程如图 4.2 所示。图 4.2 中的 MFCC 特征就是梅尔频率倒谱系数,这也是语音信号处理中使用最广泛的特征之一。在图 4.1 所示的语音识别系统中有两个非常重要的模型,即声学模型和语言模型,其构建过程和使用方式在图 4.2 中进行了说明。

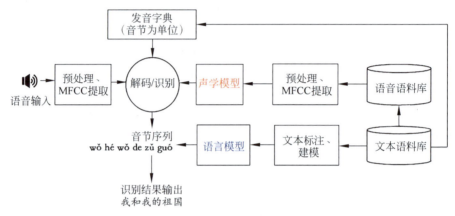

图 4.2 语音识别处理语音输入的流程

假设 O 是输入的语音信号,W 是该语音信号对应的单词序列,在概率模型下,语音识别的任务其实就是在给定语音信号 O 的前提下,找出最有可能的单词序列 W,如图 4.3 所示。

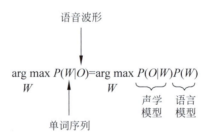

图 4.3 语音识别的概率模型

根据贝叶斯定理,可得

$$P(W|O) = \frac{P(O|W) \times P(W)}{P(O)} \propto P(O|W) \times P(W) \tag{4-1}$$

式(4-1)是语音识别的概率模型。在该式中,由于 O 已知,因此概率 $P(O)$ 是一个常量,在求极值的过程中可以忽略。因此,语音识别系统的概率模型可以分为以下两部分:$P(O|W)$ 和 $P(W)$。其中,概率 $P(O|W)$ 的含义是:给定单词序列 W,得到语音信号序列 O 的概率,这就是声学模型。而概率 $P(W)$ 的含义是:给定单词序列 W 的概率,这就是语言模型(参见 3.4 节)。

4.2.2 声学模型

声学模型的职责是把语音的声学特征(例如 MFCC)和音素或字词这样的建模单元进行关联映射。声学模型的输入是语音的声学特征,输出则是音素、字或词语这样的建模单元。在构建声学模型之前,需要确定建模单元的粒度。建模单元可以是状态、音素、字、词语等,上述单元的粒度依次增大。如果使用词语作为建模单元,由于每个词语的长度不相等,这会导致声学建模缺乏灵活性。另外,由于词语的粒度过大,基于词语构建的声学模型很难充分训练,因此一般不使用词语作为建模单元。

音素是语音学中最小的有区别性的单位。与词语相比,词语中包含的音素是确定的,而且音素的数量是很有限的,利用大量的语音语料库可以充分训练基于音素的模型,因此,目前大多数声学模型一般都采用音素作为建模单元。对汉语来说,一般直接用全部的声母和韵母作为音素集(数量约为 30～60,数量取决于声学模型的具体实现)。对英语来说,一种常用的音素集是卡内基-梅隆大学提出的由 39 个音素构成的音素集。

由于语音中存在协同发音的现象,即音素是上下文相关的,因此一般采用三音素进行声学建模。三音素的含义是用 3 个相邻的状态组合表示一个音素,这里的状态是比音素更小的单位。三音素模型虽然建模效果更好,但由于其组合更多,三音素的数量很庞大,如果训练数据有限,那么部分音素可能会存在训练不充分的问题。为了解决这个问题,研究者提出了采用决策树等方法对三音素进行聚类,以减少三音素的数量,提高声学模型构建的效率。

在对语音信号提取声学特征(例如 MFCC 特征)之后,原始语音信号就转变成一个 12 行(假设 MFCC 使用 12 维特征)、N 列的一个矩阵,称为观察序列,N 为语音信号的帧数,其中,若干帧的语音信号对应一个状态,每 3 个状态组合成一个音素(三音素模型),若干音素组合成一个字,如图 4.4 所示,其中的每个小竖条代表语音信号的一帧。

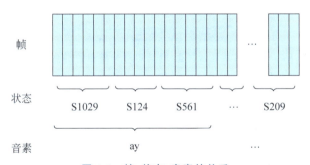

图 4.4 帧、状态、音素的关系

语音识别的任务就是把观察序列的矩阵转变为文本,其中声学模型的任务是把该矩阵转变为音节序列。在图 4.2 中,得到的音节序列为:wǒ hé wǒ de zǔ guó,上述音节序列中包含了音调。

语音信号是状态的序列,对于这种序列的建模,一般使用隐马尔可夫模型,如图 4.5 所示。在第 3 章中,由于自然语言中的句子也是一个词的序列,因此可以使用隐马尔可夫模型进行建模。例如,可以使用隐马尔可夫进行命名实体识别。

隐马尔可夫模型的参数主要包括状态之间的转移概率以及每个状态的概率密度函数,也称为出现概率,后者一般使用高斯混合模型进行建模。使用这两种方法的声学模型就是

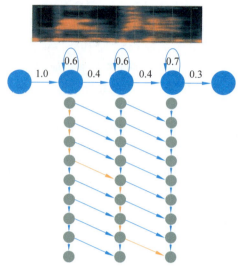

图 4.5　隐马尔可夫模型

经典的混合声学模型：基于高斯混合模型-隐马尔可夫模型的混合声学模型，这是在深度神经网络出现之前使用最广泛的混合声学模型，如图 4.6 所示。

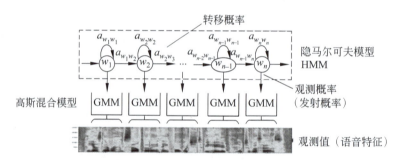

图 4.6　基于高斯混合模型-隐马尔可夫模型的混合声学模型

深度神经网络技术出现之后，混合声学模型就升级为基于深度神经网络-隐马尔可夫模型的模型，如图 4.7 所示。该模型使语音识别的错误率大大降低，目前已经进入实用阶段，在很多行业都得到了广泛的应用。

4.2.3　语言模型

在图 4.2 中，对原有的语音输入进行处理，使用声学模型得到的音节序列为：wǒ hé wǒ de zǔ guó，上述音节序列中包含了音调。在《新华字典》(第 11 版)中，这 6 个音节对应的汉字数量分别为 1、28、1、5、6、7，因此这 6 个音节构成的音节序列理论上可以对应的汉字序列的数量为上述 6 个数的乘积：5880。而这 5880 种组合中的大多数都是没有意义的。在语音识别系统中如何自动化地搜索到最有可能的汉字序列呢？对每种组合分别计算其可能性，并根据可能性的高低对汉字序列打分，这就是语言模型所完成的工作。关于语言模型的详细信息，请参见 3.4 节。

语言模型是根据语言的客观事实进行的语言抽象数学模型。和高斯混合模型、隐马尔

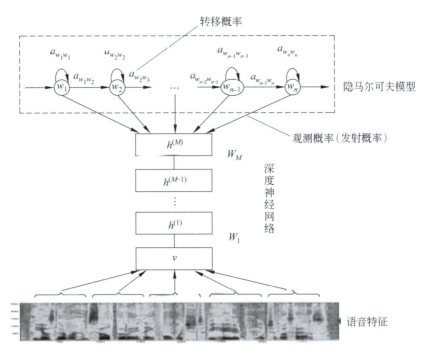

图 4.7　基于深度神经网络-隐马尔可夫模型的混合声学模型

可夫模型一样,语言模型中也存在着大量的概率参数,因此也需要基于语料库中的大量语料学习这些参数,从而完成语言模型的构建。然后就可以使用语言模型计算上述 5880 种汉字序列中每一种序列的概率了,从计算结果中选择一种或几种作为文本输出的候选。

仍以 wǒ hé wǒ de zǔ guó 这个音节序列为例,以下的两个序列都符合该音节序列:
- 序列 S1:"我和我的祖国"。
- 序列 S2:"我何我得组帼"。

在计算这两个序列的概率之前,首先需要进行分词(分词的具体含义请参见 3.2.2 节),假设分词结果如下:
- 序列 S1 分词结果:我/和/我/的/祖国
- 序列 S2 分词结果:我/何/我/得/组/帼

根据语言模型中各个词出现在相邻位置的概率值,就可以通过计算得到这两个序列的概率值。显然,序列 S1 很常见,而序列 S2 属于病句,非常少见,通过语言模型计算出来的概率 $P(S1) \gg P(S2)$。

在语音识别系统中,语言模型的作用是在解码搜索过程中从语言层面减少输出文本候选的数量。常用的语言模型有 n 元语法模型和循环神经网络语言模型等。尽管后者的性能要优于前者,但是其训练比较耗时,而且解码搜索的识别速度较慢。关于 n 元语法模型的详细内容,请参见 3.4 节。

语言模型的评价指标是模型在测试集上的困惑度,该值反映句子不确定性的程度。对于某件事情知道得越多,困惑度就越小。因此,构建语言模型时,目标是寻找困惑度较小的模型,使其尽量逼近真实语言的分布。

解码搜索的主要任务是在由声学模型、发音词典和语言模型构成的搜索空间中寻找最佳路径。解码时需要使用声学得分和语言得分,声学得分由声学模型计算得到,语言得分由语言模型计算得到。其中,每处理一帧语音特征都会用到声学得分,而语言得分只有在解码到词的级别时才会用到,一个词一般会覆盖多帧的语音特征。因此,解码时声学得分和语言得分存在较大的数值差异。为了避免这种差异,解码时引入一个参数对语言得分进行平滑,从而使这两种得分具有相同的尺度。构建解码空间的方法包括两类:静态解码和动态解码。静态解码需要预先将整个静态网络加载到内存中,因此需要占用较大的内存;而动态解码在解码过程中动态地构建和销毁解码网络,后者的解码速度更慢。通常在实际应用中,需要综合考虑解码速度和解码空间,以选择构建解码空间的方法。解码所用的搜索算法大致可以分为两类:一类是时间同步的方法,如维特比(Viterbi)算法等;另一类是时间异步的方法,如 A* 算法等。

前面所述的混合声学模型存在两点不足:第一是神经网络模型的性能受限于高斯混合模型-隐马尔可夫模型的精度;第二是训练过程过于复杂。为了解决上述问题,研究人员提出了两类端到端的语音识别方法:一类是基于联结时序分类的端到端声学建模方法;另一类是基于注意力机制的端到端语音识别方法。前者只实现了声学建模过程的端到端,而后者则实现了真正意义上的端到端语音识别,如图 4.8 所示。这里的"端到端"指的是从输入端到输出端直接完成指定的任务,而不是分阶段完成。

图 4.8 基于注意力机制的端到端语音识别方法

4.3 语音合成

语音合成也称为文语转换(Text To Speech,TTS),其主要功能是将给定的输入文本转换成自然流畅的语音输出。语音合成技术在银行、电子商务、医院、交通场所的信息播报系统、自动应答呼叫中心、智能客服等都有广泛的应用。

一个基本的语音合成系统的框架如图 4.9 所示。

图 4.9 语音合成系统的框架

语音合成系统可以用任意文本作为输入,并合成相应的语音作为输出。语音合成系统主要可以包括文本分析、韵律处理、声学处理等模块,其中文本分析模块可以看作系统的前端,而韵律处理模块和声学处理模块则可以看作系统的后端。

文本分析模块是语音合成系统的前端,主要任务是对输入的文本进行分析,输出尽可能多的语言学信息(例如拼音、节奏等),为后端的语音合成器提供必要的信息。对于简单的语音合成系统而言,文本分析只提供拼音信息就足够了;而对于高自然度的语音合成系统,文本分析需要给出更详尽的语言学和语音学信息。因此,文本分析模块实际上是一个人工智能系统,需要使用自然语言理解的相关技术。

对于汉语语音合成系统,文本分析模块的流程通常包括文本预处理、文本规范化、分词、词性标注、字音转换、节奏预测等,如图 4.10 所示。文本预处理包括删除无效符号、断句等。文本规范化的任务是将文本中的特殊字符识别出来,并转变为一种规范化的表达。分词是将待合成的整句划分成以词为单位的单元序列,以方便后续的词性标注、韵律边界标注等。词性标注也很重要,因为词性可能会影响字或词的发音方式。字音转换的任务是将待合成的文字序列转换为对应的拼音序列,即告诉后端合成器具体的读音。由于汉语中存在很多的多音字,因此字音转换的一个关键任务就是处理多音字的消歧问题。

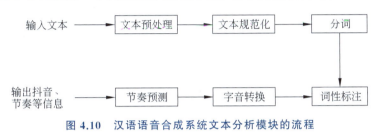

图 4.10 汉语语音合成系统文本分析模块的流程

韵律处理是文本分析模块的目的所在,节奏、时长的预测都是基于文本分析的结果。韵律是实际语流中的抑扬顿挫和轻重缓急,例如,重音的位置分布及其等级差异、韵律边界的位置分布及其等级差异、语调的基本骨架及其与声调、节奏和重音的关系,等等。韵律表现是一个复杂现象,对韵律的研究涉及语音学、语言学、声学、物理学、心理学等多个学科领域。作为语音合成系统中承上启下的模块,韵律处理模块实际上是语音合成系统的核心组件,极大地影响着最终合成语音的自然度。从听者的角度来看,与韵律相关的语音参数包括基频、时长、停顿和能量,韵律模型就是利用文本分析的结果预测这 4 个参数。

声学处理模块根据文本分析模块和韵律处理模块提供的信息生成自然语音波形。语音合成系统的合成阶段可以分为两种方法:一种是基于时域波形的拼接合成法,在这种方法中,声学处理模块根据韵律处理模块提供的基频、时长、能量和节奏等信息并在大规模语料库中选择最合适的语音单元,然后通过拼接算法生成自然语音波形;另一种是基于语音参数的合成方法,在这种方法中,声学处理模块的主要任务是根据韵律和文本信息的指导得到语音参数,然后通过语音参数合成器生成自然语音波形。

4.3.1 拼接合成方法

基于波形拼接的语音合成方法的基本原理是:根据文本分析的结果,从预先录制并标注好的语音库中选择合适的基元进行适度调整,最终拼接得到合成语音的波形。基元是指用于语音拼接的基本单元,可以是音节、音素等。在早期,由于计算机的计算能力和存储能力都非常有限,拼接合成方法的基元库都很小;此外,由于拼接算法本身的限制,导致合成的语音不连续、自然度很低。

随着计算机的计算能力和存储能力的提升,基于大规模语音语料库的基元拼接合成系统实现的瓶颈已经不存在了。在拼接合成系统中,基元库的数据量由最早的 MB 级扩充到了 GB 级。由于大规模语料库具有较高的上下文覆盖率,因此选择出来的基元几乎不需要做什么调整就可直接用于拼接合成。与传统的参数合成方法比较,拼接合成方法合成的语音在音质和自然度上都有了极大的提高,因此,基于大规模语料库的基元拼接系统也得到了非常广泛的应用。

拼接合成方法仍然存在一些不足：稳定性有待进一步提高，可能会发生拼接点不连续的问题；难以改变发音特征，只能合成该建库说话者的语音。

4.3.2 参数合成方法

由于基于波形拼接的语音合成方法存在着一些固有的缺陷，限制了其在多样化语音合成方面的应用，因此，研究人员提出了基于参数合成的可训练语音合成方法。该方法的基本思想是：基于统计建模和机器学习的方法，根据一定的语音语料库进行训练，从而快速构建语音合成系统。由于该方法可以在不需要人工干预的情况下快速地自动构建语音合成系统，而且对于不同的说话者、不同的发音风格甚至不同语种的依赖性非常小，非常符合多样化语音合成方面的需求，因此逐渐得到研究人员的重视，并在实际应用中发挥了重要作用。其中最成功的是基于隐马尔可夫模型的可训练语音合成方法，相应的合成系统称为基于隐马尔可夫模型的参数语音合成系统。

基于隐马尔可夫模型的可训练语音合成方法包括训练阶段与合成阶段共两个阶段，其训练与合成的流程如图 4.11 所示。

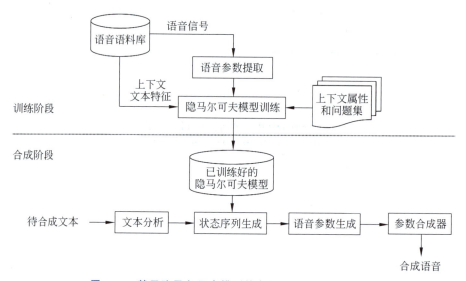

图 4.11　基于隐马尔可夫模型的参数语音合成系统流程

在隐马尔可夫模型训练之前，首先要对一些建模的超参数进行设置，包括建模单元的尺度、模型的拓扑结构、状态数目等。最重要的是需要准备训练数据。一般而言，训练数据包括语音数据和标注数据两部分，这里的标注数据主要包括音段切分、韵律标注等内容。

此外，在隐马尔可夫模型训练之前还有一个重要的工作，就是对上下文属性集和用于决策树聚类的问题集进行设计，即根据先验知识选择一些对语音参数有一定影响的上下文属性并设计相应的问题集，如前后调、前后声韵母等。需要注意的是，这部分工作是和语言种类相关的。除此之外，整个隐马尔可夫模型的训练与合成流程基本上和语言种类无关。

随着深度学习的发展，深度人工神经网络也被引入到统计参数语音合成方法中，以代替基于隐马尔可夫参数合成系统中的隐马尔可夫模型。可以直接通过一个深层的人工神经网络预测声学参数，克服了隐马尔可夫模型训练中模型精度降低的缺陷，进一步提升了合成语音的质量。由于基于深度神经网络的语音合成方法体现出了较高的性能,目前已经成为参数语音合成的主流方法。

4.3.3 端到端合成方法

传统的语音合成流程十分复杂。例如,统计参数语音合成系统中通常会包含文本分析前端、时长模型、声学模型和基于复杂信号处理的声码器等模块,这些模块的设计需要不同领域的知识,需要投入大量的精力进行设计和实现,此外还需要分别进行训练。更重要的是,来自每个模块的错误可能都叠加到一起,从而造成整个语音合成系统的错误率积累,影响了整个语音合成系统的性能。

其实,不仅是语音合成系统,绝大多数通过多个模块组合构成的人工智能系统都存在上述错误积累的现象,这也是目前在人工智能的许多任务中优先使用端到端方式的主要原因之一。

2016年,Google DeepMind研究团队提出了基于深度学习的WaveNet语音生成模型。该模型可以直接对原始语音数据进行建模,避免了对语音进行参数化时导致的音质损失,在语音合成和语音生成等任务中效果非常好。但该模型仍然需要对来自现有语音合成文本分析前端的语言特征进行调节,它只取代了声码器和声学模型,因此并不是真正意义上的端到端语音合成方法。

2017年3月,Google公司王雨轩等人提出了一种新型端到端语音合成系统Tacotron。该系统可将接收的输入字符输出成相应的原始频谱图,然后提供给重建算法生成语音,如图4.12所示。

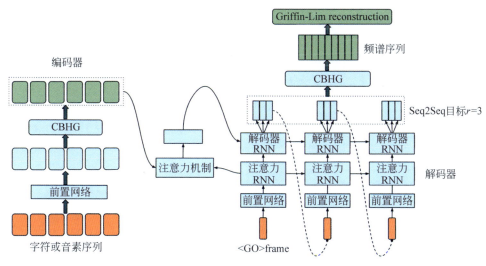

图 4.12 Tacotron 的端到端语音合成方法

该框架主要是基于含有注意力机制的编码器-解码器模型。其中,编码器是一个以字符或音素序列为输入的神经网络模型;而解码器则是一个含有注意力机制的循环神经网络(RNN),会输出与文本序列或音素序列对应的频谱图,进而生成语音。这种端到端的语音合成方法得到的语音的自然度和表现力已经能够和人类说话的水平媲美,并且不需要多阶段建模的过程,已经成为目前的热点和未来的发展趋势。

WaveNet 模型的主要缺点是需要进行自回归,即把这一次的输出附加到下一次运算的输入中,使得运算无法并行进行,速度较慢,并且它并不是端到端的,需要对前端语言的特征进行调节。而 Tacotron 则使用了 RNN 结构,具有短期记忆、梯度消失严重等问题,导致语音信号合成效果并不是很好,其质量不如 WaveNet。Tacotron 的升级版本 Tacotron 2 则将 WaveNet 和 Tacotron 相结合,吸取了两者的优势并解决了两者的问题,如图 4.13 所示。

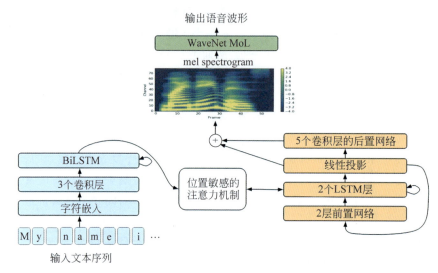

图 4.13　Tacotron 2 的端到端语音合成方法

Tacotron 2 系统由两部分组成:一部分是循环序列到序列的特征预测网络,将特征叠加到梅尔光谱图上;在该部分之后通过一个修正过的 WaveNet 作为 Vocoder,它的输入为梅尔光谱图,通过 Vocoder 之后,会将其合成为时域波形。

在美式英语测试中,Tacotron 模型取得了 3.82 的平均主观意见评分(满分为 5),在自然感(naturalness)方面已经优于实际应用的参数语音合成系统了。Tacotron 2 模型的平均主观意见评分则为 4.53,而专业录音的平均主观意见评分为 4.58。这说明,端到端语音合成的性能已经非常接近人类自然语音的水平了。

4.4　语音增强

语音增强是当语音信号被各种各样的干扰源淹没后,从混叠信号中提取出有用的语音信号,同时抑制、降低各种干扰的技术,包括回声消除、混响抑制、语音降噪等关键技术。语音增强一个最重要的目标是实现释放双手的语音交互,通过语音增强有效抑制各种干扰信号,增强目标语音信号,使人和计算机之间更自然地进行交互。语音增强一方面可以提高语音的质量,另一方面也有助于提高语音识别的准确性和抗干扰性。通过语音增强技术抑制各种干扰,使待识别的语音更干净,尤其在面向智能家居、智能车载等应用场景中,语音增强技术起着重要的作用。此外,语音增强技术在语音通信和语音修复中也有着广泛的应用。真实环境中包含了背景噪声、人声、混响、回声等多种干扰源,当同时存在上述多种干扰源时,这一问题将更加具有挑战性。

4.4.1 回声消除

回声干扰是指远端扬声器播放的声音经过空气或其他介质传播到近端的麦克风形成的干扰。回声消除最早应用在语音通信中,终端接收的语音信号通过扬声器播放后,声音传输到麦克风形成回声干扰。回声消除需要解决两个关键问题:第一个是远端信号和近端信号的同步问题;第二个是双讲模式下消除回波信号干扰的有效方法问题。回声消除在远场语音识别系统中是非常重要的技术,最典型的应用是,在智能终端播放音乐时,通过扬声器播放的音乐会同传给麦克风,此时就需要使用有效的回声消除算法抑制回声干扰,这在智能音箱、智能耳机中都是需要重点考虑的问题。需要说明的是,回声消除算法虽然提供了扬声器信号作为参考源,但是由于扬声器放音时的非线性失真、声音在传输过程中的衰减、噪声干扰和回声干扰的同时存在,使解决回声消除问题仍然具有一定的挑战性。

4.4.2 混响抑制

混响干扰是指声音在室内传输过程中会经过墙壁或其他障碍物的反射后通过不同路径到达麦克风形成的干扰。房间的大小、声源和麦克风的位置、室内障碍物、混响时间等因素都会影响混响语音的生成。可以通过 T60 描述混响时间。当声源停止发声后,声压级减少 60dB 所需的时间就是 T60。如果混响时间过短,则声音发干、枯燥无味、不自然亲切;而如果混响时间过长,则声音含混不清。只有当混响时间适中时,声音才圆润动听。大多数室内的混响时间为 200~1000ms。图 4.14 是一个典型的室内脉冲响应,划分了早期混响和晚期混响。在语音混响抑制任务中,更多地关注对晚期混响的抑制。

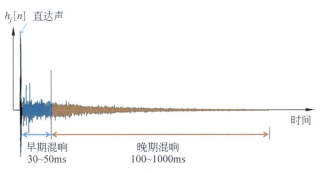

图 4.14 早期混响和晚期混响

4.4.3 语音降噪

噪声抑制可以分为基于单通道的语音降噪和基于多通道的语音降噪,前者通过单个麦克风去除各种噪声的干扰,后者则通过麦克风阵列算法增强目标方向的声音。

多通道语音降噪的目的是融合多个通道的信息,抑制非目标方向的干扰源,增强目标方向的声音。多通道语音降噪需要解决的核心问题是估计空间滤波器,其输入是麦克风阵列采集的多通道语音信号,其输出是处理后的单路语音信号。

由于声强与声音传播距离的平方成反比,因此很难使用单个麦克风实现远场语音交互,基于麦克风阵列的多通道语音降噪在远场语音交互中至关重要。多通道语音降噪算法通常受限于麦克风阵列的结构,比较典型的阵列结构包括线阵和环阵。麦克风阵列的选型与具体的应用场景相关。对于智能车载系统,主要采用线阵的结构;而对于智能音箱系统,则主要采用环阵的结构。随着麦克风个数的增多,噪声抑制能力会更强,但算法复杂度和硬件功耗也会相应增加,因此基于双麦克风的阵列结构也得到了广泛的应用。

基于单通道的语音降噪具有更为广泛的应用,在智能家居、智能客服、智能终端中均是非常重要的模块。单通道语音降噪主要包括 3 类主流方法,即基于信号处理的语音降噪方法、基于矩阵分解的语音降噪方法和基于数据驱动的语音降噪方法。典型的基于信号处理的语音降噪方法在处理平稳噪声时具有不错的性能,但是在面对非平稳噪声和突变噪声时性能会显著下降;基于矩阵分解的语音降噪方法计算复杂度较高;传统的基于数据驱动的语音降噪方法当训练集和测试集不匹配时性能会显著下降。随着深度学习技术的快速发展,基于深度学习的语音降噪方法得到了越来越广泛的应用,深层结构模型具有更强的泛化能力,在处理非平稳噪声时具有更为明显的优势,这类方法更容易与语音识别的声学模型对接,提高语音识别系统的健壮性。

4.5 语音转换

语音信号包含了很多信息,除了语义信息外,还有说话人的个性信息、说话场景信息等。语音中的说话人个性信息在现代信息领域中的作用非常重要。语音转换是通过语音处理手段改变语音中的说话人个性信息,使改变后的语音听起来像是由另一个说话人发出的。语音转换是语音信号处理领域的一个新兴分支,研究语音转换可以进一步加强对语音参数的理解,探索人类的发音机理,了解语音信号的个性特征参数由哪些因素决定,还可以推动语音信号的其他领域发展,如语音识别、语音合成、说话人识别等,具有非常广泛的应用前景。

语音转换首先提取与说话人身份相关的声学特征参数,然后用改变后的声学特征参数合成出接近目标说话人的语音。例如,可以利用语音转换技术将一个人的声音转换成另一个人或角色的声音。实现一个完整的语音转换系统一般包括离线训练和在线转换两个阶段。在训练阶段,首先提取源说话人和目标说话人的个性特征参数,然后根据某种匹配规则建立源说话人和目标说话人之间的匹配函数;在转换阶段,利用训练阶段获得的匹配函数对源说话人的个性特征参数进行转换,最后利用转换后的特征参数合成出接近目标说话人的语音。语音转换系统的基本组成如图 4.15 所示。

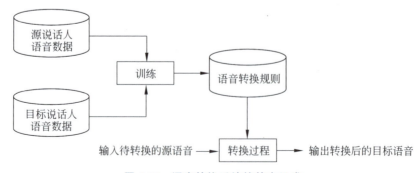

图 4.15 语音转换系统的基本组成

常见的语音转换方法包括码本映射法、高斯混合模型法、基于深度神经网络的方法等。

4.6 本章小结

　　语音技术主要包括以下常见任务：语音识别、语音合成、语音增强、语音转换等。

　　在语音识别方面，其技术已经逐渐走向成熟，基于深度学习的端到端语音识别体现了很好的性能，达到了较强的实用化程度。然而，在自由发音、强噪声、多人说话、远声场等环境下，机器识别的性能还远远不能让人满意。

　　在语音合成方面，其在新闻风格下的语音合成效果已经接近人类水平，但在多表现力及多风格语音合成时仍有较大差距。另外，融入发音机理和听觉感知的语音合成可能成为未来的发展方向之一。

　　在语音增强方面，当前这一领域仍然面临的挑战和需要解决的痛点包括：多说话人分离的鸡尾酒问题，如何改进盲信号分离算法突破鸡尾酒问题；说话人移动时，如何保证远场语音识别性能；面对不同的麦克风阵列结构，如何提高语音增强算法的泛化性能，面对更加复杂的非平稳噪声和强混响，如何保证算法的健壮性；远场语音数据库不容易采集，如何通过声场环境模拟方法扩充数据库。上述问题的解决将有助于提高语音交互系统的性能。

　　在语音转换方面，当前面临的主要挑战包括：转换后的语音音质下降明显，如何在说话人转换过程中弱化对音质的损伤；目前的语音转换处理更多地面向干净语音，当采集的原始语音质量下降时，算法性能下降明显；针对基频、时长等超声段韵律信息的转换效果不理想，如何利用长时信息提高韵律转换的性能；在语音转换过程中如何有效利用发音机理特征，这是一个值得深入探索的问题。上述问题的解决将有助于语音转换系统的实际应用。

习 题 4

1. 在语音识别中，按照从微观到宏观的顺序排列正确的是(　　)。
   A. 帧—状态—音素—单词　　　　　B. 帧—音素—状态—单词
   C. 音素—帧—状态—单词　　　　　D. 帧—音素—单词—状态
2. (　　)不属于语音处理方法。
   A. 语音合成　　B. 三维重建　　C. 语音增强　　　　D. 文语转换
3. 苹果手机上的 Siri 是一种(　　)系统。
   A. 动作识别　　B. 信息处理　　C. 图像识别　　　　D. 语音识别
4. 一个典型的语音识别系统包括哪几部分？
5. 语音合成主要有哪些方法？各种方法的优缺点是什么？
6. 简要分析智能音箱中涉及的语音增强技术。

第 5 章 知识表示与推理

知识与智能之间有着密切的关系。人类的智能活动主要是获得并运用知识,因此,知识是智能的基础。为了使计算机具有智能,能模拟人类的智能行为,就必须首先使它具有知识。但是,人类的知识需要用适当的形式表示,才能存储到计算机中并被运用。因此,知识的表示就成为人工智能中一个十分重要的研究课题。

本章首先介绍知识与知识表示的概念,然后介绍产生式、框架等人工智能领域应用广泛的知识表示方法,体会人工智能中符号主义学派的研究思想,同时为后面介绍专家系统和知识图谱等技术奠定基础。

5.1 知识与知识表示概述

对于知识,很难给出一个明确的定义,只能从不同侧面加以理解,不同的人有不同的理解。1994 年,图灵奖获得者、知识工程之父费根鲍姆认为:知识是经过消减、塑造、解释和转换的信息。英国著名教育学家伯恩斯坦(Basil Bernstein)认为:知识是由特定领域的描述、关系和过程组成的。从知识库的观点来看,知识是某领域中所涉及的各有关方面的一种符号表示。

一般认为,知识是人们在长期的生活及社会实践中、在科学研究及实验中积累起来的对客观世界的认识和经验。人们把在实践中获得的信息有机地组合在一起,就形成了知识。一般来说,把有关信息、关联在一起所形成的信息结构称为知识。

5.1.1 知识

信息之间有多种关联形式,其中用得最多的一种是用"如果……那么……"表示的关联形式。在人工智能中,这种知识被称为规则,它反映了信息之间的某种因果关系。例如,我国北方的人们经过多年的观察发现,每当冬天即将来临,就会看到大雁一群一群地向南方飞去,于是把"大雁向南飞"和"冬天就要来了"这两个信息关联在一起,得到了如下知识:"如果大雁向南飞,那么冬天就要来了。"又如,"雪是白色的"也是一条知识,它反映了"雪"与"白色"之间的一种关系。在人工智能中,这种知识被称为事实。

知识是有不同类型的,从不同的角度、不同的侧面对知识有着不同的分类方法。首先,从内容上,知识可以分为原理(客观)性知识和方法(主观)性知识,其中,原理性知识具有抽象概括性,而方法性知识则具有通用性;从形式上,知识可以分为显式知识和隐式知识;从逻辑思维角度,知识可以分为逻辑型知识和直觉型知识;从可靠性上,知识可以分为理论知识和经验知识。

知识的要素是指构成知识的必需元素。在这里，重点关注的是一个人工智能系统所处理的知识的组成成分。

一般而言，人工智能系统的知识包含事实、规则、控制和元知识等几类。

（1）事实。包括事物的分类、属性、事物间关系、科学事实、客观事实等，它是有关问题环境的一些事物的知识，常以"……是……"的形式出现，也是最低层的知识。例如，雪是白色的，人有四肢。

（2）规则。指事物的行动、动作和联系的因果关系知识。这种知识是动态的，常以"如果……那么……"的形式出现，例如启发式规则"如果下雨，则出门带伞或穿雨衣"。

（3）控制。指当有多个动作同时被激活时选择哪一个动作执行的知识。控制是有关问题的求解步骤、规划、求解策略等技巧性知识。

（4）元知识。是关于如何使用规则、解释规则、校验规则、解释程序结构的知识。元知识是有关知识的知识，是知识库中的高层知识。元知识与控制知识有时会有重叠。

知识的特性包括如下 4 方面。

1. 知识的相对正确性

知识是相对正确的，也就是说，知识的正确性需要一定的前提条件。知识是人类对客观世界认识的结晶，并且受到长期实践的检验。因此，在一定的条件及环境下，知识是正确的。"一定的条件及环境"是必不可少的，它是知识正确性的前提。因为任何知识都是在一定的条件及环境下产生的，因而也就只有在这种条件及环境下才是正确的。例如，牛顿力学定律在一定的条件下才是正确的。又如，1+1=2 是一条妇幼皆知的正确知识，但它也只是在十进制的前提下才是正确的；如果是二进制，它就不正确了。

苏轼看到王安石写的诗句"西风昨夜过园林，吹落黄花满地金"时，认为王安石写错了。因为他知道春天的花败落时花瓣才会落下来，而黄花（即菊花）的花瓣最后是枯萎在枝头的，所以便非常自得地续写了两句诗纠正王安石的错误："秋花不比春花落，说与诗人仔细吟"。后来，苏轼被王安石贬到黄州（今湖北省黄冈市）任团练副使，见到这里果真有落瓣的菊花，才知道自己错了。

2. 知识的不确定性

由于现实世界的复杂性，信息可能是精确的，也可能是不精确的、模糊的；关联可能是确定的，也可能是不确定的。这就使知识并不总是只有"真"和"假"这两种状态，而是在"真"和"假"之间还存在许多中间状态，也就是说，存在为"真"的程度问题，这就是知识的不确定性。

3. 知识的可表示性

知识的可表示性是指知识可以用适当形式（如语言、文字、图形、神经网络等）表示，这样才能被存储、传播。

4. 知识的可利用性

知识的可利用性是指知识可以被利用。这是显而易见的，每个人每天都在利用自己掌握的知识解决各种问题。

5.1.2　知识表示

在知识处理中总要问到以下问题：如何表示知识，怎样使机器能懂这些知识，能对之进行处理,并能以一种人类能理解的方式将处理结果告诉人们。知识表示是人工智能研究中最基本的问题之一。

知识表示(knowledge representation)就是对人类的知识进行形式化或者模型化,以便计算机能够存储、管理和提供访问。知识表示的目的是能够让计算机存储和使用人类的知识。知识表示方法是面向计算机的知识描述或表达形式和方法,是一种数据结构与控制结构的统一体,既考虑知识的存储又考虑知识的使用。知识表示可看成是一组事物的约定,把人类知识表示成机器能处理的数据结构,是知识工程的核心领域。

同一知识可采用不同的表示方法,不同的表示方法可能产生不同的效果。知识表示的目的在于通过有效的知识表示,使人工智能程序能利用这些知识做出决策,获得结论。

已有的知识表示方法大都是在进行某项具体研究时提出来的,各有其针对性和局限性。本章介绍常用的一阶谓词逻辑、产生式、框架等知识表示方法,其他一些知识表示方法(如状态空间、语义网络等)将在后续章节进行介绍。

5.2 一阶谓词逻辑

一阶谓词逻辑是一种早期的、经典的知识表示方法。逻辑表示是一种最早得到使用的知识表示方法,运用命题演算、谓词演算的概念描述知识。一阶谓词逻辑表示法是一种基于数理逻辑的表示方法。

一个陈述句称为一个断言,而具有真假意义的断言称为命题。命题的真值,这里用 T 表示命题的意义为真,用 F 表示命题的意义为假。一个命题不能同时既为真又为假。一个命题可在一定条件下为真,而在另外一些条件下为假。命题可以分为简单命题和复合命题。简单命题就是最简单的、不能再分的原子命题。复合命题是指由多个简单命题通过联结词组合而成的命题。

常用的联结词如下:

(1) ∧:合取,表示与、并且。

(2) ∨:析取,表示或者。

(3) ¬:否定,表示非、取反。

(4) →:蕴涵,表示生成。

(5) ≡:等价。

上述联结词的真值表如表 5.1 所示。

表 5.1 常用联结词的真值表

P	Q	$\neg P$	$P \wedge Q$	$P \vee Q$	$P \rightarrow Q$
T	T	F	T	T	T
T	F	F	F	T	F
F	T	T	F	T	T
F	F	T	F	F	T

表 5.1 中从左到右,第 1 列是 P 的值,第 2 列是 Q 的值;第 3 列是 P 的否定值;第 4 列

是 P 和 Q 的合取值,当且仅当 P 和 Q 都为真的时候合取值为真,否则为假;第 5 列是 P 和 Q 的析取值,当且仅当 P 和 Q 都为假的时候析取值为假,否则为真;第 6 列为 P 与 Q 的蕴涵式,当且仅当 P 为真、Q 为假的时候蕴涵式的值为假,否则为真。

谓词演算是指用谓词表达命题。带有参数的命题包括实体和谓词两个部分。谓词公式的一般形式是

$$P(x_1, x_2, \cdots, x_n)$$

其中,P 是谓词符号(简称谓词);$x_i(i=1,2,\cdots,n)$ 是参数项,简称项,可以是常量、变量、函数等。例如,谓词 WH 表示是白的,而实体 s 代表白雪,实体 c 代表煤炭,那么 WH(s)=T,WH(c)=F。通过谓词对参数进行演算,演算的结果要么为真,要么为假。

除了谓词和项外,一阶谓词逻辑中还有一个很重要的概念,那就是量词。一阶谓词逻辑中主要有两个量词,分别是全称量词和存在量词。一般地,使用 $\forall$ 表示对于某个论域中的所有(任意一个)个体 x 都有 $P(x)$ 的值为 T,使用 $\exists$ 表示某个论域中至少存在一个个体 x 使 $P(x)$ 的值为 T。上述两个符号分别是 A(all 的首字母)和 E(exist 的首字母)进行翻转得到的。

在谓词演算中,如果限定不允许在谓词、连词、量词和函数名位置上使用变量进行量化处理,且参数项不能是谓词公式,则这样的谓词演算是一阶的。一阶谓词演算不允许对谓词、连词、量词和函数名进行量化。

以下是谓词公式的一些例子:

(1) "我喜爱音乐和绘画",使用了合取的联结词:

LIKE (I, MUSIC) $\wedge$ LIKE (I, PAINTING)

(2) "小明打篮球或踢足球",使用了析取:

PLAYS (XIAOMING, BASKETBALL) $\vee$ PLAYS (XIAOMING, FOOTBALL)

(3) "机器人不在 5 号房间内",使用了否定:

$\neg$ INROOM (ROBOT, r5)

(4) "所有的机器人都是灰色的",使用了全称量词:

$(\forall x)[\text{ROBOT}(x) \rightarrow \text{COLOR}(x, \text{GRAY})]$

采用一阶谓词逻辑表示的优点如下:

(1) 符号简单,描述易于理解。
(2) 自然、严密、灵活、模块化。
(3) 具有严格的形式定义和理论基础。
(4) 基于归结法的推理,保证推理过程和结果的正确性。

采用一阶谓词逻辑表示的缺点如下:

(1) 没有提供组织知识信息的方法。
(2) 无法使用启发式规则。
(3) 浪费时间、空间,容易产生组合爆炸,严重的时候会导致根本无法计算。

5.3 产生式与产生式系统

产生式是人工智能中使用最广泛的知识表示方法之一。产生式表示法又称为产生式规则表示法。"产生式规则"这一术语是由美国数学家波斯特(E. Post)在 1943 年首先提出

的。产生式通常用于表示事实、规则以及它们的不确定性度量,适合表示事实性知识和规则性知识。目前产生式表示法已被应用于很多领域,成为人工智能中应用最广泛的一种知识表示方法。

1965年,知识工程之父、斯坦福大学教授费根鲍姆和同校的化学家莱德伯格等合作,开发了世界上第一个专家系统程序 DENDRAL。在这个专家系统中就使用了产生式的知识表示方法。"In the Knowledge lies the power."是费根鲍姆的名言。知识只有被人所发掘和掌握时才能产生能量。

5.3.1 产生式表示法

产生式可以用来表示确定性规则、不确定性规则以及确定性事实、不确定性事实。

1. 确定性规则

使用产生式表示确定性规则,其基本形式如下:

IF P THEN Q

或者

$P \rightarrow Q$

其中,P 是产生式的前提,用于指出该产生式是否可用的条件;Q 是一组结论或操作,用于指出当前提 P 所指示的条件满足时,应该得出的结论或应该执行的操作。上面的产生式的含义是:如果前提 P 被满足,则结论 Q 成立或执行 Q 所规定的操作。

例如:

r1:如果 动物会飞 并且 动物会下蛋,那么,该动物是鸟类

其中,r1 是该产生式规则的编号,"动物会飞 并且 动物会下蛋"是前提 P,"该动物是鸟类"是结论 Q。

2. 不确定性规则

与确定性规则相比,不确定性规则增加了一个置信度,放在规则的最后面。

例如,在医学专家系统 MYCIN 中有这样一条产生式规则:

如果 该微生物的染色斑是革兰氏阴性,

该微生物的形状呈杆状,

病人是中间宿主

那么 该微生物是绿脓杆菌 (0.6)

该不确定性规则表示:当前提条件中列出的各项都得到满足时,结论"该微生物是绿脓杆菌"可以相信的程度为 0.6。这里用 0.6 表示知识的强度。

3. 确定性事实

确定性事实一般用三元组表示。三元组是一种非常简单又非常高效的知识表示方式。三元组不仅在专家系统中使用很广泛,在目前的知识图谱中也被广泛使用,作为事实的存储方式。

三元组有以下两种情况:

- (对象,属性,值)
- (关系,对象1,对象2)

其中，(对象，属性，值)表示对象的某个属性具有指定的值，而(关系，对象1，对象2)则表示对象1和对象2具备指定的关系。

例如，"老李的年龄是45岁"可以表示为(LaoLi,Age,45)，这里使用的是(对象，属性，值)这种表示方式。"老李和老王是朋友"则可以表示为(Friend,LaoLi,LaoWang)，这里使用的是(关系，对象1，对象2)这种表示方式。

4. 不确定性事实

不确定性事实一般用四元组表示，与表示确定性事实的三元组相比，多了一个置信度。

例如，"老李年龄很可能是45岁"表示为(LaoLi,Age,45,0.8)，这里的置信度为0.8，表示很可能。"老李和老王不大可能是朋友"则可以表示为(Friend,LaoLi,LaoWang,0.1)，这里用置信度0.1表示可能性比较小。

产生式和一阶谓词逻辑中蕴涵式的主要区别如下：

(1) 蕴涵式表示的知识只能是精确的，而产生式表示的知识可以是不确定的。
(2) 蕴涵式是一个逻辑表达式，逻辑值只有真、假。
(3) 蕴含式的匹配要求是精确的，而产生式的匹配可以是不确定的。
(4) 产生式的前提条件和结论都可以是不确定的，因此其匹配也可以是不确定的。

产生式和程序设计语言中的条件语句(也就是if语句)的主要区别如下：

(1) 前件结构不同。产生式的前件可以是一个复杂的结构；而传统程序设计语言中的左部仅仅是一个布尔表达式，其值为真或假。
(2) 控制流程不同。产生式系统中满足前提条件的规则被激活后，不一定被立即执行，能否执行还将取决于冲突消解策略；传统程序设计语言中的控制流程则严格地从一个条件语句向下一个语句传递。

5.3.2 产生式系统

把一组产生式规则放在一起，让它们互相配合、协同作用，一个产生式规则生成的结论可以供另一个产生式规则作为已知事实使用，以求得问题的解，这样的系统称为产生式系统。一般来说，一个产生式系统主要由以下3部分组成：规则库、综合数据库和推理机。

产生式系统的架构如图5.1所示。

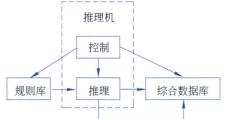

图 5.1 产生式系统的架构

1. 规则库

用于描述相应领域中产生式规则的集合称为规则库，也称为知识库。显然，规则库是产生式系统求解问题的基础，因此，需要对规则库中的知识进行合理组织和管理，检测并排除冗余及矛盾的知识，保持知识的一致性。采用合理的结构形式，可使推理避免访问那些与求解当前问题无关的知识，从而提高求解问题的效率。

2. 综合数据库

综合数据库又称为事实库、上下文、黑板等，用于存放问题的初始状态、原始证据、推理中得到的中间结论及最终结论等信息。当规则库中某条产生式规则的前提可与综合数据库的某些已知事实匹配时,该产生式规则就被激活,并把它推出的结论添加到综合数据库中,作为后面推理的已知事实。综合数据库的内容是不断变化的,这和教师在课堂教学过程中黑板的情况是类似的。

3. 推理机

推理机由一组程序组成。除了推理算法,推理机还控制整个产生式系统的运行,实现对问题的求解。

推理机主要完成以下工作:

(1) 推理。

(2) 冲突消解。

(3) 执行规则。

(4) 检查推理终止条件。

首先来看第(1)步。推理是指按一定的策略从规则库中选择与综合数据库中的已知事实进行匹配。所谓匹配,是指把规则的前提条件与综合数据库中的已知事实进行比较。如果两者一致或近似一致且满足预先规定的条件,则称为匹配成功,相应的规则可被使用;否则称为匹配不成功。

第(2)步是冲突消解。如果匹配成功的规则不止一条,称为发生冲突。此时,推理机必须调用解决冲突的相应策略进行消解,以便从匹配成功的规则中选出一条执行。

第(3)步是执行规则。如果某一规则的右部是一个或多个结论,则把这些结论添加到综合数据库中;如果规则的右部是一个或多个操作,则执行这些操作。对于不确定性知识,在执行每一条规则时还要按一定的算法计算结论的不确定性程度。

第(4)步是检查推理终止条件。推理机检查综合数据库中是否包含了最终结论,从而决定是否停止系统运行。

产生式规则适合表达具有因果关系的过程性知识,是一种非结构化的知识表示方法。

产生式系统的主要优点如下:

(1) 模块性。各条规则相互独立。

(2) 自然性。符合因果形式,它也是最重要、最广泛使用的形式。

(3) 统一性。规则具有统一的格式。

(4) 有效性。既可表示确定性的知识,又可表示不确定性知识;既可表示启发式知识,又可表示过程式知识。

目前,已建造成功的专家系统大部分用产生式规则表达其过程性知识。图 5.2 中左边是 MYCIN 医学专家系统,右边是 Xcon 专家系统,这两个系统均为产生式系统。

图 5.2 使用产生式的专家系统

但是，产生式系统也有很多缺点，主要如下：

(1) 表达能力低，相当于简单的 if…then 结构，复杂问题表示不方便。

(2) 适合因果关系的过程式知识，不适合结构性的知识(结构性的知识采用框架等其他方法更好)。

(3) 规则选择效率低。规则之间的约束及相互作用导致系统效率较低，规则之间的联系必须通过全局数据库建立，而如果规则库很大，则扫描时间会很长，系统效率会急剧下降。

(4) 控制策略不灵活，系统效率取决于激活规则的顺序。

(5) 不能自主学习，系统无法自动更新规则库。

(6) 缺乏知识的分层表示。

5.4 框　　架

框架(frame)是人工智能中经典的知识表示方法之一。1975年，美国著名的人工智能学者明斯基提出了框架理论。该理论的依据是：人们对现实世界中各种事物的认识都以一种类似于框架的结构存储在记忆中。

框架理论的提出基于这种现象：当面临一个新事物时，人们一般会从记忆中找出一个合适的框架，并根据实际情况对其细节加以修改、补充，从而形成对当前事物的认识。框架为知识的结构化表达提供了一种自然的表示方法，即数据结构。框架可与过程性知识(产生式规则)结合。

首先来看框架的例子——教室。一个人走进一个教室之前，就能依据以往对"教室"的认识，想象到这个教室一定有四面墙，有门、窗、天花板和地板，有课桌、凳子、讲台、黑板、多媒体教学设备等。尽管他对这个教室的细节还不清楚，但对教室的基本结构是可以预见的。因为通过以往看到的教室，人们已经在记忆中建立了关于教室的框架。该框架不仅指出了相应事物的名称(教室)，而且指出了事物各有关方面的属性(例如，有四面墙，有课桌，有黑板，有投影等)。通过对该框架的查找，很容易得到教室的各个特征。在他进入教室后，经观察得到了教室的大小、门窗的个数、桌凳的数量、颜色等细节。把这些具体信息填入教室框架中，就得到了教室框架的一个具体事例。这是他关于这个具体教室的视觉形象，称为事例框架。

框架是一种描述所讨论对象(一个事物、事件或概念)属性的数据结构。一个框架由若干个被称为槽(slot)的结构组成，每一个槽又可以根据实际情况划分为若干个侧面(facet)。一个槽用于描述所讨论对象某一方面的属性，而一个侧面则用于描述该属性中包含的一个子项目。槽和侧面所具有的值分别被称为槽值和侧面值。

图 5.3 给出了框架的组成和层次结构：框架-槽-侧面，这是框架结构的 3 个层次。可以看出：

(1) 一个框架可以有任意有限数目的槽。

(2) 一个槽可以有任意有限数目的侧面。

(3) 一个侧面可以有任意有限数目的侧面值。

槽或侧面的值既可以是数值、字符串、布尔值，也可以是一个满足某个给定条件时要执行的动作或过程，还可以是另一个框架的名称，从而实现一个框架对另一个框架的引用，表

```
<框架名>
槽名1：  侧面名_{11}    侧面名_{111},   侧面名_{112}, …,  侧面值_{11P_1}
         侧面名_{12}    侧面名_{121},   侧面名_{122}, …,  侧面值_{12P_2}
                ⋮
         侧面名_{1m}    侧面名_{1m1},   侧面值_{1m2}, …,  侧面值_{1mP_m}

槽名2：  侧面名_{21}    侧面名_{211},   侧面值_{212}, …,  侧面值_{21P_1}
         侧面名_{22}    侧面名_{221},   侧面值_{222}, …,  侧面值_{22P_2}
                ⋮
         侧面名_{2m}    侧面值_{2m1},   侧面值_{2m2}, …,  侧面值_{2mP_m}

槽名n：  侧面名_{n1}    侧面值_{n11},   侧面值_{n12}, …,  侧面值_{n1P_1}
         侧面名_{n2}    侧面值_{n21},   侧面值_{n22}, …,  侧面值_{n2P_2}
                ⋮
         侧面名_{nm}    侧面值_{nm1},   侧面值_{nm2}, …,  侧面值_{nmP_m}

约束：   侧面条件_1
         侧面条件_2
                ⋮
         约束条件_n
```

图 5.3 框架的基本结构

示出框架之间的横向联系。在一个用框架表示知识的系统中一般都含有多个框架，一个框架一般都含有多个槽和侧面，分别用不同的框架名称、槽名称及侧面名称表示。对于框架、槽及侧面，都可以为其附加一些说明性的信息，一般是一些约束条件，用于指出什么样的值才能填入槽和侧面中。约束条件是任选的，当不指出约束条件时，表示没有约束。

再看框架的另一个例子——教师框架，其定义如图 5.4(a)所示。该框架共有 9 个槽，分别描述了"教师"9 个方面的情况，或者说关于"教师"的 9 个属性。在每个槽里都指出了一些说明性的信息，用于对槽的取值给出某些限制。"范围"指出槽的值只能在指定的范围内挑选，如"职称"槽，它的值只能是"教授""副教授""讲师""助教"中的某一个，不能是"工程师"等别的职称；"缺省"表示当相应的槽不指定具体值时，就以默认值作为槽值，这样可以节省一些填写槽值的工作。例如，对"性别"槽，当不指定"男"或"女"时，就默认是"男"，这样对于男性教师就可以不填这个槽的槽值。

```
框架名:<教师>                                    框架名:<教师-1>
    姓名：单位(姓、名)                               姓名：钱七虎
    年龄：单位(岁)                                   年龄：86
    性别：范围(男、女)，缺省：男                      性别：男
    职称：范围(教授、副教授、讲师、助教)，缺省：讲师    职称：教授
    部门：单位(系、教研室)                            部门：国防工程学院
    住址：〈住址框架〉                                 住址：<adr-1>
    工资：〈工资框架〉                                 工资：<sal-1>
    开始工作时间：单位(年、月)                        开始工作时间：1960.3
    截止时间：单位(年、月)，缺省：现在                截止时间：2023.10
```

(a) 教师框架的定义   (b) 教师事例框架

图 5.4 教师框架的定义与教师事例框架

对于这个教师框架,当把具体的信息填入槽或侧面后,就得到了相应框架的一个事例框架,如图 5.4(b)所示。

下面看另一个例子——地震。关于自然灾害的新闻报道中所涉及的事实经常是可以预见的,这些可预见的事实就可以作为代表所报道的新闻的属性。例如,将一则地震消息用框架表示如下:"某年某月某日,某地发生 6.0 级地震,若以膨胀注水孕震模式为标准,则三项地震前兆中的波速比为 0.45,水氡含量为 0.43,地形改变为 0.60。"

自然灾害事件框架如图 5.5 所示。

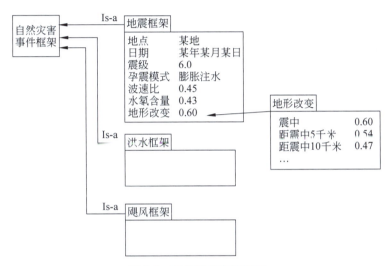

图 5.5　自然灾害事件框架

在图 5.5 中,地震框架是自然灾害事件框架的子框架。地震框架中的值也可以是一个子框架,例如图 5.5 中的地形改变就是一个子框架。

框架表示法最突出的特点是便于表达结构性的知识,能够将知识的内部结构关系及知识间的联系表示出来,因此它是一种结构化的知识表示方法。产生式系统中的知识单元是产生式规则,这种知识单元粒度太小,难于处理复杂问题,也不能将知识间的结构关系表示出来。产生式规则只能表示因果关系,而框架表示法不仅可以表示因果关系,还可以表示更复杂的关系(例如一般和特殊、包含与被包含等关系)。

在框架表示法中,把一个槽的值指定为另一个框架的名称,就可以实现不同框架间的联系,建立表示复杂知识的框架网络。在框架网络中,下层框架可以继承上层框架的槽值,也可以进行补充和修改,这样不仅减少了知识的冗余,而且较好地保证了知识的一致性。

5.5　自动推理

推理就是按某种策略由已知判断推出另一判断的思维过程。在推理中,已知判断是指包括已掌握的与求解问题有关的知识以及关于问题的已知事实,推理的结论是由已知判断推出的新判断。自动推理由程序实现,称为推理机。

推理的基本任务是从一种判断推出另一种判断。根据不同的依据,推理有不同的分类方法。按推出判断的途径,推理可分为演绎推理、归纳推理和默认推理。

1. 演绎推理

演绎推理是从全称判断推导出特称判断或单称判断的过程。演绎推理有多种形式,其中最常用的是三段论式。

三段论式包括以下 3 部分:

(1) 大前提:已知的一般性知识或假设。

(2) 小前提:关于所研究的具体情况或个别事实的判断。

(3) 结论:由大前提推出的适合小前提所示情况的新判断。

在任何情况下,由演绎推导出的结论都蕴涵在大前提的一般性知识中。只要大前提和小前提是正确的,则由它们推出的结论必然是正确的。

2. 归纳推理

归纳推理是从足够多的事例中归纳出一般性结论的推理过程,是一种从个别到一般的推理。归纳推理可分为完全归纳推理、不完全归纳推理。

完全归纳推理是在进行归纳时考察了相应事物的全部对象,并根据这些对象是否都具有某种属性,从而推出这个事物是否具有这个属性。

不完全归纳推理是指只考察了相应事物的部分对象就得出了结论。

枚举归纳推理是指:若已知某类事物的有限可数个具体事物都具有某种属性,则可推出该类事物都具有此属性。

类比推理是指在两个或两类事物有许多属性都相同或相似的基础上推出它们在其他属性上也相同或相似的一种推理。

3. 默认推理

默认推理又称缺省推理,是在知识不完全的情况下假设某些条件已经具备而进行的推理。默认推理不会受到需要知道全部事实才能进行推理的限制,因此在知识不完全的情况下也能进行推理。

按推理时所用知识的确定性,推理可分为确定性推理、不确定性推理。

确定性推理是指推理时所用的知识都是精确的,推出的结论也是确定的,其值或为真,或为假,没有第三种情况出现。

不确定性推理是指推理时所用的知识不都是精确的,推出的结论也不完全是肯定的,真值位于真与假之间,命题的外延模糊不清。

以 MYCIN 医学专家系统为例,其中的很多规则都是不确定性规则,带有置信度,因此,该专家系统中的很多推理都是不确定性推理,推理时需要计算推论的置信度。可见,在进行不确定性推理时,需要解决置信度传递的问题。

推理还有一种分类方法,按推理过程中推出的结论是否单调地增加或推出的结论是否越来越接近目标,可分为单调推理和非单调推理。

单调推理是指:在推理过程中,随着推理的向前及新知识的加入,推出的结论呈单调增加的趋势,并且越来越接近最终目标,在推理过程中不出现反复的情况。

非单调推理是指:在推理过程中由于新知识的加入,不仅没有加强已推出的结论,反而要否定它,使得推理退回到前面的某一步重新开始。非单调推理往往在信息不完全或者情况发生变化时出现。

推理过程是一个思维过程,即求解问题的过程。推理的控制策略主要包括以下内容:
- 推理方向。
- 搜索策略。
- 冲突消解策略。
- 求解策略。
- 限制策略。

按推理方向的不同,推理可以分为以下4种:

(1) 正向推理。是指从初始状态出发,使用规则,到达目标状态,又称为数据驱动推理、前向链推理、模式制导推理或前件推理。

(2) 逆向推理。是以某个假设目标为出发点的一种推理,又称为目标驱动推理、逆向链推理、目标制导推理或后件推理。

(3) 混合推理。是指在已知事实不充分的情况下,先通过正向推理,把其运用条件不能完全匹配的知识都找出来,并把这些知识可导出的结论作为假设,然后分别对这些假设进行逆向推理。

(4) 双向推理。双向推理是指正向推理与逆向推理同时进行,且在推理过程中的某一步骤上"碰头"的一种推理。正向推理所得的中间结论恰好是逆向推理此时要求的证据。

5.6 本章小结

知识是把有关信息关联在一起所形成的信息结构。知识主要具有相对正确性、不确定性、可表示性、可利用性等特性。导致知识具有不确定性的原因主要包括随机性、模糊性、经验性、认知不完全性等。

产生式通常用于表示事实、规则以及它们的不确定性度量。产生式不仅可以表示确定性规则,而且可以表示各种操作、规则、变换、算子、函数等;不仅可以表示确定性知识,而且可以表示不确定性知识。

一个典型的产生式系统由规则库、综合数据库和推理机3部分构成。产生式系统求解问题的过程是一个不断地从规则库中选择可用的规则与综合数据库中的已知事实进行匹配的过程,规则的每一次成功匹配都使综合数据库增加了新内容,并朝着解决问题的方向又前进了一步。这一过程称为推理,是专家系统中的核心内容。

框架是一种描述所讨论对象(一个事物、事件或概念)属性的数据结构。一个框架由若干被称为槽的结构组成,每一个槽又可以根据实际情况划分为若干侧面。一个槽用于描述所讨论对象某一方面的属性,而一个侧面则用于描述该属性中包含的一个子项目。槽和侧面所具有的值分别被称为槽值和侧面值。

推理就是按某种策略由已知判断推出另一判断的思维过程。在推理中,已知判断是指已掌握的与求解问题有关的知识以及关于问题的已知事实,推理的结论是由已知判断推出新判断。自动推理由程序实现,称为推理机。本章对常见的推理类型进行了介绍。

习 题 5

1. 下面的复合命题中,(　　)与"如果秋天天气变凉,那么大雁南飞越冬"逻辑等价。
   A. 如果大雁不南飞越冬,那么秋天天气没有变凉
   B. 如果秋天天气没有变凉,那么大雁不南飞越冬
   C. 如果大雁不南飞越冬,那么秋天天气变凉
   D. 如果秋天天气变凉,那么大雁不南飞越冬

2. 现有一段天气预报:"北京地区今天白天晴,最高气温 21℃,最低气温 12℃"用框架表示这一知识时,"天气"这个槽的值应填入(　　)。
   A. 今天白天   B. 21℃   C. 晴   D. 12℃

3. 产生式表示法:IF P THEN Q(置信度),其中 P 是(　　)。
   A. 确定性   B. 不确定性
   C. 结论或动作   D. 前提或条件

4. 以下(　　)是命题。
   A. 你记得明天要上"人工智能概论"课程吗?
   B. 我爱我的祖国!
   C. 洗牙会造成牙齿损伤。
   D. 小博从健身房回来很可能肌肉酸痛。

5. 为了描述关于健身房的知识,可以从中抽象出很多要素,例如健身房的地点、开放时间、教练、器械、团课名称、次卡价格等,并由这些要素关联构成对健身房的整体认知,这种知识表示形式是(　　)
   A. 框架表示   B. 产生式表示
   C. 一阶谓词逻辑   D. 联想表示

6. 以下说法中错误的是(　　)。
   A. 演绎是从特殊到一般,归纳是从一般到特殊
   B. 推理的定义中提到的知识库是指使用一阶谓词和产生式等方式表示的知识
   C. 推理就是从初始证据出发,按照某种策略,不断地运用知识库中已有的知识,逐步匹配,直到推出结果为止
   D. 学者普遍认为逻辑和推理是智能思维的一种表现形式

7. 产生式系统的组成包括(　　)等。(多项选择)
   A. 推理方向   B. 规则库   C. 推理机   D. 数据库

8. 对产生式规则和框架这两种知识表示方法进行比较,简要说明二者的特点。

第 6 章 专家系统与知识图谱

在经历了人工智能初期阶段的研究失败之后，研究者逐渐认识到了知识的重要性。一个专家之所以能够很好地解决所在领域中的问题，是因为他具有本领域的专门知识。如果能将专家的知识总结出来，并使用计算机能够存储和访问的形式加以表达，那么计算机系统是否能够利用这些知识，像人类专家一样解决特定领域的问题呢？这就是专家系统研究的初衷。专家系统在 20 世纪 80 年代取得了丰硕的成果，在实际应用中也产生了经济效益和社会效益。但由于知识的获取采用人工方式，其效率低下，并且不能自动学习、更新知识，因此专家系统的开发和应用受到了限制。

基于知识的人工智能技术在进入 21 世纪后有了另一个有代表性的成果，那就是知识图谱。知识图谱以结构化的形式描述客观世界中概念以及实体之间的复杂关系，将互联网上海量的信息以更接近人类认知世界的形式表示，提供了一种更好地组织、管理和理解互联网海量信息的能力。知识图谱是语义 Web 技术在互联网上的成功应用。

本章首先介绍专家系统的概念、特点和结构，并以 DENDRAL 和 MYCIN 为例进行说明，然后阐述知识图谱的概念、发展史，并选择性地介绍有代表性的一些知识图谱，最后简要说明知识图谱构建的方法和流程。

6.1 专家系统概述

自从 1968 年费根鲍姆等成功研制第一个专家系统 DENDRAL 以来，专家系统技术发展迅速，在 20 世纪 80 年代应用到了数学、物理、化学、医学、地质、气象、农业、法律、教育、交通运输、机械、艺术以及计算机科学本身，甚至渗透到了政治、经济、军事等决策部门，产生了巨大的社会效益和经济效益，成为人工智能的重要分支。

6.1.1 专家系统的概念

DENDRAL 系统属于专家系统发展的第一阶段。斯坦福大学费根鲍姆等人于 1968 年研制成功了解析化合物分子结构的 DENDRAL 系统。麻省理工学院于 1971 年开发成功并投入应用的 MYCSYMA 系统（用 LISP 语言实现），能对特定领域的数学问题进行有效处理。

第一阶段的专家系统的特点是：高度专业化，专业问题求解能力强；但结构、功能不够完整，移植性差，缺乏解释功能。

MYCIN 系统是斯坦福大学研制的用于细菌感染性疾病诊断和治疗的专家系统，能成功地对细菌性疾病做出专家水平的诊断和治疗。MYCIN 系统是第一个结构较完整、功能较全面的专家系统。MYCIN 系统第一次使用知识库的概念,引入了可信度的方法进行不精确推理,能够给出推理过程的解释,并使用英语与用户进行交互。

Prospector 系统是斯坦福大学研究、开发的一个探矿专家系统,它首次实地分析了华盛顿某山区一带的地质资料并发现了一个钼矿(化学元素符号为 Mo),成为第一个取得显著经济效益的专家系统。Prospector 系统在知识的组织上运用了规则与语义网相结合的混合表示方式,在数据不确定和不完全的情况下,推理过程中使用了似然推理技术。

AM 系统是由斯坦福大学于 1981 年研制成功的专家系统。它能模拟人类进行概括、抽象和归纳推理,发现了某些数论的概念和定理。AM 系统属于专家系统发展的第二阶段。

第二阶段的专家系统的特点主要包括:
(1) 属于单学科、专业型专家系统。
(2) 系统结构完整,功能较全面,移植性好。
(3) 具有推理、解释功能,透明性好,可解释性强。
(4) 使用启发式推理、不精确推理等推理方法。
(5) 使用产生式规则、框架、语义网络表达知识。
(6) 使用限定性英语进行人机交互。

20 世纪 80 年代以来,专家系统的研制和开发明显地趋向商业化,直接服务于生产企业,产生了明显的经济效益。例如,美国 DEC 公司与卡内基-梅隆大学合作开发的专家系统 Xcon 用于为 VAX 计算机系统制定硬件配置方案。另一个重要发展是出现专家系统开发工具,从而简化了专家系统的开发。

专家系统是基于知识的系统,用于在特定的领域中运用领域专家多年积累的经验和专业知识,求解需要专家才能解决的困难问题。费根鲍姆认为,专家系统是一种智能的计算机程序,它运用知识和推理解决只有专家才能解决的复杂问题。

1977 年,费根鲍姆在第 5 届国际人工智能联合会议(International Joint Conference on Artificial Intelligence,IJCAI)上提出了"知识工程"的新概念。他认为:"知识工程是人工智能的原理和方法,对那些需要专家知识才能解决的应用难题提供求解的手段。恰当运用专家知识的获取、表达和推理过程的构成与解释,是设计基于知识的系统的重要技术问题。"知识工程是一门以知识为研究对象的学科,它将各领域智能系统研究中那些共同的基本问题抽出来,作为知识工程的核心内容,使之成为指导研制各领域智能系统的一般方法和基本工具,成为一门具有方法论意义的科学。

6.1.2 专家系统的特点

专家系统作为一种计算机系统,继承了计算机快速、准确的特点,在某些方面比人类专家更可靠、更灵活,可以不受时间、地域及人为因素的影响,因此专家系统在某些专业领域的水平能够达到甚至超过人类专家的水平。

专家系统有以下主要特点。
(1) 具有专家水平的专门知识。这些专门知识包括数据级知识、知识库级知识和控制级知识。
- 数据级知识是具体问题提供的初始事实、问题求解过程中产生的中间结论和最终结论等,例如病人的症状、化验结果、专家推出的病因、治疗方案等。

- 知识库级知识是指专家的知识,这是专家系统的基础,专家系统的性能取决于知识的数量和质量,例如医学常识、医生诊治疾病的经验等。
- 控制级知识是关于如何运用前两种知识的知识,例如搜索策略等。

(2) 能进行有效的推理。根据用户提供的已知事实,运用掌握的知识进行有效的推理,以实现对问题的求解。在专家系统中,推理的类型包括精确推理、不确定推理、不完全推理和试探推理等。

(3) 具有获取知识的能力。通过建立知识编辑器,知识工程师可以把领域知识"传授"给专家系统,建立知识库。

(4) 具有灵活性。在专家系统中,知识库和推理机是分离的,二者之间互相影响很小,是一种松耦合的关系。

(5) 具有透明性。透明性是指系统自身及其行为能被用户所理解,专家系统中的解释器能向用户解释它的行为动机及得出某些答案的推理过程。

(6) 具有交互性。专家系统一般都是交互系统,通过与专家的对话获取知识;同样,专家系统通过对话回答用户的询问。

(7) 具有实用性。专家系统是根据领域问题的实际需求开发的。

(8) 具有一定的复杂性及难度。专家系统拥有知识,能运用知识进行推理,以模拟人类求解问题的思维过程。专家系统中的知识很丰富,思维也是多种多样的。

最后,对专家系统和传统程序加以比较,二者主要有以下不同:

(1) 从编程思想上看,二者差异很大。计算机科学家认为,传统程序是数据结构和算法的合体;而专家系统的核心技术则是知识和推理。

(2) 传统程序把关于问题求解的知识隐含于程序中;而专家系统则将知识与运用知识的过程即推理机分离。

(3) 从处理对象上看,传统程序面向数值计算和数据处理,其处理的数据是精确的;专家系统面向符号处理,其处理的数据和知识大多是不精确的、模糊的。

(4) 传统程序一般不具备解释功能;专家系统具有解释器,能解释自己的行为。

(5) 二者的求解方式不同。传统程序根据算法求解问题,每次都能产生正确答案;而专家系统像人类专家一样思考,一般能产生正确答案,有时也会产生错误答案,但是专家系统有能力从错误中吸取教训,提升对某一问题的求解能力。

(6) 专家系统和传统程序具有不同的系统结构。

6.2 专家系统的结构

专家系统的结构如图6.1所示。

图6.1中虚线中的部分是专家系统的核心,包含了知识库和推理机。除此之外,专家系统还包括以下模块:动态数据库,负责存储中间事实;解释器,记录推理过程并向用户进行解释;知识获取和管理器,负责收集并管理专家知识。最后,整个系统由一套人机交互接口与用户进行交互。

1. 知识库

知识库是知识的存储机构,用于存储领域内的原理性知识、专家的经验性知识和有关事

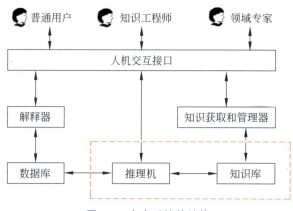

图 6.1 专家系统的结构

实等。知识来源于知识获取机构,并为推理机提供知识。知识库管理系统负责对知识库中的知识进行组织、检索、维护等。知识获取和管理是把知识输入知识库中,并负责维持知识的一致性及完整性。建立性能良好的知识库,是专家系统的一个瓶颈。知识可以通过编辑软件输入,知识库也应该具备一定的自身学习功能。

2. 推理机

除了知识库外,专家系统的另一个核心组成部分是推理机。推理机是专家系统的"思维"机构,是构成专家系统的核心部件之一,其任务是模拟领域专家的思维过程,控制并执行对问题的求解。推理机的性能与知识的表示方式及组织方式有关,与知识的内容无关。这种处理方式有利于推理机与知识库的独立,这也是专家系统的优点之一。推理机的搜索策略使用了与领域有关的启发性知识。为了保证推理机与知识库的独立性,可以采用元知识表示启发性知识。

3. 数据库

数据库也称为综合数据库、黑板,是用来存储事实、问题描述、中间结果、最终结果和运行信息的工作存储器。数据库管理系统具备普通数据库的管理功能,使数据的表示方法与知识的表示方法保持一致。这里的数据库和关系数据库等数据库技术中的数据库含义不太一样,请注意区别。

4. 解释器

解释器能对推理机的推理过程做出解释,回答用户提出的"为什么"、结论如何得出等。解释器由一组程序组成,它能跟踪并记录推理过程,对用户提出的询问给予解释。

5. 人机交互接口

人机交互接口用于完成输入和输出工作,进行内部表示形式与外部表示形式的转换。专家系统的使用者包括最终用户、领域专家和知识工程师。专家系统一般提供了两种人机接口方式:菜单方式和命令语言方式。

6. 知识获取和管理器

知识获取是专家系统中的核心任务,并且一直是专家系统开发中的一个瓶颈问题。知识获取的基本任务是为专家系统获取知识,建立起健全、完善、有效的知识库,以满足领域问题求解的需要。专家系统的知识获取一般是由知识工程师与专家系统中的知识获取机构共同完成的,至今仍然没有一种可以完全代替知识工程师的自动化方法。

知识的获取工作主要包括以下几个任务:

(1) 知识的抽取。在知识抽取任务中,需要把蕴含于知识源(领域专家、图书、相关论文、经验数据等)中的知识经过识别、理解、筛选、归纳等处理后抽取出来,以便用于知识库的建立。通常,知识并不是以某种现成的形式存在于知识源中的。例如,领域专家往往缺少对自己经验的总结与归纳,有些知识和经验甚至是只可意会、不可言传的。另外,从理论上说,专家系统在自身的运行实践中能够使用机器学习等技术从已有的知识或实例中演绎、归纳出新知识,也就是说,专家系统自身必须具有一定的学习能力。

(2) 知识的转换。通常,知识是以自然语言、图形、表格等形式表示的,而知识库中的知识是以计算机直接能够识别和处理的形式表示的,二者之间有很大差别。首先,知识工程师把抽取的知识转换为某种知识表示形式,然后,输入编译程序再把该模式的知识转换为专家系统的内部形式。

(3) 知识的输入。知识在抽取并转换之后,就可以进入知识库中了。把用某种知识表示方法表示的知识经过编辑、编译之后进入知识库的过程称为知识的输入。知识的输入一般有两种途径:第一种途径是利用计算机系统提供的编辑软件,这种途径的优点是简单、方便,无须编制专门程序即可直接使用;第二种途径是利用专门编制的知识编辑系统,该途径的好处是针对性、实用性强,更符合知识输入的要求。

(4) 知识的检测。在上述建立知识库的过程中,无论哪一步出现错误,都会直接影响专家系统的性能。因此,必须对知识库进行检测,以便尽早发现和纠正可能出现的错误。知识检测的主要任务是检测知识库中的知识,以确保知识的一致性和完整性。

知识获取的方法包括非自动知识获取方法和自动知识获取方法:

- 非自动知识获取方法。首先由知识工程师从领域专家或其他知识源获取知识,然后再由知识工程师使用某种知识编辑软件把它提交到知识库中。
- 自动知识获取方法。专家系统自身具有获取知识的能力,它不仅可以直接与领域专家对话,从专家提供的原始信息中"学习"专家系统所需的知识,而且还能从专家系统的运行实践中总结、归纳出新的知识,发现和改正自身存在的错误,并通过不断地自我完善,使知识库逐步趋于完整、一致。

6.3 典型专家系统

6.3.1 DENDRAL 专家系统

DENDRAL 是一种帮助化学家判断某待定物质分子结构的专家系统。它是在美国斯坦福大学于 1965 年开始研制的,1968 年研发成功,是费根鲍姆与化学家莱德伯格合作的结果。20 世纪 60 年代中期,莱德伯格提出了一种可以根据输入的质谱数据列出所有可能的分子结构的算法,并在此后的 3 年里与费根鲍姆等人一起探讨了用规则表示知识系统的建立方法,研究开发了 DENDRAL 系统,并期望利用这一系统在更短的时间里完成类似于人工列出所有可能分子结构的工作。

　　DENDRAL 利用的信息主要是化合物的质谱数据。DENDRAL 是世界上第一例成功的专家系统,它的出现标志着人工智能的一个新领域——专家系统的诞生,此后相继出现了各种不同的专家系统。DENDRAL 系统原来的名称为 Heuristic DENDRAL,后来简称为 DENDRAL,该名称来自英文单词 tree 的希腊语。用于化合物结构解析的手段很多,四大光谱是其中常用的方法。四大光谱包括红外光谱、紫外光谱、质谱和核磁共振光谱,DENDRAL 系统中使用的是化合物的质谱数据。

　　河鲀毒素是在自然界中发现的毒性最大的神经毒素之一。图 6.2(a)是河鲀毒素的质谱图,图 6.2(b)则是它的分子结构。DENDRAL 系统完成的功能就是从左边的质谱图数据通过分析获得右边的分子结构。

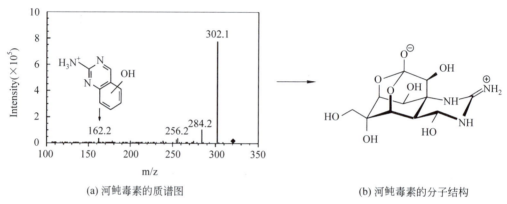

(a) 河鲀毒素的质谱图　　　　　　　　　　(b) 河鲀毒素的分子结构

图 6.2　从河鲀毒素的质谱数据解析获得其分子结构

　　整个 DENDRAL 系统按功能可以分为 3 个模块。

　　(1) 规划模块。利用质谱数据和化学家对质谱数据与分子构造关系的经验知识,对可能的分子结构形成若干约束。

　　(2) 生成结构图模块。利用莱德伯格的算法,给出一些可能的分子结构,利用规划模块生成的约束条件控制这种可能性的展开,最后给出一个或几个可能的分子结构。

　　(3) 检测排队模块。利用化学家关于质谱数据的知识,对生成结构图模块给出的结果进行检测、排队,最后给出化合物的分子结构。

6.3.2　MYCIN 专家系统

　　MYCIN 是一个通过提供咨询服务帮助普通内科医生诊治细菌感染性疾病的专家系统,它于 1972 年开始研制,1974 年基本完成并投入实际应用。MYCIN 的名称来自多种治疗药物的公共后缀。围绕着 MYCIN 的各种研究工作一直持续了 10 年,对于推动知识工程以及专家系统学科的建立和发展具有重要的影响。早期的专家系统,尤其是医疗诊断和咨询型专家系统,许多都参照了 MYCIN 系统的技术,如知识表示、不确定推理、推理解释、知识获取等。

　　MYCIN 设计为典型的产生式系统,由规则库、综合数据库和控制系统 3 部分组成。MYCIN 的推理机基于规则的推理并采用逆向推理方式,即从问题求解的目标出发,搜寻原始证据对于目标成立的支持,并传递和计算推理的不确定性。规则库就是 MYCIN 的知识库,综合数据库和控制系统联合形成推理机,其中,综合数据库用以保存问题求解的原始证据(初始状态)和中间结果。

MYCIN 系统使用了大量带有置信度的产生式规则,例如:

如果
  该微生物的染色斑是革兰氏阴性
  该微生物的形状呈杆状
  病人是中间宿主

那么
  该微生物是绿脓杆菌,置信度 CF=0.6

MYCIN 系统的开发者是肖特利弗(Edward H. Shortliffe),使用 LISP 语言进行开发,系统中使用了大约 500 条产生式规则。MYCIN 系统的正确性大约是 65%~69%,医生则为 80%左右。MYCIN 系统的工作机制是决策树。MYCIN 系统的工作方式是英语对话,通过一系列的是非问题帮助医生判断病人是否患有疾病,并根据病人的体重建议抗生素用量。

6.3.3 专家系统的局限性

专家系统虽然得到了不同程度的应用,但是仍然存在一些局限性,影响了专家系统的研制和使用。

首先,知识获取的瓶颈问题一直没有得到很好的解决,基本都是依靠人工方式总结专家经验、获取知识。一方面,领域专家是非常稀有的,专家知识很难获取;另一方面,即便领域专家愿意帮助获取知识,但由于实际情况的多样性和复杂性,领域专家也很难总结出有效、全面的知识。这就是专家系统构建中的知识获取的瓶颈问题,也是困扰专家系统构建和使用的主要障碍之一。

其次,知识库总是有限的,它不能包含所有的信息。人类的智能体现在可以从有限的知识中学习到模式和特征,规则是死的,但人是活的。而知识驱动的专家系统只能运用已有的知识库进行推理,无法学习到新的知识。在知识库涵盖的范围内,专家系统可以很好地求解问题;但哪怕只是偏离一点点,性能就可能急剧下降甚至不能求解,暴露出了专家系统的脆弱性。

最后,知识驱动的专家系统只能描述特定的领域,不具有通用性,难于处理常识问题。知识永远是动态变化的,特别是在如今的大数据时代,面对多源异构的海量数据,人工或者半自动化地构造知识库的效率非常低下,难以适应知识的变化和更新。如果能够从海量数据中自动化地抽取、存储知识并能高效地访问,那么就有可能突破专家系统中知识获取的瓶颈。在专家系统沉寂二十余年之后,知识图谱做到了这一点,成为基于知识的人工智能路线中又一代表性成果。

6.4 知识图谱概述

信息技术飞速发展,不断推动着互联网技术的变革,互联网的核心技术 Web 经历了网页链接到数据链接的变革后,正逐渐向大规模的语义网络演变。将知识采用网状结构的形式表示，它将经过加工和推理的知识以图形的方式提供给用户，而实现智能化语义检索的基础和桥梁就是知识图谱。

搜索引擎可能是使用次数最多的网站。例如，如果使用"姚明的身高"进行搜索，图 6.3(a)是 Yahoo！的返回结果，返回结果是包含了搜索内容的网页列表，用户需要到网页中进一步获取想要的内容；图 6.3(b) 是使用搜狗得到的结果，直接列出了"226 厘米"的回答。使用百度进行搜索，返回结果和搜狗的搜索结果类似。搜狗和百度的搜索引擎背后都使用了知识图谱技术。

(a) Yahoo!的返回结果

(b) 搜狗的返回结果

图 6.3　查询姚明身高的返回结果

语义网的概念提出之后，越来越多的开放链接数据和用户生成内容被发布到互联网上。互联网逐步从仅包含网页之间超链接的文档万维网转变为包含大量描述各种实体之间丰富关系的数据万维网。在此背景下，知识图谱（Knowledge Graph，KG）于 2012 年 5 月首先由 Google 公司提出，其目标在于描述真实世界中存在的各实体和概念以及实体和概念之间的关联关系，并用于改善搜索引擎的质量。紧随其后，Microsoft 公司推出了 Probase，国内的搜狗公司提出了搜狗"知立方"，百度公司则有百度"知心"。知识图谱的初衷是用以增强搜索引擎的功能和提高搜索结果质量，使得用户无须通过点击多个链接就可以获取结构化的搜索结果，并且提供一定的推理功能，创造出一种全新的信息检索模式。

知识图谱就是使用图结构（由节点以及节点之间的边构成的数据结构）存储客观世界中的概念、实体以及它们之间的复杂关系，同时也可以使用可视化的方式更直观地进行知识的展示。Google 公司 Amit Singhal 曾经说过："The world is not made of strings, but is made of things."这句话给出了知识图谱的精髓,即,字符串本身没有意义,重要的是获取字符串背后隐含的对象或事物,这里的对象和事物指的是概念和实体(包括其属性)。

早期互联网搜索仅仅是基于关键词的匹配,搜索时仅单纯地给出包含搜索词的网页列表,让用户去网页中寻找答案。前面使用雅虎搜索返回的结果就是这种情况。2012 年,Google 公司提出知识图谱并且将其应用于语义搜索,改进搜索质量,搜索算法会在网页搜索时尽可能的链接与用户搜索内容相关性更高的结构化信息,这些信息会以知识卡片(knowledge card)的形式返回给用户,知识卡片是知识图谱在搜索引擎中最早的表现形式。

图 6.4 是 Leonardo da Vinci(达芬奇)知识图谱的一部分,图中的节点包括 da Vinci、Michelangelo、Mona Lisa、Italy,节点之间的连线表示这些节点之间的关系。另外,还列出了 Leonardo da Vinci 的出生日期和去世日期(重要属性)。

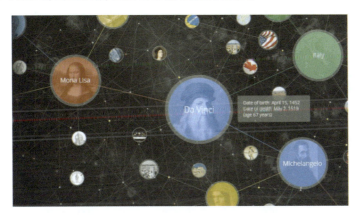

图 6.4　Leonardo da Vinci 的知识图谱

可以把知识图谱理解成多关系图,就是把所有不同种类的信息连接在一起而得到的一个关系网络。知识图谱包含了多种类型的节点和多种类型的边,可以使用不同形状和颜色代表不同种类的节点和边。

节点表示实体或概念,边则构成关系。实体指的是现实世界中的具体事物或具体的人,例如著名的物理学家邓稼先、伟大的思想家和教育家孔子等;概念则是指人们在认识世界过程中形成的对客观事物的抽象化、概念化表示,如人、动物、组织机构等;关系则用来表达不同实体、概念之间的联系,例如小明和小李是"同事"、小明-"工作在"-北京等。社交关系图谱中的实体既可以有"人",也可以包含"公司""学校"等组织机构实体。人与人之间可以是亲人、朋友、同学、同事、邻居等。人和学校之间可以是"在读"或者"毕业"的关系。

图 6.5(a)是一个包含了人、学校和公司的知识图谱。图中,深灰色的节点表示人,黑色的节点表示公司,浅灰色的节点表示学校。小刚和小红都毕业于北京联合大学,小刚曾任职于华为公司。小红和小白是同事,目前都任职于百度公司。实体和关系也会拥有各自的属性,例如人可以有"年龄"和"身高"等属性。当把所有这些信息作为关系或者实体的属性添加后,得到的图谱称为属性图。图 6.5(b)为一个简单的属性图,小白年龄为 35 岁,任职于百度公司,职位为区域经理,百度公司成立于 2000 年 1 月。知识图谱中的节点属于不同的类型,另外,节点还会有很多属性。

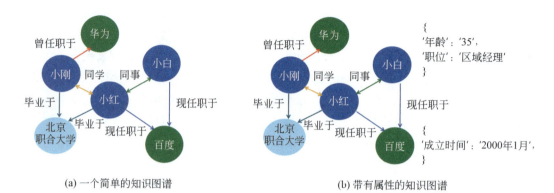

(a) 一个简单的知识图谱　　　　　　(b) 带有属性的知识图谱

图 6.5　知识图谱示例

那么，这些类型和属性是如何定义的呢？绝大多数的知识图谱都包含了上述信息的定义，包括分类体系和属性等。知识图谱的分类体系（taxonomy）如图 6.6 所示，在该图中，灰色背景的节点表示这是一个概念，也就是类型。类和类之间会有 Subclass 的关系，表示某一类是另一类的子类。Instance 表示这是某个类的一个实例，实例和类之间是 InstanceOf 的关系。实例和实例之间也会有联系。例如，在图 6.5 中，小红和小白是同事，小红、小白都是实例，同事则是这两个实例之间的一种关系。

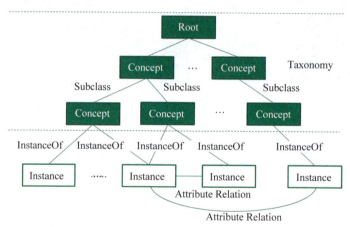

图 6.6　知识图谱的分类体系

知识图谱主要采用三元组存储上述信息，三元组包括实体三元组和属性三元组。

1. 实体三元组

实体三元组的形式是（实体1，关系，实体2），其中实体1是头部实体，实体2是尾部实体。例如，姚明出生在上海，可以表示为（姚明，born in，上海），其中，姚明是实体1，上海是实体2。

2. 属性三元组

属性三元组的形式是（实体，属性名称，属性值）。例如，姚明的身高是226厘米，可以表示为（姚明，height，226厘米），其中，姚明是实体，height 是属性名称，226厘米是属性值。

通过知识图谱可以进行推理，用于发现新的知识。

6.5 知识图谱的发展史

以知识为核心的人工智能发展史如图 6.7 所示。

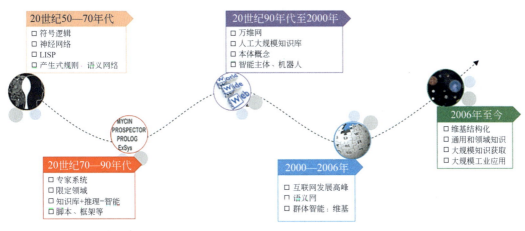

图 6.7 以知识为核心的人工智能发展史

从图 6.7 可以看出，与知识有关的技术主要包括以下几个发展阶段：

（1）20 世纪 50—70 年代，取得的成果主要包括符号逻辑、LISP 语言、产生式规则等。

（2）20 世纪 70—90 年代，主要成果包括专家系统、框架理论等。

（3）20 世纪 90 年代至 2000 年，产生了万维网、人工大规模知识库和本体概念。

（4）2000—2006 年是互联网的发展高峰，产生了语义网，同时，对后续知识库自动构建产生重大影响的维基百科出现了，它是以众包的形式完成的。

（5）2006 年至今，完成了对维基百科数据的结构化，实现了大规模的知识自动获取和工业应用，构建了通用和面向领域的知识图谱。

首先来看万维网。万维网是按"网页的地址"而非"内容的语义"定位信息资源的（缺少语义关联），万维网上的信息都是由不同的网站发布的，相同主题的信息分散在全球众多不同的服务器上，又缺少能将不同来源的相关信息综合起来的有效工具，因此形成了一个个信息孤岛（其中包含了大量的重复信息），查找自己所需的信息就像大海捞针一样困难。解决上述问题的思路就是把网页内容转换为结构化的知识，以便计算机能够直接处理和访问。

在试图解决上述问题的人中，伯纳斯-李（Tim Berners-Lee）是最著名的专家之一。语义网是由被誉为万维网创始人的伯纳斯-李在 1998 年提出的对未来网络的设想，它是一种智能网络。语义网就是以万维网数据的内容（即数据的语义）为核心，用计算机能够理解和处理的方式链接起来的海量分布式数据库。伯纳斯-李由于"发明万维网，第一个浏览器和使万维网得以扩展的基本协议和算法"而获得了 2016 年图灵奖。

语义网对已有的万维网增加了语义支持，它是现有万维网的延伸与变革，其目标是帮助计算机在一定程度上理解万维网信息的含义，使得高效的信息共享和计算机智能协同成为可能。语义网将为用户提供动态、主动的服务，从而更便于计算机和计算机、计算机和人之间的对话及协同工作。

语义网的关键技术如下：

(1) 可扩展标记语言 XML。它是一种标准的元数据语法规范。

(2) 资源描述框架 RDF。它是一种标准的元数据语义描述规范。

(3) 本体(ontology)。是一种描述客观世界的概念化规范。

语义网的体系结构如图 6.8 所示。可以看出，该体系结构中包含了 URI、Unicode、XML、RDF、OWL、SPARQL 等，这是一个很复杂的技术体系。资源描述框架（Resource Description Framework，RDF）是 W3C 提倡的一个数据模型，用来描述万维网上的资源及其相互间的关系。RDF 数据模型包括资源、属性、RDF 陈述等，其中最核心的概念就是三元组(资源,关系,资源)。一个 RDF 的资源库就是一个三元组的库，一般使用图结构进行存储，并使用 SPARQL 协议和 RDF 查询语言（Simple Protocol and RDF Query Language，SPARQL）对其中的数据进行访问。

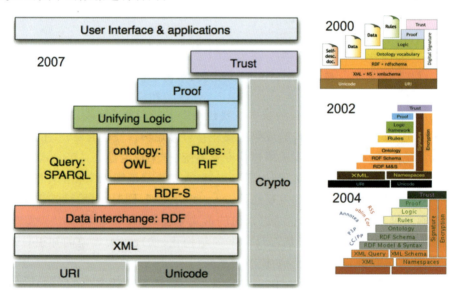

图 6.8 语义网的体系结构

国际万维网组织 W3C 在 2007 年发起了链接开放数据（Linked Open Data，LOD）项目。该项目旨在将由互联文档组成的万维网扩展成由互联数据组成的知识空间（Web of data）。LOD 项目的数据（2022 年 5 月）如图 6.9 所示，该项目的网址为 https://www.lod-cloud.net/。

知识图谱技术完成了从网页互联到知识互联的飞跃。2012 年 5 月 17 日，Google 公司正式提出了知识图谱的概念，其定义如下："The Knowledge Graph is a system that understands facts about people, places and things and how these entities are all connected."中文意思就是：知识图谱以结构化的形式描述客观世界中关于人、位置和事物的事实以及这些实体间的复杂关系。

根据知识所属的领域，知识图谱可以分为通用知识图谱和领域知识图谱。

(1) 通用知识图谱面向通用领域，以常识性知识为主，大多是结构化的百科知识，强调

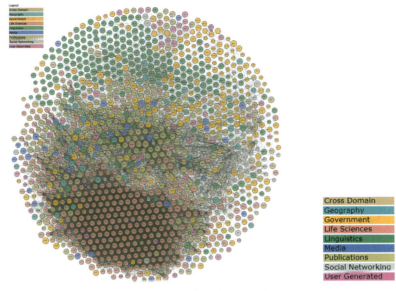

图 6.9 LOD 项目的数据（2022 年 5 月）

知识的广度，使用者是普通用户。

（2）领域知识图谱面向某一特定领域，基于行业数据构建基于语义技术的行业知识库，强调知识的深度，潜在使用者主要是行业从业人员。

也可以把通用知识图谱和领域知识图谱结合起来。通用知识图谱的广度和领域知识图谱的深度互相补充，可以形成更加完善的知识图谱。通用知识图谱中的知识可以作为领域知识图谱构建的基础；而构建的领域知识图谱可以再融合到通用知识图谱中。

知识图谱的发展概况如图 6.10 所示，其中的横坐标是年份，纵坐标是知识图谱中三元组的数量级。可以看出，一些知识图谱（例如百度、阿里巴巴、Google 等公司的知识图谱）中三元组的数量已经超过了千亿数量级。

图 6.10 知识图谱的发展概况

6.6 典型知识图谱

常见的知识图谱及其分类如表 6.1 所示。

表 6.1 常见的知识图谱及其分类

分类	名称	网址
人工构建的知识图谱	ResearchCyc	https://www.cyc.com/
	WordNet	https://wordnet.princeton.edu/
	HowNet	http://www.keenage.com/
基于百科的知识图谱	DBpedia	https://www.dbpedia.org/
	Yago	https://www. mpi-inf. mpg. de/departments/databases-and-information-systems/research/ yago-naga/yago/ http://yago.r2.enst.fr/
	Freebase	https://developers.google.com/freebase/
	WikiData	https://www.wikidata.org/
基于机器学习的知识图谱	KnowItAll	https://openie.allenai.org/
	NELL	http://rtw.ml.cmu.edu/rtw/
	Probase	https://www.microsoft.com/en-us/research/project/probase/
融合多源知识的知识图谱	BabelNet	https://www.babelnet.org/
	ConceptNet	http://www.conceptnet.io/

本节介绍的知识图谱包括 WordNet、Cyc、Wikipedia、DBpedia、Yago、Freebase 和 NELL。

6.6.1 WordNet

WordNet 在 1985 年由普林斯顿大学认知科学实验室建立。一般的词典都是按照字母顺序对词进行组织；而 WordNet 则不同，它是一部在线词典数据库系统，按照词义而不是词形(词的拼写形式)组织词，词被聚类成词义簇(synset)，词义之间通过语义关系连接成大的概念网络。WordNet 字面的意思就是词网络。作为著名的语言知识库，WordNet 在 3.3.2 节中也有介绍。

WordNet 把英语中的名词、动词、形容词、副词组织为词义簇，每一个词义簇表示一个基本的词汇概念。WordNet 中词和词之间的语义关系包括同义关系/反义关系、上位关系/下位关系、整体关系(名词)/部分关系(名词)、蕴含关系(动词)、因果关系(动词)、近似关系(形容词)等。

图 6.11(a)是单词 newspaper 的各级上位词义簇；图 6.11(b)是基于反义、近义组织的形容词词义簇，其中核心的两个单词是 wet 和 dry。

WordNet 的构建方式主要以人工构建方式为主，以计算机作为辅助手段。WordNet 中

(a) newspaper的各级上位词义簇

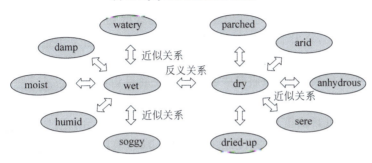

(b) 基于反义、近义组织的形容词词义簇

图 6.11　WordNet 中的词义簇示例

单词及词义簇的数量情况如表 6.2 所示。

表 6.2　WordNet 中单词、词义簇及词义对的数量情况

词性	单词	词义簇	词义对
名词	109 195	75 804	134 716
动词	11 088	13 214	24 169
形容词	21 460	18 576	31 184
副词	4607	3629	5748
合计	146 350	111 223	195 817

6.6.2　Cyc

Cyc 是由莱纳特(Douglas Lenat)在 1984 年启动的人工智能项目，其目的是构建一个完整的、机器可使用的本体体系和人类常识知识库，它包含了 50 万个概念和 500 万条知识。OpenCyc 是 Cyc 提供的免费供大众使用的部分开放知识，包含了 24 万个概念和 200 万条知识。ResearchCyc 是供研究使用的 Cyc 完整版。

1986 年，莱纳特估计整个 Cyc 需要包括 25 万条规则，耗费 350 人年。此后，项目研发团队也开始使用自动化构建方法，从自然语言中抽取知识。从 2008 年开始，Cyc 开始将其资源与 Wikipedia、DBpedia、Freebase 等资源建立链接关系。Cyc 使用了特有的知识表示语言 CycL，该语言基于一阶谓词逻辑，其语法与 LISP 语言类似。

Cyc 提供了非常多的推理引擎，支持演绎推理和归纳推理，同时也提供了扩展推理机制的模块。Cyc 支持对自然语言的解析，将自然语言文本中的名词、动词等映射到概念和框架

中,可以利用 Cyc 定义的规则进行推理。

6.6.3　Wikipedia

首先需要说明的是,Wikipedia 本身并不是知识图谱,但它对知识图谱的发展产生了重大影响。Wikipedia 是免费的在线百科全书,从 2001 年开始以众包的方式构建,其目标是构建全世界最大的百科全书。Wikipedia 是高质量的数据源,包含超过 500 万个概念。Wikipedia 的内容包括多种语言、语义结构丰富的文档,如信息盒(InfoBox)、表格(table)、列表(list)、类别(category)等。基于 Wikipedia,研究者构建了许多知识库,包括 DBpedia、Yago 和 WikiData 等。

Wikipedia 中关于唐太宗的文档内容如图 6.12 所示。

图 6.12　Wikipedia 中关于唐太宗的文档内容

从图 6.12 可以看出,标题就是一个概念,文档中的信息盒(图右边包含李世民像、被框起来的部分)以(属性,值)对的形式显示信息的内容。同时,每一个页面有多个类别,这对于构建知识库的分类体系(参见图 6.6)非常有用。基于 Wikipedia 的知识库都使用了几乎相同的思路,那就是从 Wikipedia 丰富的半结构化信息中挖掘知识,包括信息盒、类别、超链接、表格、列表等。两者的不同之处在于:如何处理有歧义的属性映射,如何构建知识库的分类体系。

一个知识库包含一个集合的实体,例如李世民、唐朝、分封制、猫王等。同时,实体被划分到不同的类别中。例如,李世民是皇帝,唐朝属于朝代,分封制属于制度,猫王是歌手。类别通过上下位等关系相互关联,例如,歌手和皇帝都是人的子类型。实体和类别通过属性和相互之间的关系描述,例如,李世民出生于 599 年,歌手有歌曲作品。关系可以通过蕴含关系进行推理。

6.6.4 DBpedia

2007 年 DBpedia 项目启动,其主要目标是构建一个社区,社区成员使用预先定义和撰写的高效、准确的抽取模板,从 Wikipedia 中抽取结构信息,并发布到 Web 上。项目团队通过人工的方式构建了分类体系,包含 280 个类别,覆盖了约 50% 的 Wikipedia 实体。构建 DBpedia 的核心技术是 DIEF(DBpedia Information Extraction Framework,DBpedia 信息抽取框架),其目标是抽取 Wikipedia 中的结构化信息,抽取方法主要是基于(属性,值)映射的信息盒进行的,编程语言主要采用 Scala 和 Java。DBpedia 中 movie 实体的内容如图 6.13 所示。

图 6.13　DBpedia 中 movie 实体的内容

6.6.5 Yago

Yago 是德国马普研究所从 2007 年开始的一个项目,融合了 WordNet 和 Wikipedia。Yago 从 Wikipedia 的结构中抽取信息盒、类别、时间和地点标注等信息,如图 6.14 所示。

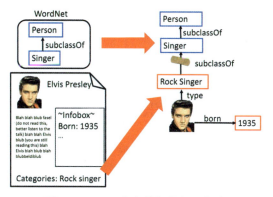

图 6.14　Yago 信息抽取及知识构建

Yago 在进行构建时采用人工抽样进行知识的评估。Yago 包含了超过 1 亿个事实和 100 种关系。Yago 使用了 WordNet 的分类体系作为基础,并将 Wikipedia 中的类别加入 Yago 中。除此之外,Yago 还以人工方式定义了 100 多种语义关系。

6.6.6 Freebase

Metaweb 公司 2000 年开始构建 Freebase,2010 年被 Google 公司收购。Freebase 从 Wikipedia 和其他数据源(如 IMDB、MusicBrainz 等)中导入知识。在 Wikipedia 中,人们编辑文章;而在 Freebase 中,人们可以编辑结构化的知识,这也是 Freebase 的设计理念。用户是 Freebase 知识构建的核心。用户可以完成的操作包括编辑实体、编辑 Schema、知识审核、DataGame 等。DataGame 包括寻找别名、抽取时间日期等。

6.6.7 NELL

NELL(Never-Ending Language Learning,无尽语言学习)是卡内基-梅隆大学 2009 年开始的项目,输入包括初始本体(大约 800 个类别和关系)、每个谓词的一些实例(10～20 个种子实例)、Web 页面(大约 10 亿个页面)、间歇性的人工干预。NELL 的任务是:从 2010 年开始 7×24 小时持续运行,抽取更多知识以补充给定本体,同时,学习如何更好地构建抽取模型。目前,NELL 已经包含了超过 9 千万个实例,这些实例有不同的置信度。

图 6.15 中列出了 NELL 学习到的最新知识(2022 年 5 月),后面的 confidence 是该知识实例的置信度。NELL 项目的地址为 http://rtw.ml.cmu.edu/rtw/。

图 6.15　NELL 学习到的最新知识(2022 年 5 月)

6.7　知识图谱的构建

知识图谱的构建过程,包括知识建模、知识获取、知识管理、知识赋能等步骤,以下分而述之。

1. 知识建模

知识建模的目的是建立知识图谱的模式层,也称本体层、动态本体层。知识在数据中的特点包括海量性、异构性、分布性、隐蔽性、多媒体性等。在知识建模时,可以采用自底向上的方式,也可以采用自顶向下的方式。

2. 知识获取

在知识获取中,需要控制精度,降低知识融合的难度。知识获取的对象包括结构化、半结构化和非结构化资源,知识获取的方法有监督、半监督(弱监督)和无监督方法等。这些方法的具体含义将在第8章进行详细介绍。类型有概念层次学习、实体识别与链接、事实知识的学习、事件知识的学习、规则知识的学习等。

知识获取的技术路线如图6.15所示,最左边的结构化、半结构化和非结构化数据经过知识获取之后,最终都进入到了知识图谱中。

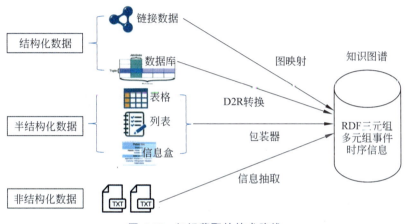

图 6.15 知识获取的技术路线

3. 知识管理

要为知识图谱设计良好的存储结构,实现对存储的大规模知识进行有效的、高性能的、可推理的查询和检索。

RDF存储系统性能的排名如图6.16(a)所示,Score列的值是每种存储系统的性能打分。第1名是MarkLogic,分数为9.85;第2名是Virtuoso,分数为6.01;Apache旗下的开源项目Jena位列第3,分数为3.02。具体排名见网址 https://db-engines.com/en/ranking/rdf+store。

图数据库存储系统性能的排名如图6.16(b)所示。第1名是Neo4j,分数为60.14;第2名是Microsoft Azure Cosmos DB,分数为40.22;Virtuoso位居第3,分数为6.01。Neo4j也是使用比较广泛的图数据库管理系统。排名的网址为 https://db-engines.com/en/ranking/graph+dbms。

4. 知识赋能

知识图谱最初提出的目的是增强搜索效果,改善搜索的用户体验,即语义搜索,但其应用方式远不止如此。知识图谱还可以应用于知识问答、领域大数据分析、可视化辅助决策等。

从技术角度来说,知识图谱的构建包括数据抽取、信息抽取、知识融合、知识加工等步

☐ include secondary database models　　20 systems in ranking, May 2022

Rank May 2022	Rank Apr 2022	Rank May 2021	DBMS	Database Model	Score May 2022	Score Apr 2022	Score May 2021
1.	1.	1.	MarkLogic	Multi-model	9.85	-0.21	+0.33
2.	2.	2.	Virtuoso	Multi-model	6.01	+0.34	+2.57
3.	3.	3.	Apache Jena - TDB	RDF	3.02	-0.09	+0.01
4.	↑5.	↑5.	Amazon Neptune	Multi-model	2.82	+0.05	+0.88
5.	↓4.	↓4.	GraphDB	Multi-model	2.70	-0.10	+0.44
6.	6.	6.	Stardog	Multi-model	1.88	-0.10	+0.17
7.	7.	7.	AllegroGraph	Multi-model	1.15	-0.04	-0.18
8.	8.	8.	Blazegraph	Multi-model	0.91	-0.05	+0.09
9.	9.	9.	RDF4J	RDF	0.73	+0.01	+0.16
10.	10.	↑11.	4store	RDF	0.52	+0.00	+0.11
11.	11.	↓10.	Redland	RDF	0.43	-0.04	-0.06
12.	↑13.	↑14.	CubicWeb	RDF	0.17	-0.01	-0.02
13.	↓12.	↓12.	AnzoGraph DB	Multi-model	0.16	-0.03	-0.12
14.	14.	↓13.	Strabon	RDF	0.14	+0.01	-0.10
15.	↑16.	↑18.	RedStore	RDF	0.10	+0.01	+0.06
16.	↓15.	↓15.	Mulgara	RDF	0.09	-0.01	-0.09
17.	↑18.	↑19.	SparkleDB	RDF	0.07	+0.03	+0.07
18.	↓17.		RDFox	Multi-model	0.06	-0.01	
19.	19.	↓16.	Dydra	RDF	0.01	-0.01	-0.10
20.	20.	↓17.	BrightstarDB	RDF	0.01	-0.02	-0.09

(a) RDF存储系统性能的排名

☐ include secondary database models　　37 systems in ranking, May 2022

Rank May 2022	Rank Apr 2022	Rank May 2021	DBMS	Database Model	Score May 2022	Score Apr 2022	Score May 2021
1.	1.	1.	Neo4j	Graph	60.14	+0.62	+7.91
2.	2.	2.	Microsoft Azure Cosmos DB	Multi-model	40.22	-0.12	+5.51
3.	3.	↑5.	Virtuoso	Multi-model	6.01	+0.34	+2.57
4.	4.	↓3.	ArangoDB	Multi-model	5.55	-0.10	+1.17
5.	5.	↓4.	OrientDB	Multi-model	5.14	+0.06	+0.95
6.	↑7.	↑8.	Amazon Neptune	Multi-model	2.82	+0.05	+0.88
7.	↓6.	↓6.	GraphDB	Multi-model	2.70	-0.10	+0.44
8.	8.	↓7.	JanusGraph	Graph	2.43	-0.03	+0.25
9.	9.	9.	TigerGraph	Graph	2.24	+0.05	+0.50
10.	10.	10.	Stardog	Multi-model	1.88	-0.10	+0.17
11.	11.	↑12.	Dgraph	Graph	1.54	-0.07	+0.18
12.	12.	↓11.	Fauna	Multi-model	1.36	-0.05	-0.12
13.	13.	↑14.	Giraph	Graph	1.24	-0.03	+0.11
14.	14.	↓13.	AllegroGraph	Multi-model	1.15	-0.04	-0.18
15.	15.	15.	Nebula Graph	Graph	1.10	-0.03	+0.07
16.	↑17.	↑18.	Graph Engine	Multi-model	0.91	-0.02	+0.21
17.	↓16.	17.	Blazegraph	Multi-model	0.91	-0.05	+0.09
18.	18.	↓16.	TypeDB	Multi-model	0.67	-0.01	-0.15
19.	19.	19.	InfiniteGraph	Graph	0.41	-0.01	-0.09
20.	20.	↑24.	Memgraph	Graph	0.37	+0.01	+0.13
21.	21.	21.	FlockDB	Graph	0.26	-0.02	-0.08
22.	22.	↑30.	HugeGraph	Graph	0.22	+0.02	+0.10
23.	↑25.	↑27.	TinkerGraph	Graph	0.19	+0.02	+0.02
24.	24.	↓22.	HyperGraphDB	Graph	0.17	-0.01	-0.12
25.	↓23.	↓23.	AnzoGraph DB	Multi-model	0.16	-0.03	-0.12
26.	↑29.		ArcadeDB	Multi-model	0.15	+0.03	
27.	↑28.	↓25.	TerminusDB	Graph, Multi-model	0.14	+0.02	-0.03
28.	↓26.	↓20.	Fluree	Graph	0.13	-0.02	-0.21
29.	↓27.	↓26.	Sparksee	Graph	0.11	-0.02	-0.06
30.	↑33.	↑33.	HGraphDB	Graph	0.09	+0.03	+0.07

(b) 图数据库存储系统性能的排名

图 6.16　知识图谱存储系统的性能

骤，最终知识进入知识图谱中。知识图谱是人工智能知识表示和知识库在互联网环境下的大规模应用，显示出知识在智能系统中的重要性，是实现智能系统的基础知识资源。

知识图谱的研究热点如下：

（1）研究建立知识图谱构建的平台。

（2）研究知识表示和获取的新理论和新方法。

（3）研究如何进一步推动知识驱动的智能信息处理应用。

从技术和工程实现的角度，知识图谱的构建流程如图 6.17 所示。

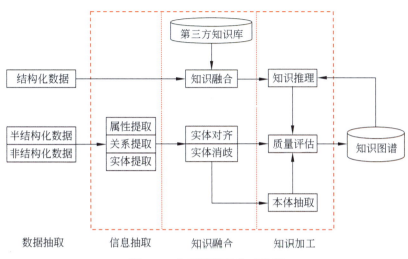

图 6.17　知识图谱的构建流程

6.8　本章小结

专家系统在人工智能的历史上曾经具有很高的地位，是符号主义学派的典型成果，也是最早能够投入实际应用的人工智能系统。专家系统强调知识的作用，通过整理人类专家的知识，使计算机能够像人类专家一样求解专业领域的问题。和一般的计算机软件系统不同，专家系统强调知识库和推理机等其他组件的分离。在系统构建完成后，只需要强化知识库就可以提升整个专家系统的性能。推理机一般具有非确定性推理能力，这为求解现实问题打下了基础，因为现实中的绝大多数问题都具有非确定性。专家系统对结果的可解释性也是其一大特色，可以为用户详细解释得到结果的依据和具体过程。

人工获取知识的难度较大，并且专家系统中的知识是固定的，不能通过自动学习进行更新，这是专家系统的局限性，也限制了专家系统的应用，使基于知识的人工智能技术发展陷入了低潮。

2012 年，Google 公司提出了知识图谱，其定义为：知识图谱以结构化的形式描述客观世界中概念、实体及其之间的复杂关系。知识图谱的应用主要包括语义搜索、智能问答、可视化辅助决策等。知识图谱技术是人工智能中知识表示和知识库在互联网环境下的大规模应用，显示出知识在人工智能中的重要性，是实现人工智能系统的基础性知识资源。

习　题　6

1. 专家系统中知识库知识获取的来源是（　　）。
   A. 用户　　　　　B. 人类专家　　　　C. 知识工程师　　　　D. 管理员

2. 第一个专家系统是（　　）。
   A. DENDRAL　　B. Xcon　　C. MYCIN　　D. Prospector
3. 研制出第一个专家系统、被誉为知识工程之父的科学家是（　　）。
   A. 费根鲍姆　　B. 图灵　　C. 明斯基　　D. 西蒙
4. （　　）是一个具有大量的专门知识与经验的程序系统，它应用人工智能技术和计算机技术，根据某领域一个或多个专家提供的知识和经验，进行推理和判断，模拟人类专家的决策过程，以便解决那些需要人类专家处理的复杂问题。
   A. 知识图谱　　B. 专家系统　　C. 智能芯片　　D. 人机交互
5. 知识图谱的初衷是为了提高（　　）。
   A. 计算的能力　　　　　　　B. 搜索引擎的性能
   C. 地图构建的能力　　　　　D. 大数据统计与分析能力
6. DBpedia、Yago 等从（　　）上获取大规模数据并自动构建知识图谱。
   A. Cyc　　B. WordNet　　C. WikiData　　D. Wikipedia
7. 提出语义网络并获得 2016 年图灵奖的科学家是（　　）。
   A. 伯纳斯-李　　B. 高德纳　　C. 辛顿　　D. 杨立昆
8. 专家系统与一般计算机程序的区别是（　　）。（多项选择）
   A. 专家系统不允许出现不正确的答案
   B. 专家系统采用启发式搜索方法而不是普通的算法
   C. 专家系统的控制结构与知识是分离的
   D. 专家系统研究的是符号表示的知识而不是以数值数据为研究对象
9. 专家系统由哪几部分组成？每一部分的功能是什么？
10. 在知识图谱中，什么是概念？什么是实体？实体和实体之间的关系以及实体拥有的属性一般采用哪种方式进行存储？

第 7 章 问题求解与搜索技术

许多人工智能问题在广义上都可以看成问题求解,因此问题求解是人工智能的核心问题之一,它通常是通过在某个可能的解空间中寻找一个解来解决。在问题求解过程中,人们所面临的大多数实际问题往往没有确定性的算法,需要使用搜索技术解决。目标和达到目标的一组方法称为问题,搜索就是探究这些方法能够做什么的过程。

问题求解一般需要考虑两个基本问题:首先使用合适的状态空间来对问题进行表示,其次测试该状态空间中目标状态是否出现。本章首先介绍状态空间的概念,然后对盲目搜索、启发式搜索、博弈搜索等常用搜索技术进行阐述。

7.1 问题求解概述

7.1.1 问题求解的概念

问题求解是指利用某些方法和策略,使问题从初始状态出发到达目标状态的过程。问题求解有 3 个基本特征:目的性、操作序列和认知操作。问题求解必须有明确的目的,否则就不是问题求解。问题求解包括一系列操作过程,可以分为发现问题、分析问题、提出假设和检验假设 4 个阶段。从问题表示到问题解决有一个求解过程,即搜索过程,采用搜索技术,包括规则、过程和算法等找到问题的解答。

人工智能中每个研究领域都有其特点和规律,但很多任务的解决过程都可抽象为一个问题求解过程。问题求解过程实际上是一个搜索过程,广义地说,它包含了计算机科学的许多技术。

1974 年,人工智能先驱、斯坦福大学教授尼尔森(Nils John Nilsson,A* 搜索算法的发明人)归纳了人工智能研究的 4 个基本问题:

(1) 知识的模型化和表示。
(2) 常识性推理、演绎和问题解决。
(3) 启发式搜索。
(4) 人工智能系统和语言。

问题求解过程是搜索答案(目标)的过程,因此问题求解技术也叫搜索技术,是通过对状态空间的搜索而求解问题的技术。问题求解智能体(agent)是一种基于目标的智能体。在寻找到达目标的过程中,当智能体面对多个未知的选项时,首先检验各个不同的导致已知评价状态的可能行动序列,然后选择最佳序列,这个过程就是搜索。从另一个角度看,搜索就是依靠经验,利用已有知识,并根据问题的实际情况,不断寻找可利用知识,从而构造一条代价最小的推理路线,使问题得以解决。

7.1.2 搜索技术概述

搜索技术适用的情况主要有3种:第一种是不良结构或非结构化问题;第二种是难以获得求解所需的全部信息;第三种是没有现成的算法可供求解使用。下面介绍搜索技术的应用场景。

在即时战略类游戏(例如著名的 *Red Alert*)的界面中,当坦克或间谍在地图中行走时,如何找到一条最优的路径呢?这称为路径规划,搜索技术是解决路径规划的技术手段之一。图 7.1 是一个迷宫,需要找到一条从入口开始到出口的路径。图中的黑色方块代表障碍物,行进时需要避开,这个迷宫问题的求解需要使用搜索技术。

图 7.2 是八数码问题。在给定的初始状态中,从 1 到 8 的数字顺序是混乱的,不是有序的,而目标状态则是从 1 到 8 按顺时针有序排列。现在需要找到移动的办法,从初始状态到目标状态,这个问题的求解也需要使用搜索技术。

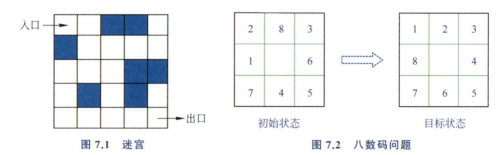

图 7.1 迷宫　　　　　图 7.2 八数码问题

如果问题的规模很大,则会产生组合爆炸问题,也就是会产生数量特别多的中间过程,从初始状态到目标状态的可能性数量非常巨大,即使利用计算机解决仍然很费时间。这些问题包括魔方问题、博弈问题(包括围棋、中国象棋、国际象棋等)、八皇后问题、旅行商问题、排课问题、背包问题等。

搜索技术有不同的类型。根据搜索中是否使用启发式信息,搜索可以分为盲目搜索和启发式搜索。盲目搜索也称为无信息搜索,即只按预定的控制策略进行搜索,在搜索过程中获得的中间信息不用于改进控制策略。启发式搜索是指在搜索中加入了与问题有关的启发性信息,用于指导搜索朝着最有希望的方向前进,加速问题的求解过程并找到最优解。本章将对盲目搜索和启发式搜索进行介绍。

按问题的表示方式,搜索还可以分为状态空间搜索和与或树搜索。状态空间搜索是指用状态空间法求解问题时进行的搜索。与或树搜索是指用问题归约法求解问题时进行的搜索。本章主要介绍状态空间搜索。

7.2 状 态 空 间

7.2.1 状态空间的概念

某些问题可以用状态空间图(简称状态图)表示。许多智力问题,例如八数码问题、汉诺塔问题、旅行商问题、八皇后问题、农夫过河问题等,还有一些实际问题,例如路径规划、定理证明、演绎推理、机器人行动规划等,这些问题都可以归结为在某一状态图中寻找目标或路径的问题。这些问题可以使用状态空间搜索方法解决。

下面以农夫过河问题为例说明状态空间方法。有一个农夫带一匹狼、一只羊、一棵白菜过河。如果没有农夫看管,那么狼要吃羊,羊要吃白菜,这里假设农夫能制服狼。船很小,农夫一次只能带上述三者之一过河。农夫该如何解决这个难题?

可以使用状态空间表示农夫过河问题。使用向量(人,狼,羊,菜)表示状态,其中每个维度可取 0 或 1,取 0 表示在左岸(出发点),取 1 则表示在右岸(已过河)。那么,初始状态是(0,0,0,0),目标状态是(1,1,1,1)。由于有一些条件的约束,因此就会有一些非法的中间状态,如下所示:

(0,0,1,1)、(0,1,1,0)、(0,1,1,1)、(1,1,0,0)、(1,0,0,1)、(1,0,0,0)

基于这种状态表示方法,农夫过河问题可以表示为状态图,如图 7.3 所示。

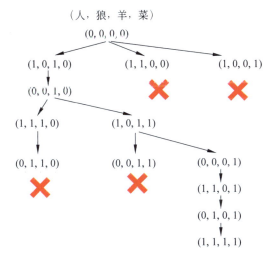

图 7.3　农夫过河问题的状态图

在图 7.3 的状态图中,如果某个中间状态是非法的,则立即停止,不会继续向下进行操作。由图 7.3 可知,农夫过河问题用状态空间表示很快就找到了过河方案,箭头指向的路径上所有状态构成的状态序列就表示农夫过河时具体的操作步骤。7.2.2 节将详细介绍如何使用状态空间方法进行问题的求解。

7.2.2　状态空间方法

状态空间方法涉及一些基本概念,包括状态、操作、状态空间等。

1. 状态

状态是表示问题求解过程中每一步问题状况的数据结构,可表示为

$$S_k = \{S_{k_1}, S_{k_2}, S_{k_3}, \cdots\}$$

S_k 表示第 k 个状态,有很多分量。当对每一个分量都给出确定的值时,就得到了一个具体的状态。在农夫过河问题中,每个状态有 4 个分量,分别表示人、狼、羊、菜所在的位置,每个分量的值为 0 或 1。

2. 操作

操作也称为算符,是把问题从一种状态转换为另一种状态的手段。操作可以是一个机械步骤、一个运算、一条规则或一个过程。操作可以理解为状态集合上的一个函数,它描述了状态之间的关系。

3. 状态空间

状态空间包含一个问题的全部状态以及这些状态之间的相互关系,可以使用三元组 (S,O,G) 表示状态空间,其中 S 为问题的所有初始状态的集合,O 为操作的集合,G 为目标状态的集合。

状态空间也可用一个赋值的有向图表示,该有向图称为状态空间图。在状态空间图中,节点表示问题的状态,有向边则表示操作。

一个搜索问题一般由以下 4 部分组成:

(1) 初始状态集合。定义开始时所处的环境。
(2) 操作符集合。把一个问题从一个状态转换为另一个状态的动作。
(3) 目标检测函数。检测给定的一个状态是否为目标状态。
(4) 路径费用函数。对每条路径赋予一定费用的函数,费用是该路径的代价或成本。

初始状态集合和操作符集合定义了问题的搜索空间。状态空间图如图 7.4 所示,可以看出,初始状态通过操作转换到中间状态,最后转换到目标状态。

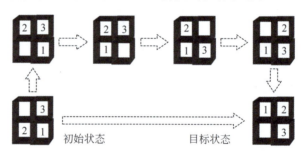

图 7.4 状态空间图

除了农夫过河问题,三数码、八数码问题也可以使用状态空间方法。八数码问题可以使用状态空间表示法,如图 7.5 所示,这里采用了宽度优先搜索树表示,每个状态旁边的数字表示该状态被访问的顺序,图 7.5 中的状态 27 就是目标状态。

7.2.3 状态图搜索

状态图搜索是指在状态图中寻找目标或路径的搜索。所谓搜索,顾名思义,就是从初始节点出发,沿着与之相连的边试探地前进,寻找目标节点的过程(也可以反向进行)。图 7.6 是状态图搜索过程。寻找的解是从初始状态到目标状态的路径上所有状态构成的完整路径。在路径中,通过不同的操作完成状态的转换。

图搜索策略是一种在状态图中寻找路径的方法。状态图中的每个节点对应一个状态,每条连线对应一个操作符。图搜索涉及两个动态数据结构:open 表和 closed 表。

open 表是一种动态数据结构,用于记录当前待考查的节点,也称未扩展节点表。open

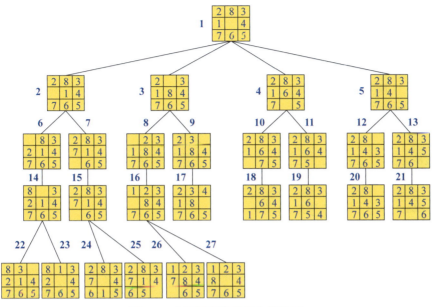

图 7.5 八数码问题的状态转换图

图 7.6 状态图搜索过程

表中每个节点的信息还存储了指向父节点的返回地址,也就是父节点的地址,如表 7.1 所示。

表 7.1 open 表的结构

节　　点	父节点编号
…	…

closed 表是一种动态数据结构,记录访问过的节点,也叫已扩展节点表,在初始时为空表,如表 7.2 所示。

表 7.2 closed 表的结构

编　　号	节　　点	父节点编号
…	…	…

图搜索的流程如图 7.7 所示。搜索流程中有一个非常重要的操作,就是对 open 表进行重新排列,这里需要具体的搜索策略。

常用的状态图搜索有 3 种策略:
(1) 图式搜索。在搜索过程中,搜索路径允许形成回路。
(2) 树式搜索。在搜索过程中,搜索路径不允许形成回路。

（3）线式搜索。在搜索过程中，每次只扩展一个节点。

后两种搜索策略如图 7.8 所示。

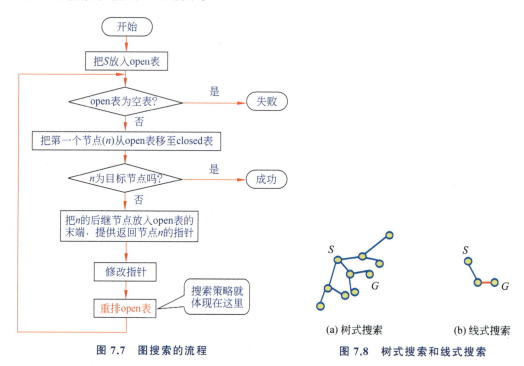

图 7.7　图搜索的流程　　　　　图 7.8　树式搜索和线式搜索

在图搜索策略中，经常使用搜索树，例如前面讨论的农夫过河问题和八数码问题等，虽然从表面上看和树这种结构无关，但是整个搜索过程中可能的试探点所形成的搜索空间总可以对应到一棵搜索树上。图 7.3（农夫过河问题）和图 7.5（八数码问题）中的状态图都使用了树结构的状态空间表示。将各类形式上不同的搜索问题抽象并统一为搜索树的形式，为搜索算法的设计与分析带来了巨大的便利。

由于搜索具有探索性，因此，要提高搜索效率（尽快地找到目标节点），或要找到最佳路径（最佳解），就必须注意搜索策略。对于状态图搜索，研究者已经提出了许多策略，一般可分为盲目搜索和启发式搜索。盲目搜索是无向导搜索；启发式搜索是有向导搜索，即在启发信息（启发函数）引导下寻找问题的解。

7.3　盲目搜索

盲目搜索也称为无信息搜索、无向导搜索，一般只适用于求解比较简单的问题。盲目搜索又可以分为宽度优先搜索、深度优先搜索和代价树搜索，如图 7.9 所示。

7.3.1　宽度优先搜索

宽度优先搜索策略是指优先搜索状态空间中离初始状态近的节点。宽度优先搜索策略的特点是具有完备性，但占用空间较大。宽度优先搜索中使用的数据结构包括 open 表和 closed 表。宽度优先搜索中的 open 表是一个先进先出队列，用于存放待扩展的节点。

 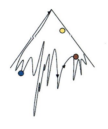 

(a) 宽度优先搜索　　　(b) 深度优先搜索　　　(c) 代价树搜索

图 7.9　盲目搜索的分类

closed 表仍然用于存放已被扩展过的节点。在所有的搜索策略中，closed 表的作用和用法基本不变。

下面以八数码问题为例进行说明，图 7.10 中给出了初始状态和目标状态，最终的目标是让数字从左上角开始沿顺时针方向排列。在操作过程中，不允许斜向移动。

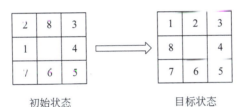

图 7.10　八数码问题初始状态和目标状态

图 7.5 是八数码问题的宽度优先搜索树。从图 7.5 可以看出，要扩展 26 个节点，共生成 26 个节点之后才能求得解，也就是达到目标状态的节点。

在宽度优先搜索中，扩展得到的新节点被插入到 open 表的最后。就像生活中的排队一样，宽度优先搜索中的 open 表是一个先进先出的队列。

下面来看宽度优先搜索的具体过程。图 7.11 是初始情况，其中状态 13 是目标状态，初始情况下 closed 表是空的，open 表中只有一个节点，那就是表示初始状态的节点 1。

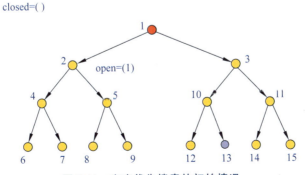

图 7.11　宽度优先搜索的初始情况

图 7.12 是第 1 步。从 open 表中获得其中唯一的节点 1，从该节点扩展到节点 2 和 3，把节点 1 放入 closed 表中，表示该节点已经被访问过了。把节点 2 和 3 放入 open 表中。

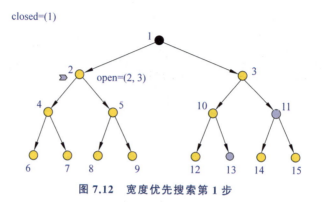

图 7.12 宽度优先搜索第 1 步

图 7.13 是第 2 步。从 open 表中获得最前面的节点 2,通过该节点扩展到节点 4 和 5,把节点 2 放入 closed 表中,把节点 4 和 5 放在 open 表的最后面,这两个节点的前面是节点 3。

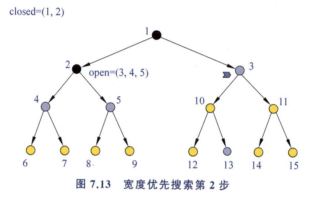

图 7.13 宽度优先搜索第 2 步

图 7.14 是第 3 步。从 open 表中获得最前面的节点 3,从该节点扩展到节点 10 和 11,把节点 3 放入 closed 表中,把节点 10 和 11 放在 open 表的最后面。

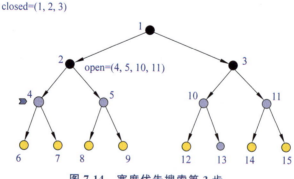

图 7.14 宽度优先搜索第 3 步

图 7.15 是第 4 步。从 open 表中获得最前面的节点 4,从该节点扩展到节点 6 和 7,把节点 4 放入 closed 表中,把节点 6 和 7 放在 open 表的最后面。

图 7.16 是第 5 步。从 open 表中获得最前面的节点 5,从该节点扩展到节点 8 和 9,把节点 5 放入 closed 表中,把节点 8 和 9 放在 open 表的最后面。

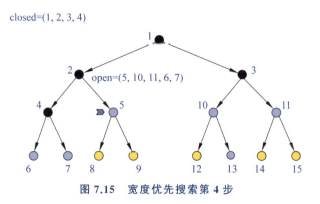

图 7.15　宽度优先搜索第 4 步

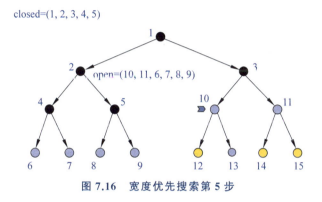

图 7.16　宽度优先搜索第 5 步

图 7.17 是第 6 步。从 open 表中获得最前面的节点 10，从该节点扩展到节点 12 和 13，把节点 10 放入 closed 表中，把节点 12 和 13 放在 open 表的最后面。

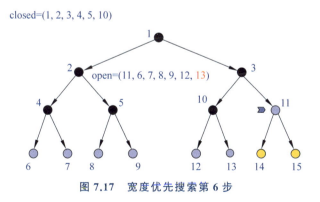

图 7.17　宽度优先搜索第 6 步

此时发现节点 13 就是需要搜索的目标状态，整个宽度优先搜索就完成了。

7.3.2　深度优先搜索

除了宽度优先搜索，盲目搜索中还有一种常用的搜索策略，那就是深度优先搜索策略。深度优先搜索策略的过程是：新节点优先扩展，直到达到一定的深度限制。若找不到目标或无法再进行扩展时，回溯到另一节点继续扩展。深度优先搜索策略的特点是需要有深度限制，需要有回溯控制，但与宽度优先搜索相比，深度优先搜索更节省空间。

深度优先搜索中使用的数据结构依然包括 open 表和 closed 表。深度优先搜索的 open 表是一个后进先出的线性结构（栈结构），存放待扩展的节点，而宽度优先搜索中使用的 open 表则是一个先进先出的线性结构（队列结构），二者有显著的差异。closed 表仍然存放已被扩展过的节点。在深度优先搜索中，除扩展后的子节点应放在 open 表的最前面之外，其他与宽度优先搜索算法一样。

下面来看一下使用深度优先搜索解决问题的详细过程。

图 7.18 是初始情况，closed 表是空的，此时 open 表中只有节点 1，该节点表示该问题中的初始状态。

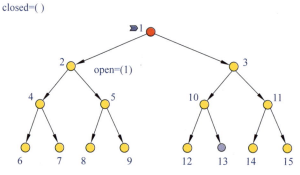

图 7.18　深度优先搜索的初始情况

图 7.19 是第 1 步。从 open 表中获得节点 1，扩展得到节点 2 和 3，把节点 1 放入 closed 表中，把节点 2 和 3 放在 open 表中。

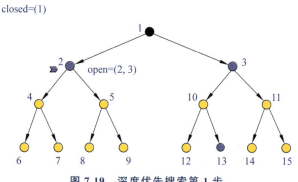

图 7.19　深度优先搜索第 1 步

图 7.20 是第 2 步。从 open 表中获得最前面的节点 2，扩展得到节点 4 和 5，把节点 2 放入 closed 表中，把节点 4 和 5 放在 open 表的最前面，也就是放在节点 3 之前。此时 open 表中的节点是 4、5、3。

图 7.21 是第 3 步。从 open 表中获得最前面的节点 4，扩展得到节点 6 和 7，把节点 4 放入 closed 表中，把节点 6 和 7 放在 open 表的最前面，也就是放在节点 5 和 3 之前。此时 open 表中的节点是 6、7、5、3。

图 7.22 是第 4 步。从 open 表中获得最前面的节点 6，发现该节点是叶子节点，直接放

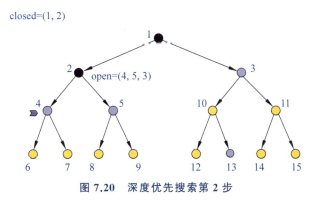

图 7.20 深度优先搜索第 2 步

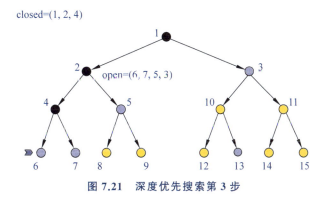

图 7.21 深度优先搜索第 3 步

入 closed 表中。此时 open 表中的节点是 7、5、3。

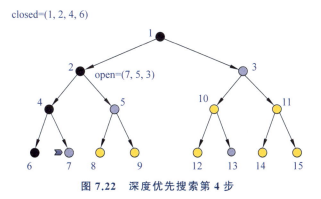

图 7.22 深度优先搜索第 4 步

图 7.23 是第 5 步。从 open 表中获得最前面的节点 7，发现该节点是叶子节点，直接放入 closed 表中。此时 open 表中的节点是 5、3。

图 7.24 是第 6 步。从 open 表中获得最前面的节点 5，扩展得到节点 8 和 9，把节点 5 放入 closed 表中，把节点 8 和 9 放在 open 表的最前面，也就是放在节点 3 之前。此时 open 表中的节点是 8、9、3。

图 7.25 是第 7 步。从 open 表中获得最前面的节点 8，发现该节点是叶子节点，直接放入 closed 表中。此时 open 表中的节点是 9、3。

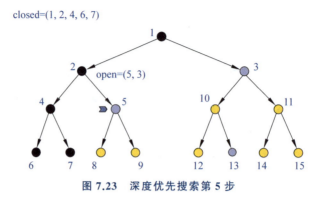

图 7.23　深度优先搜索第 5 步

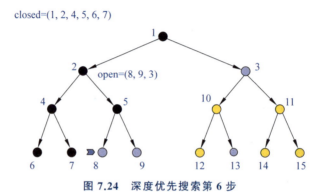

图 7.24　深度优先搜索第 6 步

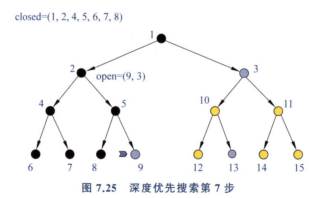

图 7.25　深度优先搜索第 7 步

　　图 7.26 是第 8 步。从 open 表中获得最前面的节点 9，发现该节点是叶子节点，直接放入 closed 表中。此时 open 表中的节点是 3。

　　图 7.27 是第 9 步。从 open 表中获得最前面的节点 3，扩展得到节点 10 和 11，把节点 3 放入 closed 表中，把节点 10 和 11 放在 open 表的最前面。此时 open 表中的节点是 10、11。

　　图 7.28 是第 10 步。从 open 表中获得最前面的节点 10，扩展得到节点 12 和 13，把节点 10 放入 closed 表中，把节点 12 和 13 放在 open 表的最前面。此时 open 表中的节点是 12、13、11。此时发现节点 13 就是目标状态的节点，整个深度优先搜索结束。

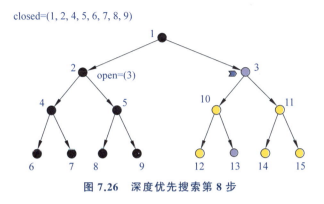

图 7.26 深度优先搜索第 8 步

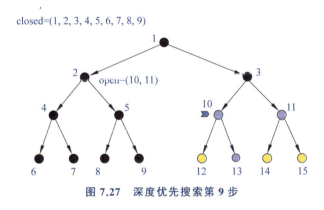

图 7.27 深度优先搜索第 9 步

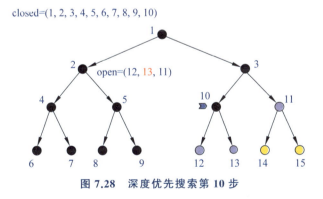

图 7.28 深度优先搜索第 10 步

7.3.3 代价树搜索

盲目搜索还有一种搜索策略是代价树搜索策略。代价树搜索中每条连接弧线(和等高线的含义类似)上都带有对应的代价,表示时间、距离等。代价树搜索也称为等代价搜索,是宽度优先搜索的一种推广,但它不是沿着等长度路径断层进行扩展,而是沿着等代价路径断层进行扩展。在代价树搜索中,如果所有连接弧线具有相等的代价,则代价树搜索就简化为宽度优先搜索。

图 7.29(a)是宽度优先搜索,沿着等长度路径断层进行扩展;图 7.29(b)则是代价树搜

索,沿着等代价路径断层进行扩展。

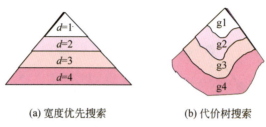

(a) 宽度优先搜索　　(b) 代价树搜索

图 7.29　宽度优先搜索和代价树搜索的比较

7.4　启发式搜索

盲目搜索的缺点是可能会导致组合爆炸,中间状态的数量太多导致盲目搜索的时间太长。因此,人们又提出利用问题的某些控制信息(如解的特征)引导搜索,这种控制信息称为搜索的启发式信息,使用了启发信息的搜索方法称为启发式搜索。

7.4.1　启发式搜索概述

启发式搜索是指利用启发式信息进行有引导的搜索。启发式搜索的优点是深度优先、效率高、无回溯。缺点是不能保证得到最优解。

启发式信息是有利于尽快找到问题之解的信息。按用途划分,启发式信息可以完成以下 3 类任务:

(1) 用于扩展节点的选择。决定应先扩展哪一个节点,以免盲目扩展。

(2) 用于生成节点的选择。决定应生成哪些后续节点,以免盲目地生成过多无用节点。

(3) 用于删除节点的选择。决定应删除哪些无用节点,以免造成进一步的时间、空间浪费。

利用启发式信息可以定义节点的启发函数 $h(n)$,搜索过程中使用的数据结构仍然是 open 表和 closed 表,不同的搜索策略体现在 open 表的重排方法上,也就是说,重排 open 表,使搜索沿着某个被认为最有希望的路径扩展。应用这种排序过程,需要某些定量估算节点"希望"的方法。用来定量估算节点"希望"程度的量度称为估价函数,也称启发函数。一个节点的"希望"有两种不同的定义方法:一种方法是在状态空间问题中估算当前节点到目标节点之间的距离;另一种方法是估算全路径的长度或难度(包括当前节点)。用符号 f 表示估价函数,用 $f(n)$ 表示节点 n 的估价函数值。

启发函数的定义并没有固定的模式,需要具体问题具体分析。进行启发函数的定义时,通常可以参考的思路如下:

(1) 某个节点到目标节点的距离或差异的度量。

(2) 某个节点处在最佳路径上的概率。

(3) 根据主观的经验打分。

仍以八数码问题为例进行说明。八数码问题一共有 8 个数字,可以把启发函数定义为处于目标状态中正确位置的数字的数量。在图 7.30 的当前状态中,与目标状态相比,数字

1、4、6、8 处于正确的位置,则启发函数的值在此处为 4。

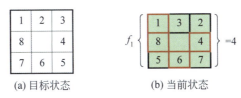

图 7.30　启发函数:正确位置数字的数量

也可以把启发函数定义为没有处于目标状态中正确位置的数字的数量,这相当于给出了当前状态与目标状态的距离,从实用角度说,计算与目标状态的距离更有实际意义。在图 7.31 中,当前状态中的 2、3、5、7 一共 4 个数字没有处于正确的位置,使用这种启发函数定义,其值为 4。更进一步,也可以这样定义启发函数:不在目标位置的数字距离目标位置水平距离和垂直距离的和(简称距离)。该函数给出了一个更好的距离评估。在图 7.32 中,2、3、5、7 一共 4 个数字没有处于正确的位置,这 4 个数字和对应正确位置之间的距离分别是 1、1、2、2,因此启发函数的值为 6。

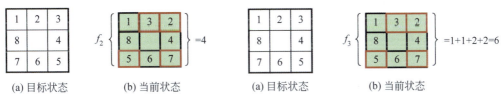

图 7.31　启发函数:没有处于正确位置数字的数量　　图 7.32　更复杂的启发函数

启发式搜索要用启发函数导航,其搜索算法在状态图一般搜索算法的基础上增加了启发函数值的计算与传播过程,并且由启发函数值确定节点的扩展顺序。启发式搜索包括两种搜索策略:局部择优搜索和全局择优搜索。

局部择优搜索的方法是:扩展节点 N 后仅对 N 的子节点按启发函数值的大小以升序排列,再将它们依次放入 open 表的首部。

全局择优搜索的方法是:在 open 表中保留所有已生成而未考察的节点,并用启发函数 $h(n)$ 对它们全部进行估价,从中选出最优节点进行扩展,而不管这个节点出现在搜索树的什么地方。

局部择优搜索算法从单独的一个当前状态出发,通常只移动到与之相邻的状态,并且不保留解的路径。局部择优搜索算法的优点是:需要很少的内存,并且经常能在很大或无限的状态空间中找到合理的解。

A 算法中的评价函数是 $f(n)=g(n)+h(n)$,表示通过节点 x 的代价估计值,其中,$h(n)$ 函数是 A 算法的启发函数。A 算法的评价函数由两部分构成,函数 $g(n)$ 表示初始节点到节点 n 的距离;函数 $h(n)$ 则表示节点 n 到目标节点的距离。这两部分加起来就是对节点 n 的代价估计值,该值越小越好。根据 $f(m)$ 和 $f(n)$ 的大小决定节点搜索顺序,即在 open 表中的顺序,$f(x)$ 值小的节点放在前面。

A 算法的示意图如图 7.33 所示,其中 S 表示初始状态,G 表示目标状态,函数 $g(n)$ 表示从初始节点到当前节点的距离,该距离是已知的,在图 7.33 中用实线表示;函数 $h(n)$ 就是 A 算法中的启发函数,表示当前节点到目标节点之间的距离(代价),这个距离是估计的,在图 7.33 中用虚线表示。

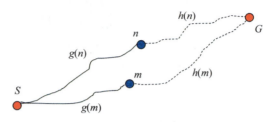

图 7.33　A 算法的评价函数示意图

以上是关于启发式搜索的简要介绍,下面将深入介绍 A 算法和 A* 算法。

7.4.2　A 算法与 A* 算法

A 算法是一种典型的启发式搜索算法,其评价函数是 $f(n)=g(n)+h(n)$,其中函数 $g(n)$ 表示从初始状态到状态 x 的实际代价,函数 $h(n)$ 表示从状态 n 到目标节点的估计代价。当 $f(n)=g(n)$ 时,A 算法实际上是宽度优先搜索;当 $f(n)=\dfrac{1}{g(n)}$ 时,A 算法实际上是深度优先搜索;而当 $f(n)=h(n)$ 时,A 算法是全局优先搜索。

(a) 初始状态　　(b) 目标状态

图 7.34　八数码问题

这里仍然以八数码问题为例,如图 7.34 所示。

对八数码问题,定义的评价函数是 $h(n)=d(n)+W(n)$,其中 $d(n)$ 是搜索树中节点 n 的深度,$W(n)$ 是启发函数,用来计算节点 n 中位置错误数字的个数。$d(n)$ 和 $W(n)$ 都是越小越好,二者的和 $h(n)$ 的值也是越小越好。在图 7.34 的初始状态中,数字 1、2、6、8 与目标状态中该数字的位置不同,对于这个初始状态,其函数 $d(n)$ 的值为 0,而函数 $W(n)$ 的值为 4,因此评价函数 $h(n)$ 的值是 $0+4=4$。

图 7.35 是八数码问题的搜索树,对于其中的每一个状态,都列出了其评价函数值的构成。在扩展节点时,选择每一层中评价函数值最低的那个节点进行扩展。图 7.35 中最下面的左边节点的评价函数值是 5+0,该节点就是要寻找的目标状态节点。这里的 5 表示从目标状态开始,一共经过了 5 次操作;而 0 则表示该状态与目标状态的距离是 0,也就是目标状态。从初始节点开始到这个目标状态节点的路径就构成了最终的解。

A 算法还有一种扩展形式,就是 A* 算法。如果评价函数的一般形式为

$$f(n)=g(n)+h(n)\quad 并且\quad h(n)\leqslant h^*(n)$$

其中,函数 $g(n)$ 和 $f(n)$ 与 A 算法中的对应函数完全相同,而函数 $h^*(n)$ 则表示从状态 n 到目标状态节点的最短路径,此时的 A 算法称为 A* 算法。

A* 算法的特征包括:只要最短路径存在,就一定能找到;如果有 $h_1(n)\leqslant h_2(n)\leqslant h^*(n)$,那么 $h_2(n)$ 将比 $h_1(n)$ 展开更少的节点;宽度优先搜索是当 $h(n)=0$ 时的 A* 算法的特例。在 A* 算法的评价函数中,由于 $h(n)\leqslant h^*(n)$,而 $h^*(n)$ 表示从状态 n 到目标状态节点的最短路径,因此,本质上说,A* 算法要求保守估计,也就是说,评价函数 $f(n)$ 的值要

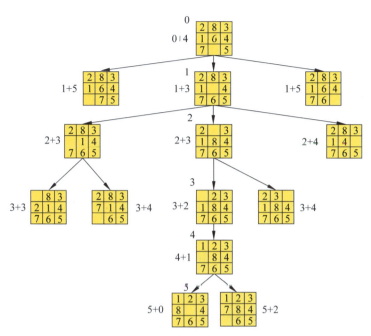

图 7.35 八数码问题的搜索树

小于当前节点所在的路径上初始节点到目标节点的路径,如图 7.36 所示。在 A* 算法中,只有对 $h(n)$ 值低估才能获得优化的搜索性能。

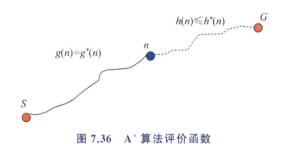

图 7.36 A* 算法评价函数

A 算法和 A* 算法的定义如下:

定义 1:在图搜索过程中,如果重排 open 表是依据 $f(n)=g(n)+h(n)$ 进行的,则称该过程为 A 算法。

定义 2:在 A 算法中,如果对所有的 n 存在 $h(n) \leqslant h^*(n)$,则称 $h(n)$ 为 $h^*(n)$ 的下界,表示某种偏于保守的估计。

定义 3:采用 $h^*(n)$ 的下界 $h(n)$ 为启发函数的 A 算法称为 A* 算法。

下面使用经典的罗马尼亚旅游问题说明 A* 算法。图 7.37 显示了罗马尼亚部分城市之间的距离。如果要从 Arad 出发(在左边),去罗马尼亚的首都 Bucharest(布加勒斯特,大致在右下角)度假,怎样才能使总路程最短?表 7.3 中列出了启发信息,是地图上所有城市到 Bucharest 的直线距离。需要注意的是,启发信息中的直线距离肯定会小于或等于这个城市到 Bucharest 的路程。

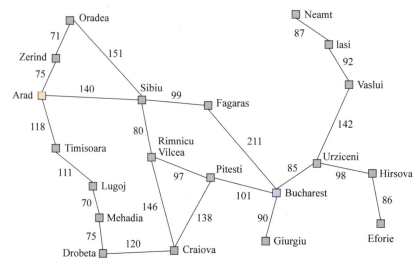

图 7.37 罗马尼亚部分城市之间的路程

表 7.3 图 7.37 中各城市到 Bucharest 的直线距离

城　　市	直线距离	城　　市	直线距离
Arad	366	Mehadia	241
Bucharest	0	Neamt	234
Craiova	160	Oradea	380
Drobeta	242	Pitesti	100
Eforie	161	Rimnicu Vilcea	193
Fagaras	176	Sibiu	253
Giurgiu	77	Timisoara	329
Hirsova	151	Urziceni	80
Iasi	226	Vaslui	199
Lugoj	244	Zerind	374

以 Fagaras 为例，启发信息中的直线距离是 176，而图 7.37 中的路程是 211。因此，城市到 Bucharest 的直线距离就是该城市到 Bucharest 路程的一个下界。下面将使用这个距离作为 $h(n)$ 函数使用。这里使用的评价函数是 $f(n)=g(n)+h(n)$，其中函数 $g(n)$ 表示出发城市 Arad 到城市 n 的路程；函数 $h(n)$ 使用城市 n 到 Bucharest 的直线距离，也就是启发信息中的数值。

图 7.38 是 A* 算法处理过程。首先从 Arad 出发。该城市的 $g(n)$ 是 0，而根据启发信息，$h(n)$ 为 366，因此评价函数的值为 0+366=366。扩展与 Arad 相邻的城市，并分别计算这 3 个城市的评价函数值，选择其中值最低的城市 Sibiu 继续进行扩展，图 7.38 中第 1 步和第 2 步展示了上述过程。

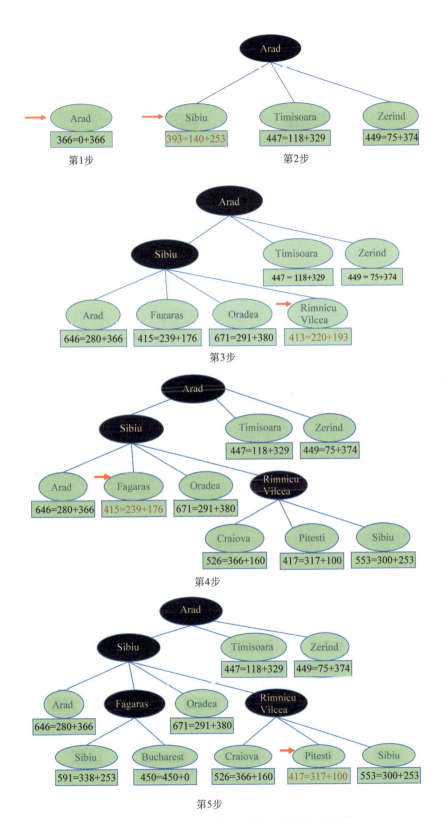

图 7.38 罗马尼亚旅游问题的 A* 算法处理过程

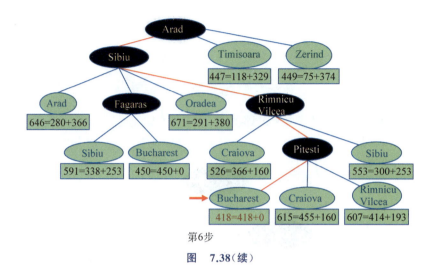

第6步

图 7.38（续）

第 2 步中的 Arad 标成了黑色，这代表该节点在 closed 表中。没有标成黑色并且已经计算了评价函数值的节点处于 open 表中，并且按照评价函数值从小到大升序排列。A^* 算法总是从 open 表中取出评价函数值最小的节点进行扩展。如果该节点是目标节点，则搜索过程结束。

扩展与 Sibiu 相邻的城市，并分别计算这 4 个城市的评价函数值，选择其中值最低的城市 Rimnicu Vilcea，继续进行扩展。扩展与 Rimnicu Vilcea 相邻的城市，并分别计算这 3 个城市的评价函数值。而在已经计算评价函数的节点中，Fagaras 的函数值是最小的，因此选择 Fagaras 继续进行扩展。对 Rimnicu Vilcea 进行扩展并计算评价函数值之后，仍然选择所有节点中评价函数值最小的城市，这次是 Pitesti。对 Pitesti 进行扩展。这次到达了目标城市 Bucharest，总路程是 418。整个 A^* 算法处理过程就顺利完成了。

A^* 算法的搜索效率在很大程度上取决于 $h(n)$，在满足 $h(n) \leqslant h^*(n)$ 的前提下，$h(n)$ 的值越大越好；$h(n)$ 所携带的启发性信息越多，搜索时扩展的节点数越少，搜索效率就越高。

7.5 博弈搜索

博弈可以分为完全信息博弈和不完全信息博弈。完全信息博弈是指游戏的状态信息对所有玩家都是完全可见的，如井字棋、黑白棋、象棋、围棋等。而在不完全信息博弈中，每个玩家有自己的私有信息，游戏的策略需要建立在对真实状态的猜测之上，如军棋、牌类游戏等。博弈还可以分为零和博弈、非零和博弈。在零和博弈中，双方（或多方）的收益相加为 0。因此，只要让其他人的收益最小化，就可使自己的收益最大化。在非零和博弈中，所有人的收益之和不为 0，因此，存在合作或者双赢的可能。自己所得并不与他人所失的大小相等，使他人收益最小化也可能"损人不利己"。非零和博弈的例子有囚徒困境、麻将等。在非零和博弈中，只考虑一个人的最佳选择并非团体的最佳选择。选择使对方收益最小化的策略并不能使自己获得最大收益。例如，在打麻将中常有为了不让一个对手胡大牌而故意让另一个对手胡小牌的策略。

在人工智能中,经常使用博弈树对博弈的过程进行建模。在博弈树中,每一个节点对应一个局面,而每一条边对应一个动作。在完全信息零和博弈的条件下,有时候能构建简单的博弈树。在不完全信息、非零和博弈的情况下,博弈树较为复杂。

图 7.39 是一棵博弈树,包含了 3 个动作和 4 个局面,也就是 4 个状态。图 7.40 是井字棋博弈树的一部分,这棵博弈树最高有 9 层。这种简单的完全信息零和博弈比较容易构建博弈树。

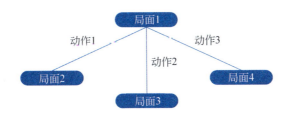

图 7.39 博弈树示例

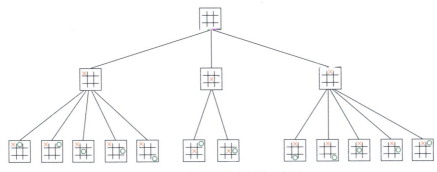

图 7.40 井字棋博弈树的一部分

而对于围棋、象棋、国际象棋等复杂的博弈来说,构造完整的博弈树几乎是不可能完成的任务。以象棋为例,假设一盘象棋平均走 50 步(大多数棋局的步数比这个多),则总的状态数大约为 10^{161}。假设 1ns 走一步,则整个棋局约需要走 10^{145} 年!这是一个天文数字,要知道,宇宙的历史大约为 150 亿年,也就是 $1.5×10^{10}$ 年。因此,不可能通过穷举方法解决象棋的博弈问题。

7.5.1 博弈树搜索

在 20 世纪 60 年代,研究人员研制出的西洋跳棋和国际象棋的博弈程序达到了大师级的水平。1958 年,著名人工智能专家麦卡锡提出了博弈树搜索算法。1997 年,IBM 公司研制的"深蓝"国际象棋程序采用博弈树搜索算法战胜了国际象棋世界冠军加里·卡斯帕罗夫。这是人工智能发展史上的里程碑事件之一,引发了公众对于人工智能的极大兴趣。

在博弈树搜索算法中,经常需要对一个状态进行评估。评估的目的是对后面的状态提前进行考虑,并且以各种状态的评估值为基础做出最好的走棋选择。

在博弈树搜索中,经常使用评价函数对棋局进行评估。赢的评估值设为 $+\infty$,输的评估值设为 $-\infty$,平局的评估值则设为 0。由于下棋的双方是对立的,因此在进行评估时只能选择其中一方为评估的标准方,这就需要首先对博弈的双方进行命名。把研究人员关注的这一方称为正方,对每个状态的评估都是对应于正方的输赢的,例如赢2个、输1个等,都是指正方的。正方每走一步,都在选择使自己赢得更多的节点,因此博弈树中的这类节点称为MAX节点。另一方则称为反方,对每个状态的评估都对应对手的输赢,例如赢2个、输1个,其实是指自己输2个、赢1个。反方每走一步,都在选择使对手输掉更多的节点,因此这类节点在博弈树中称为MIN节点。由于正方和反方是交替走步的,因此MAX节点和MIN节点会交替出现,这种方法被称为极小极大方法(MINIMAX方法)。

在极小极大方法中,对于正方的MAX节点,从所有子节点中选取具有最大评估值的节点;而对于反方的MIN节点,从所有子节点中选取具有最小评估值的节点(最小评估值意味着对正方最不利,也就是对反方最有利)。反复进行这种选取,就可以得到双方各个节点的评估值,这种确定棋步的方法称为极小极大搜索法。极小极大方法的博弈树中包括以下3类节点:MAX节点、MIN节点、终止节点。

极小极大搜索法的步骤如下:
(1)构建博弈树。
(2)将评估函数应用于叶子节点(终端节点)。
(3)自底向上计算每个节点的MINIMAX值。
(4)从根节点选择MINIMAX值最大的分支,作为行动策略。

从上述过程可以看出,极小极大搜索法要求首先构造出整棵博弈树,然后从叶子节点开始,自底向上计算每个节点的MINIMAX值。

下面以井字棋为例说明极小极大搜索法的过程。在井字棋中,设MAX方的棋子用×表示,并且MAX方先走,对手MIN方的棋子用○表示。图7.41的这个棋局,由于3个○连成了一条线,因此MIN方获胜,MAX方落败。为了对博弈中的状态进行评价,需要使用评价函数。

这里使用的评价函数的值等于(所有空格都放上MAX方的棋子之后MAX方的三子成线数)−(所有空格都放上MIN方的棋子之后MIN方的三子成线数)得到的差值。如果当前状态P是MAX方获胜的格局,则$f(P)=+\infty$;如果当前状态P是MIN方获胜的格局,则$f(P)=-\infty$。

例如图7.42中间的这个状态,其左边是所有空格全都放上×之后的情况,其右边则是所有空格全都放上○之后的情况。在左边的状态图中,×在两行、两列、两个对角线上均连续三子成线,总数量为6。在右边的状态图中,○在两行、两列上均连续三子成线,总数量为4。因此,该状态的评价函数值就是6−4=2。从评价函数值的符号和数值可以看出当前状态是否有利于正方以及多大程度上有利于正方。

MAX方负,MIN方取胜

图7.41　井字棋的棋局示例

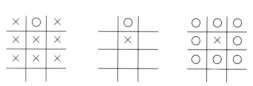

图7.42　井字棋的不同状态图

图7.43是下×的MAX节点最先走的时候极小极大搜索的情况。在最左边的5个状

态中,下○的 MIN 节点会选择对自己最有利(也就是对×最不利)的评价函数值为−1 的这种走法作为自己的最佳选择,同理,最中间的下○的 MIN 节点会选择评价函数值为−2 的这种走法作为自己的最佳选择,最右边的下○的 MIN 节点会选择评价函数值为 1 的这种走法作为自己的最佳选择。从左到右,这 3 个 MIN 节点的评价函数值分别为−1、−2、1,MAX 节点会选择其中最大的 1 作为自己的最佳选择。

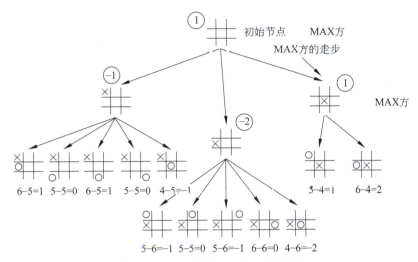

图 7.43 井字棋的极小极大搜索过程

图 7.44 是以右上角双方各走了一个位置为 MAX 方初始节点的步时极小极大搜索树的情况。

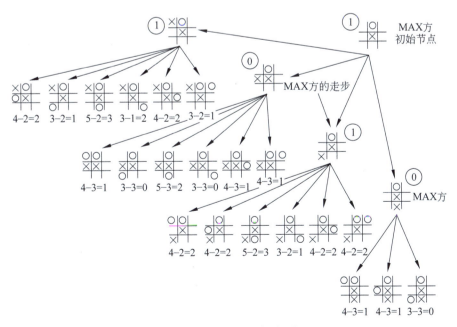

图 7.44 极小极大搜索树示例 1

图 7.45 是双方各走了两个位置为 MAX 方初始节点的步时极小极大搜索树的情况。

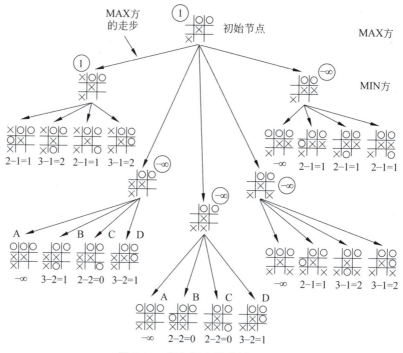

图 7.45 极小极大搜索树示例 2

图 7.46 井字棋残局示例

设有一个摆放 3 个子的棋盘残局,如图 7.46 所示。○和×在结束前有 3 步棋可以走,假设走第一步的是×。这时存在着 3 个空位置,分别是 A、B、C 所占据的位置。用博弈树搜索算法判断应该把棋子放到哪一格内。

图 7.47 是该残局的极小极大搜索树。最下面的一行都是叶子节点,也称为终端节点。MIN 方节点会从叶子节点中选取评价函数值最低的那种状态作为自己的最优选择。从左到右的 3 个 MIN 方节点,选择的对自己最优的评价函数值分别为 $-\infty$、$-\infty$ 和 0。而 MAX 方节点会从这 3 个 MIN 方节点中选择评价函数值最大的作为自己的最优选择,此处就是最右边值为 0 的这个 MIN 方节点。因此,对于残局中的 MAX 方来说,最好的选择是将×放在 C 的位置上,这时可以导致平局;而如果在 A 或 B 处放×,则 MAX 方都会落败。

7.5.2 α-β 剪枝法

由井字棋的极小极大搜索过程可知,有的节点不需要继续扩展到叶子节点。通过减少这些不必要的搜索,极小极大搜索过程可以大大地提高搜索效率。在极小极大法中,必须求出所有终端节点的评估值,当预先考虑的棋步比较多时,计算量会大大增加。

为了提高搜索的效率,引入了通过对评估值的上下限进行估计,从而减少需进行评估的节点范围的 α-β 剪枝法。

α-β 剪枝法中的 α 是 MAX 方节点的评估下限值。作为正方出现的 MAX 方节点,假设

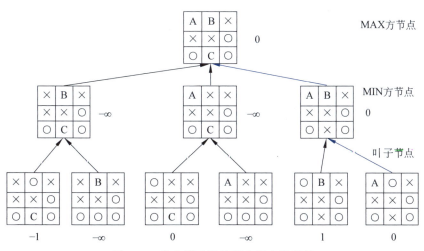

图 7.47　井字棋残局的极小极大搜索树

它的 MIN 子节点有 N 个,那么当它的第一个 MIN 子节点的评估值为 α 时,对于其他的子节点,如果有高过 α 的,则取最高的值作为该 MAX 方节点的评估值;如果没有,则该 MAX 方节点的评估值为 α。总之,该 MAX 方节点的评估值不会低于 α,这个 α 就称为该 MAX 方节点的评估下限值。

α-β 剪枝法中的 β 是 MIN 方节点的评估上限值。作为反方出现的 MIN 方节点,假设它的 MAX 子节点有 N 个,那么当它的第一个 MAX 子节点的评估值为 β 时,则对于其他子节点,如果有低于 β 的,就取那个低于 β 的值作为该 MIN 方节点的评估值;如果没有,则该 MIN 方节点的评估值取 β。总之,该 MIN 方节点的评估值不会高过 β,这个 β 就称为该 MIN 方节点的评估上限值。

基于已有的 α 和 β 值,可以使用 α 剪枝法和 β 剪枝法减少极小极大算法的搜索范围,从而提高搜索效率。

下面首先介绍 α 剪枝法。设 MAX 方节点的下限为 α,则对于其所有的 MIN 子节点中评估值的 β 上限小于或等于 α 的节点,其以下部分的搜索都可以停止了,即对这部分节点进行了 α 剪枝。图 7.48 中的 A 是 MAX 方节点,而 B、C、D 都是 MIN 方节点。A 作为 MAX 方节点,其下限为 α,对于节点 D,由于其上限 β 的值比 α 小,MAX 方节点 A 不会采用节点 D 进行扩展,因此对节点 D 不需要继续扩展,这就是 α 剪枝。

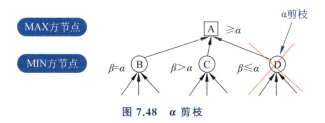

图 7.48　α 剪枝

设 MIN 方节点的上限为 β,则对于所有的 MAX 子节点中评估值的 α 下限大于或等于 β 的节点,其以下部分的搜索都可以停止了,即对这部分节点进行了 β 剪枝。图 7.49 中的节点 A 是 MIN 方节点,节点 B、C、D 都是 MAX 方节点。MIN 方节点 A 的上限为 β,对于节点 D,由于其下限 α 的值大于 β,MIN 方节点 A 不会采用节点 D 进行扩展,因此不需要搜索 D 的子节点,这称为对 D 进行了 β 剪枝。

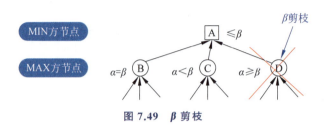

图 7.49　β 剪枝

下面来看一个 α-β 剪枝实例。图 7.50 展示了一棵完整的博弈搜索树,其中 A 是 MAX 方节点,B 和 C 是 MIN 方节点,最下面一层的 H 到 O 则是终端节点。

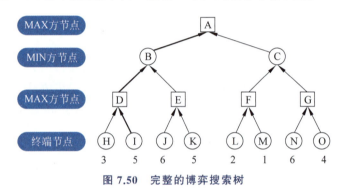

图 7.50　完整的博弈搜索树

而在图 7.51 中,对于所有的非终端节点,也就是所有的 MAX 方节点和 MIN 方节点,都列出了该节点的下限和上限。从终端节点 H 和 I,可以得出 MAX 方节点 D 的下限为 5。从终端节点 J,可以得出 MAX 方节点 E 的下限至少为 6,因此对 E 的另一个值为 5 的子节点 K,就可以进行 β 剪枝。MIN 方节点 B 会从 D 和 E 中选择值更小的 5 进行扩展,从而 MIN 方节点 B 的上限就是 5。因此 MAX 方节点 A 的下限至少是 5,也就是 MIN 方节点 B 的上限值。从终端节点 L 和 M,可以得出 MAX 方节点 F 的下限为 2,从而 MIN 方节点 C 的上限最多是 2。而由于 MAX 方节点 A 的下限至少是 5,因此对 C 和它的子节点就不需要进行扩展了,对这部分可以进行 α 剪枝。α 剪枝和 β 剪枝的具体情况如图 7.51 所示。

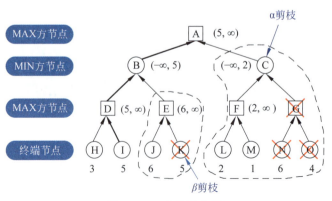

图 7.51　α-β 剪枝实例

α-β 剪枝法也有一些改进思路。当不满足剪枝条件(即 α≥β)或 β 值比 α 值大不了多少甚至非常相近时,也可以进行剪枝,以便有条件把搜索集中到会带来更大效果的其他路径上,也就是中止对收益不大的一些子树的搜索,以提高搜索效率。

还有一种改进思路是不严格限制搜索的深度。当到达深度限制时,如出现博弈格局有可能发生较大变化时,则应多搜索几层,使格局进入较稳定状态后再中止,这样可使倒推值计算的结果比较合理,避免考虑不充分产生的影响,这是等候状态平稳后中止搜索的方法。当算法给出所选的走步后,不要马上停止搜索,而是在原先估计的可能路径上再往前搜索几步,再次检验会不会出现意外,这是增添辅助搜索的方法。对某些博弈的开局阶段和残局阶段,往往已经总结了一些固定的对弈模式,因此可以利用这些知识编好走步表,以便在开局和残局时使用查表法。只是在进入中盘阶段后,再调用其他有效的搜索算法,以选择最优的走法。

7.6 本章小结

人工智能中的每个研究领域都有其特点和规律,但就求解问题而言都可抽象为一个问题求解过程。问题求解过程是搜索答案(目标)的过程,因此问题求解技术也叫搜索技术,是通过对状态空间的搜索而求解问题的技术。

搜索技术有不同的类型。根据搜索中是否使用启发式信息,搜索可以分为盲目搜索和启发式搜索。按问题的表示方式,搜索还可以分为状态空间搜索和与或树搜索。

关于状态空间搜索介绍了状态空间和状态图搜索。关于盲目搜索介绍了宽度优先搜索、深度优先搜索和代价树搜索。盲目搜索的缺点是会导致组合爆炸,因此,人们又提出利用问题的某些控制信息引导搜索的启发式搜索。启发式搜索的优点是深度优先、效率高、无回溯,其缺点是不能保证得到最优解。关于启发式搜索,介绍了常用的 A 算法和 A* 算法。

本章还介绍了很多其他常用的搜索技术,包括博弈搜索、α-β 剪枝法等。博弈搜索分为完全信息博弈和不完全信息博弈。完全信息博弈是指游戏的状态信息对所有玩家都是完全可见的;而在不完全信息博弈中,每个玩家有自己的私有信息,游戏的策略需要建立在对真实状态的猜测之上。α-β 剪枝法能够有效地提高搜索效率。

习 题 7

1. 利用已有知识和经验,根据问题的实际情况,不断寻找可利用知识,从而构造(　　),使问题得以解决的过程称为搜索。

　　A. 一条代价最大的推理路线　　B. 一条距离最短的路线
　　C. 一条代价最小的推理路线　　D. 数学公式

2. 从初始节点开始逐层向下扩展,在全部搜索完第 k 层节点之后,才进入第 $k+1$ 层节点进行搜索。这种搜索策略属于(　　)搜索。

　　A. 深度优先　　B. 代价树　　C. 随机　　D. 宽度优先

3. 以下说法中错误的是(　　)。

　　A. 简单问题的解决可以通过直接构造状态图完成

B. 复杂问题的解决可以借助模型完成

C. 对于复杂问题,可以逐步画出完整的状态图

D. 解决问题的时候,对问题的定义很重要,因为它在一定程度上决定了解的形式

4. 博弈树的搜索方法采用的是(　　)。

  A. 极小极大搜索法   B. 深度搜索算法

  C. 极小分析法   D. 极大分析法

5. A^* 算法是一种启发式搜索算法,在罗马尼亚旅游问题中引入的辅助信息是(　　)。

  A. 任意一个城市到起始城市之间的直线距离

  B. 旅游者的兴趣偏好信息

  C. 路途中天气和交通状况等信息

  D. 任意一个城市到目标城市之间的直线距离

6. 除了问题本身的定义之外,使用问题特定知识的搜索策略称为(　　)。

  A. 深度优先搜索   B. 启发式算法

  C. 极小极大算法   D. 蒙特卡洛树搜索

7. 关于启发式图搜索策略,下面的描述中正确的是(　　)。

  A. open 表用于存放已扩展过的节点

  B. open 表用于存放所有已生成的节点

  C. closed 表用于存放所有已生成而未扩展的节点

  D. closed 表用于存放已扩展过的节点

8. 简要说明在宽度优先搜索和深度优先搜索中 open 表结构的区别。

9. 简要说明 A 算法和 A^* 算法的联系和区别。

第 8 章 机器学习原理

人工智能近年来在语音识别、图像处理等诸多领域都获得了重要进展,在人脸识别、机器翻译等任务中已经达到甚至超越了人类的智能。尤其是在举世瞩目的围棋人机大战中,AlphaGo 以绝对优势先后战胜了最强的人类棋手、世界围棋冠军李世石和柯洁,让公众领略了人工智能技术的力量。可以说,人工智能技术所取得的成就在很大程度上得益于目前机器学习理论和技术的进步。

在可以预见的未来,以机器学习为代表的人工智能技术将给人类未来生活带来深刻的变革。作为人工智能的核心研究领域之一,机器学习(machine learning)是人工智能发展到一定阶段的产物,其最初的研究动机是为了让计算机系统具有人类的学习能力,以便实现人工智能。机器学习已广泛应用于数据挖掘、计算机视觉、自然语言处理、生物特征识别、搜索引擎、医学诊断、信用卡欺诈检测、证券市场分析、DNA 测序、语音和手写文字识别、智能机器人等领域。

机器学习与计算机科学、统计学、心理学等多个学科有密切的关系,牵涉面比较宽,许多理论和技术上的问题仍在研究之中。本章首先介绍机器学习的基本概念和分类,然后详细阐述监督学习中的两类任务,即回归和分类,最后对无监督学习和强化学习进行简要介绍。

8.1 机器学习概述

西蒙对学习这一概念给出了如下的定义:如果一个系统能够通过执行某个过程改进它的性能,这就是学习。在维基百科上,机器学习的定义是:它是人工智能的一个分支。人工智能的发展有着一条从以推理为重点(符号主义)到以知识为重点(知识工程)再到以学习为重点(机器学习)的自然、清晰的脉络。显然,机器学习是实现人工智能的一个途径,即以机器学习为手段解决人工智能中的问题。机器学习在近 30 年来已发展为一门多领域交叉学科,涉及概率论、统计学、逼近论、凸分析、计算复杂性理论等多门学科。机器学习理论主要是设计和分析一些让计算机可以自动学习的算法。机器学习算法是一类对数据进行自动分析以获得规律,并利用规律对未知数据进行预测的算法。因为机器学习算法中涉及了大量的统计学理论,机器学习与统计学联系尤为密切,所以它也被称为统计学习理论。在算法设计方面,机器学习理论关注可以实现的、行之有效的学习算法。

8.1.1 机器学习的发展史

机器学习是人工智能研究较为年轻的分支。1952 年,IBM 公司的塞缪尔设计了一个可以学习的西洋跳棋程序。塞缪尔和这个程序进行多场对弈后发现,随着时间的推移,程序的棋艺变得越来越好。塞缪尔对机器学习的定义是：不需要确定性编程就可以赋予机器某项技能的研究领域。塞缪尔也被誉为机器学习之父。

从 20 世纪 90 年代开始，人工智能的研究受到概率论和统计学的影响，在统计学界和计算机科学界的共同努力下，一批重要的学术成果相继涌现，机器学习进入了发展的黄金时期。机器学习面向数据分析与处理，以监督学习、无监督学习和强化学习等为主要的研究问题，提出和开发了一系列模型、方法和优化算法，例如基于 SVM 的分类算法、高维空间中的稀疏学习模型等。机器学习发展的重要里程碑之一是统计学和机器学习的融合，即统计学习。统计学家和计算机科学家都逐渐认识到对方在机器学习发展中的贡献。通常来说，统计学家长于理论分析，具有较强的建模能力；而计算机科学家具有较强的计算能力和解决问题的直觉，因此两者有很好的互补，机器学习的发展也正得益于两者的共同推动。

2010 年和 2011 年的图灵奖分别授予机器学习理论的奠基人、哈佛大学瓦利安特(Leslie Valiant，提出了 PAC 理论)和研究概率图模型与因果推理模型的加利福尼亚大学洛杉矶分校的珀尔(Judea Pearl，提出了贝叶斯网络)，这具有重要的风向标意义，标志着统计学习已经成为计算机科学界认可的人工智能主流分支。而国际顶级期刊 *Science*、*Nature* 也连续发表了多篇机器学习的技术和综述性论文，标志着机器学习已经成为重要的基础学科。

统计学习领域著名的专家还有加利福尼亚大学伯克利分校的若尔丹(Michael I. Jordan)教授，作为一流的计算机科学家和统计学家，他遵循自下而上的方式，从具体问题、模型、方法、算法等着手一步一步系统化，推动了统计学习理论框架的建立和完善，这些已经成为机器学习领域的重要发展方向。若尔丹是国际会议 NIPS(Neural Information Processing Systems，神经信息处理系统)的创办人。卡内基-梅隆大学的米切尔(Tom Mitchell)教授是机器学习早期的建立者和守护者，他编著的《机器学习》仍然被机器学习的初学者奉为圭臬。2006 年，卡内基-梅隆大学成立了世界上第一个机器学习系，米切尔出任首任系主任。他是期刊 *Machine Learning* 和国际会议 ICML(International Conference on Machine Learning，国际机器学习大会)的创办人。本章主要介绍统计学习方法。

机器学习发展的另一重要节点是深度学习的出现。如果说若尔丹等人奠定了统计学习的发展基石，那么多伦多大学的辛顿教授则使深度学习技术迎来了革命性的突破。至今已有多种深度学习框架，例如，深度神经网络、卷积神经网络和递归神经网络已被应用在计算机视觉、语音识别、自然语言处理、音频识别与生物信息学等领域并取得了极好的效果。近年来，机器学习技术对工业界的重要影响多来自深度学习的发展和应用，如无人驾驶、人脸识别、图像生成、智能问答等。关于深度学习的更多内容，将在第 10 章中进行介绍。

8.1.2 机器学习的概念

在米切尔的经典教材《机器学习》中对机器学习给出了如下的形式化定义：一个计算机程序针对任务 T 的性能用 P 衡量。如果 P 能够根据经验 E 自我完善，那么称这个计算机程序从经验 E 中学习。以计算机学习下围棋为例，任务 T 是下围棋，性能指标 P 是击败对手的百分比(胜率)，经验 E 是计算机和自己对弈以及使用已有的对弈数据。

机器学习研究的对象是数据(data)。它从数据出发，提取数据的特征，抽象出数据的模型，发现数据中的知识，最终目的是对数据进行分析和预测。作为机器学习的对象，数据是多样的,包括存在于计算机及网络上的各种数字、文本、图像、视频、音频数据以及它们的组合。

机器学习关于数据的基本假设是同类数据具有一定的统计规律,这是机器学习(尤其是统计学习)的前提。这里的同类数据是指具有某种共同性质的数据,例如英文文章、互联网网页、数据库中的数据等。由于它们具有统计规律性,所以可以用概率统计方法处理它们。例如,可以用随机变量描述数据的特征,用概率分布描述数据的统计规律。在统计学习中,以变量或变量组表示数据。数据分为由连续变量表示和以离散变量表示两种类型。这里只涉及利用数据构建模型及利用模型对数据进行分析与预测,对数据的观测和收集等问题不作讨论。

机器学习用于对数据的预测和分析,特别是对未知数据的预测和分析。对数据的预测可以使计算机更加智能化,使计算机的某些性能得到提高;对数据的分析可以让人们获取新的知识,有新的发现。

对数据的预测和分析是通过构建模型实现的。机器学习的目标就是考虑学习什么样的模型和如何学习模型,以便模型能对数据进行准确的预测和分析,同时也要考虑尽可能地提高学习效率。

统计学习方法可以概括如下:从给定的、有限的、用于学习的训练数据(training data)集合出发,假设数据是独立同分布产生的,并且假设要学习的模型属于某个函数的集合,称之为假设空间。应用某个评价准则,从假设空间中选取一个最优模型,使它对已知的训练数据及未知的测试数据(test data)在给定的评价准则下有最优的预测,最优模型的选取由算法实现。这样,统计学习方法包括模型的假设空间、模型选择的准则以及模型学习的算法,称为统计学习方法的三要素,可以简称为模型、策略和算法。

8.1.3 机器学习的类型

机器学习算法一般可以分为以下3类:监督学习、无监督学习和强化学习。

1. 监督学习

监督学习是从给定的训练数据集(简称训练集)中学习一个函数(模型),新的数据(测试集)到来时,就可以根据这个函数(模型)进行预测了。在监督学习中,输入的数据被称为训练数据,每组训练数据都带有一个明确的类别标签或结果,也就是说,训练数据是由 X 和 Y 共同构成的,这也是监督学习和无监学习的根本区别。以反垃圾邮件系统为例,该系统的训练数据是由邮件 X 和邮件类别 Y 组成的数据对 (X,Y),其中邮件类别 Y 表示该邮件是否是垃圾邮件。在构建模型时,监督学习建立一个学习过程,将模型的预测结果与训练集的真实结果进行比较,计算误差,不断调整和优化模型,直到模型的预测结果达到预期的性能。

常见的监督学习任务包括回归和分类。回归(regression)任务中的输出值 Y 是连续值,例如预测房子的价格。分类(classification)任务中的输出值 Y 是离散值,例如类别标签,典型的分类任务有计算机视觉中的图像分类、自然语言处理中的文本分类、情感分类、垃圾邮件的判断等。

2. 无监督学习

在无监督学习中,数据并不被特别标识,学习模型是为了推断出数据的一些内在结构。

无监督学习常见的应用场景包括关联规则的学习以及聚类等。无监督学习使用的数据只有 X,没有 Y。因此无监督学习的性能评价方法也跟监督学习有着较大的差异。聚类是指把输入的一批样本数据划分为若干簇。聚类是无监督学习中的常见任务。

还有一种是半监督学习,介于监督学习和无监督学习之间,也称为弱监督学习。半监督学习考虑如何利用少量的标注样本和大量的未标注样本进行训练和分类的问题。半监督学习的应用场景包括分类和回归,算法包括一些对常用监督学习算法的延伸。这些算法首先试图对未标识数据进行建模,在此基础上再对标识的数据进行预测。

3. 强化学习

强化学习通过观察来学习动作的完成,每个动作都会对环境有所影响,学习对象根据观察到的周围环境的反馈做出判断。在强化学习中,输入数据直接反馈到模型,模型必须对此立刻做出调整。强化学习常见的应用场景包括动态系统以及机器人控制等。大名鼎鼎的 AlphaGo 和 20 世纪 50 年代塞缪尔的跳棋程序都使用了强化学习方法。

本章将以机器学习基本方法的角度从监督学习、无监督学习和强化学习 3 个方面介绍机器学习的基本概念和方法。

8.2 监督学习概述

监督学习是指从标注数据中学习预测模型的机器学习方法。标注数据表示输入 X 和输出 Y 的对应关系,预测模型对给定的输入 X 产生相应的输出 Y。监督学习的本质是学习输入 X 到输出 Y 映射的统计规律。

在监督学习中,将输入与输出所有可能取值的集合分别称为输入空间与输出空间。输入空间与输出空间可以是有限元素的集合,也可以是整个欧几里得空间。输入空间与输出空间可以是同一个空间,也可以是不同的空间。通常输出空间远远小于输入空间。

每个具体的输入是一个实例,通常使用特征向量(feature vector)表示。这时,所有特征向量存在的空间称为特征空间(feature space)。特征空间的每一维对应一个特征。有时假设输入空间与特征空间为相同的空间,对它们不予区分;有时假设输入空间与特征空间为不同的空间,将实例从输入空间映射到特征空间。模型实际上都是定义在特征空间上的。

在监督学习中,将输入与输出看作定义在输入(特征)空间与输出空间上的随机变量的取值。输入变量和输出变量用大写字母表示,习惯上将输入变量写为 X,输出变量写为 Y。输入变量和输出变量的取值用小写字母表示,习惯上输入变量的取值写为 x,输出变量的取值写为 y。变量可以是标量或向量,都用相同的字母表示。除特别声明外,本书中的向量均为列向量。

监督学习从训练数据集合中学习模型,模型构建成功后,可对测试数据进行预测。训练数据由输入(或特征向量)与输出对组成,训练集通常表示为

$$T = \{(x_1, y_1), (x_2, y_2), \cdots, (x_N, y_N)\}$$

输入与输出对 (x, y) 也称为样本或样本点。

输入变量 X 和输出变量 Y 有不同的类型,可以是连续的,也可以是离散的。根据输入变量 X 和输出变量 Y 的类型,对预测任务给予不同的名称:输入变量 X 和输出变量 Y 均为连续变量的预测问题称为回归;输出变量 Y 为有限个离散变量集合的预测问题称为分

类;输入变量 X 和输出变量 Y 均为变量序列的预测问题称为序列标注(sequence labeling),简称标注。

监督学习的目的在于学习一个由输入到输出的映射,这一映射由模型表示,换言之,监督学习的目的就在于找到最好的这种模型。模型属于由输入空间到输出空间的映射的集合,这个集合就是假设空间。假设空间的确定意味着学习范围的确定。

8.2.1 模型

监督学习的模型可以是概率模型或非概率模型,可以使用条件概率分布 $P(Y|X)$ 或决策函数 $Y=f(X)$ 表示,具体情况根据监督学习的方法而定。对具体的输入进行相应的输出预测时,一般写作 $P(y|x)$ 或 $y=f(x)$。

监督学习利用训练数据集学习一个模型,再用模型对测试样本集进行预测。由于在这个过程中需要标注的训练数据集,而标注的训练数据集往往是人工给出的,因此称为监督学习。监督学习分为学习和预测两个过程,分别由学习系统与预测系统完成,如图 8.1 所示,具体的流程是先学习、再预测。

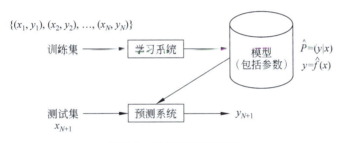

图 8.1 监督学习的流程

监督学习一般分为学习和预测两个过程,分别由学习系统和预测系统完成。在学习过程中,学习系统利用给定的训练数据集,通过学习(也称训练)得到一个模型,表示为条件概率分布 $\hat{P}(y|x)$ 或决策函数 $y=\hat{f}(x)$。条件概率分布 $\hat{P}(y|x)$ 或决策函数 $y=\hat{f}(x)$ 描述了输入和输出随机变量之间的映射关系。

在预测过程中,预测系统对于给定的预测样本集中的输入 x_{N+1},由模型 $y_{N+1}=\arg\max_y \hat{P}(y|x_{N+1})$ 或 $y_{N+1}=\hat{f}(x_{N+1})$ 给出相应的输出预测值 y_{N+1}。

在监督学习中,假设训练数据和测试数据是按照联合概率分布独立同分布产生的。学习系统(即学习算法)通过训练集中的样本 (x_i, y_i) 蕴含的信息进行学习并构建模型。具体来说,对于给定的输入 x_i,一个具体的模型 $y=f(x)$ 会产生一个输出 $f(x_i)$,而训练集中对应的输出是 y_i。如果这个模型有很好的预测能力,那么模型输出 $f(x_i)$ 和样本真实输出 y_i 两个值之间的差就应该足够小。学习系统通过不断尝试,选择其中最好的模型,以便对训练集有足够好的预测,同时对未知测试集的预测也尽可能好,后者称为具备了良好的泛化能力。

统计学习模型可以根据模型的种类进行分类:

(1) 概率模型与非概率模型。统计学习模型可以分为概率模型与非概率模型。概率模型使用条件概率分布形式 $P(y|x)$,而非概率模型则直接使用决策函数 $y=f(x)$,其中 x

是输入，y 是输出。

（2）线性模型与非线性模型。统计学习模型，尤其是非概率模型，可以分为线性模型与非线性模型。如果函数 $y=f(x)$ 是线性函数，则称模型是线性模型；否则称之为非线性模型。

（3）参数化模型与非参数化模型。统计学习模型可以分为参数化模型和非参数化模型。参数化模型假设模型参数的维度固定，模型可以由有限维度的参数完全刻画；而非参数化模型则假设模型参数的维度不固定或者说无穷大，随着训练集数据量的增加而不断增大。参数化模型一般适合问题简单的情况；而现实中的问题往往比较复杂，非参数化模型更加有效。

8.2.2 损失函数

在监督学习过程中，模型是要学习的条件概率分布或决策函数。模型的假设空间中包含了所有可能的条件概率分布或决策函数。例如，假设决策函数是输入变量 x 的线性函数，那么模型的假设空间就是所有这些线性函数构成的函数集合。假设空间中的模型一般有无穷多个。

有了模型的假设空间，统计学习接着需要考虑的是按照什么样的准则学习或选择最优的模型。统计学习的目标就是从假设空间中选取最优的模型。监督学习是在假设空间中选取模型作为最终的条件概率分布或决策函数，对于给定的输入 X 给出相应的预测值 $f(X)$，这个输出的预测值 $f(X)$ 和输入 X 对应的真实值 Y 可能一致，也可能有差异。一般使用一个损失函数(loss function)或代价函数(cost function)度量预测错误的程度。损失函数是预测值 $f(X)$ 和真实值 Y 的非负实值函数，记为 $L(Y,f(X))$。

统计学习中常用的损失函数包括以下 4 个：

（1）0-1 损失函数：

$$L(Y,f(X)) = \begin{cases} 1, & Y \neq f(X) \\ 0, & Y = f(X) \end{cases} \tag{8-1}$$

（2）平方损失函数：

$$L(Y,f(X)) = (Y-f(X))^2 \tag{8-2}$$

（3）绝对损失函数：

$$L(Y,f(X)) = |Y-f(X)| \tag{8-3}$$

（4）对数损失函数（或对数似然损失函数）：

$$L(Y,P(Y|X)) = -\log_2 P(Y|X) \tag{8-4}$$

损失函数的值越小，模型就越好。模型的输入 X、输出 Y 都是随机变量，遵循联合概率分布 $P(X,Y)$，损失函数的数学期望是理论上模型 $f(X)$ 关于联合概率分布 $P(X,Y)$ 的平均损失，称为风险函数或期望损失。监督学习的目标就是选择期望风险最小的模型。

8.2.3 算法

算法是指学习模型的具体计算方法。统计学习基于训练数据集，从假设空间中选择损失最小的模型作为最优模型，最后需要考虑用何种计算方法求解最优模型。

在监督学习中把期望风险最小的模型作为最优模型，因此，监督学习就成为一个最优化问题,监督学习的算法也就成为求解最优化问题的算法。如果该最优化问题有显式的解析解,这个最优化问题就比较简单。但通常这个最优化问题不存在解析解,需要使用数值计算的方法计算最优解。如何保证找到这个全局最优解,并使求解的过程高效,就成为一个重要问题。统计学习可以利用已有的最优化算法,有时也需要开发特定的最优化算法。在统计学习中,全局最优解的计算经常使用梯度下降法。

统计机器学习的算法可以分为在线学习和批量学习。在线学习每次接收一个样本进行预测,然后学习模型,并不断重复上述操作。而批量学习是一次接收所有数据,学习模型,然后进行预测。批量学习的模型训练是离线完成的。而有些实际应用的场景要求学习方式必须是在线的,例如,数据依次到达而无法存储,系统需要及时做出处理;数据规模很大,不可能一次处理所有数据;数据的模式随时间动态变化,需要算法快速适应新的模式。

在在线学习算法中,学习系统和预测系统在同一个系统——学习预测系统中,每次接收一个输入 x_t,使用已有的模型给出预测 $\hat{f}(x_t)$,然后得到相应的反馈,即该输入对应的输出 y_t;学习预测系统用损失函数计算上述二者的差异,更新模型。不断重复以上操作,最终得到最优模型。监督学习中的在线学习算法如图 8.2 所示。

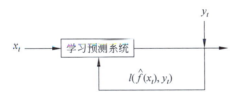

图 8.2 监督学习中的在线学习算法

在线学习通常比批量学习更难,很难学习到预测准确率更高的模型,这是因为每次更新模型时可以利用的数据很有限。在感知机算法中,利用随机梯度下降的优化算法就属于在线学习算法。

8.2.4 模型评价

统计学习的目的是使学到的模型对已知数据和未知数据都能有很好的预测能力。对于同样的训练数据,不同的学习方法会给出不同的模型。在指定了损失函数之后,模型在训练集上的损失函数的值称为训练误差,在测试集上的损失函数的值称为测试误差。需要注意的是,进行模型评价时使用的损失函数不一定是通过学习构建模型时使用的损失函数,当然,让二者一致是比较理想的。

假设学习到的模型是 $Y=\hat{f}(X)$,训练误差是该模型在训练数据集上的损失函数值的均值,其中 N 是训练数据集中样本的数量:

$$R_{\text{emp}}(\hat{f}) = \frac{1}{N} \sum_{i=1}^{N} L(y_i, \hat{f}(x_i)) \tag{8-5}$$

测试误差是模型 $Y=\hat{f}(X)$ 在测试数据集上损失函数值的均值,其中 N' 是测试数据集中样本的数量:

$$e_{\text{test}} = \frac{1}{N'} \sum_{i=1}^{N'} L(y_i, \hat{f}(x_i)) \tag{8-6}$$

训练误差的大小对判定给定的问题是否为一个容易学习的问题是有意义的,但本质上并不是最重要的。测试误差反映了学习方法对未知测试数据的预测能力,是评价模型的重要指标。显然,对于给定的两种学习方法,测试误差小的方法具有更好的预测能力,是更有效的方法。通常将学习方法对未知数据的预测能力称为泛化能力。

当假设空间中含有不同复杂度(例如参数个数、多项式模型中的最高次幂)的模型时,就要面临模型选择的问题。一般都希望选择或学习一个合适的模型。如果在假设空间中存在真模型,那么选择的模型应该尽可能地逼近这个真模型。

如果一味地追求模型对训练数据的预测能力(即降低训练误差),所选模型的复杂度往往会比真模型更高。但此时预测误差会逐渐提高,这种现象称为过拟合(overfitting)。过拟合的具体含义是指学习时选择的模型所包含的参数过多,以至于出现这一模型对已知数据预测得很好,但对未知数据预测得很差的现象。模型选择时应该提高模型对未知数据的预测能力,同时避免出现过拟合现象。

在图 8.3 中,当模型复杂度较低时,训练误差和测试误差都比较大,此时模型属于欠拟合(under fitting);而当模型复杂度过高时,测试误差又逐渐增大了,此时模型属于过拟合。只有当模型的复杂度适中时,测试误差才最小,此时模型具有较强的泛化能力。为了使模型具有最好的泛化能力,一般在损失函数之外额外添加一项,该项代表对模型复杂度的惩罚,也称为惩罚项。对上述包含了惩罚项的损失函数求全局最优解,即可使模型具有最好的泛化能力。上述方法称为正则化。正则化中损失函数中添加的惩罚项也称为正则化项。

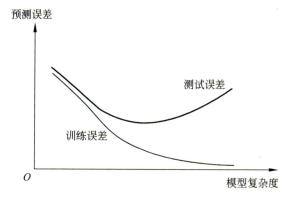

图 8.3　误差与模型复杂度之间的关系

8.3　回　　归

回归是监督学习的重要任务之一,另外还有分类和序列标注。回归用于预测输入变量(自变量 X)和输出变量(因变量 Y)之间的关系。此处的 X 和 Y 均为连续类型(即数值类型)。回归模型是表示从输入变量 X 到输出变量 Y 之间映射的函数。回归问题的学习等价于函数拟合,即,选择一条函数曲线,使其很好地拟合已有数据并且能很好地预测未知数据。

回归按照输入变量的个数(即输入变量 X 的维度)可以分为一元回归和多元回归;按照输入变量和输出变量之间关系的类型(即模型的类型)可以分为线性回归和非线性回归。

回归学习中最常用的损失函数是平方损失函数,此时,回归问题可以使用著名的最小二乘法求解。

许多领域的任务都可以形式化为回归问题。例如，回归可以用于商务领域，作为市场趋势预测、产品质量管理、客户满意度调查、投资风险分析等方面的工具。

8.3.1 一元回归

一元回归包括一元线性回归和一元非线性回归。

1. 一元线性回归

线性回归试图学习得到一个线性模型，以尽可能准确地预测连续值的输出 Y。如果输入变量也是连续值，并且只有一个属性（即维度），则为一元线性回归。

一元线性回归试图学习得到

$$f(x_i) = wx_i + b, i = 1, 2, \cdots, N \tag{8-7}$$

使得 $f(x_i) \cong y_i$，符合式(8-7)的所有线性模型构成了模型的假设空间，假设空间中上述线性模型由于不同的 w 和 b 值而彼此各异，总数量有无穷多个。如何确定 w 和 b 的值呢？显然，关键在于如何衡量 $f(x_i)$ 和 y_i 之间的差异。在回归问题中，常用的损失函数是平方损失函数，具体的度量称为均方误差(Mean Square Error, MSE)，如式(8-8)所示：

$$\frac{1}{N} \sum_{i=1}^{N} (y_i - f(x_i))^2 \tag{8-8}$$

使得式(8-8)中的均方误差最小化，即可获得 w 和 b 的最优值，如式(8-9)所示：

$$\begin{aligned}(w^*, b^*) &= \arg\min_{(w,b)} \sum_{i=1}^{N} (y_i - f(x_i))^2 \\ &= \arg\min_{(w,b)} \sum_{i=1}^{N} (y_i - wx_i - b)^2 \end{aligned} \tag{8-9}$$

式(8-8)表示的均方误差有着非常好的几何意义，它对应了常用的欧几里得距离。基于均方误差最小化进行模型求解的方法称为最小二乘法。在线性回归中，最小二乘法就是试图找到一条直线，使所有样本到直线上的欧几里得距离之和最小。

求解 w 和 b 使 $L_{(w,b)} = \sum_{i=1}^{N} (y_i - f(x_i))^2$ 最小化的过程称为线性回归模型的最小二乘参数估计。可将 $L_{(w,b)}$ 分别对 w 和 b 计算导数，得到

$$\frac{\partial L_{(w,b)}}{\partial w} = 2(w \sum_{i=1}^{N} x_i^2 - \sum_{i=1}^{N} (y_i - b) x_i) \tag{8-10}$$

$$\frac{\partial L_{(w,b)}}{\partial b} = 2(Nb - \sum_{i=1}^{N} (y_i - wx_i)) \tag{8-11}$$

然后令式(8-10)和式(8-11)为0，可得到 w 和 b 最优解的解析解（也称为闭式解）：

$$w = \frac{\sum_{i=1}^{N} y_i (x_i - \bar{x})}{\sum_{i=1}^{N} x_i^2 - \frac{1}{N} (\sum_{i=1}^{N} x_i)^2} \tag{8-12}$$

$$b = \frac{1}{N} \sum_{i=1}^{N} (y_i - wx_i) \tag{8-13}$$

式(8-12)中 $\bar{x} = \frac{1}{N}\sum_{i=1}^{N} x_i$，为 x 的均值。

例如，房屋面积和房屋价格的数据如表8.1所示，其中输入 X 为房屋面积(单位：平方米)，输出 Y 为房屋价格(单位：千元)。X 和 Y 均为连续值(实数值)，并且 X 只有一个维度。

表 8.1　房屋面积和房屋价格的数据

编号	面积	价格	编号	面积	价格
1	792	184	11	2140	308
2	1000	168	12	2387	440
3	1170	248	13	2570	462
4	1230	305	14	2705	482
5	1260	197	15	2980	402
6	1450	230	16	3100	560
7	1512	320	17	3212	585
8	1620	240	18	3900	705
9	1720	368	19	4355	762
10	1800	280	20	4400	710

使用sklearn进行拟合得到的一元线性回归模型如图8.4所示，其回归方程如式(8-14)所示：

$$f(x_i) = 0.161598 x_i + 31.755326 \tag{8-14}$$

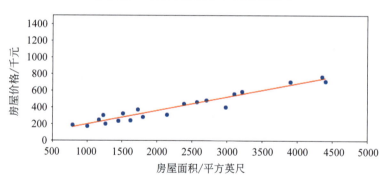

图 8.4　房屋面积和价格数据的一元线性回归模型

对于式(8-14)表示的模型，其均方误差(MSE)值为2198.78957，其平方根(即均方根误差，Root Mean Square Error, RMSE)为46.89，其线性相关系数 r 为0.9656。线性相关系数也称皮尔逊相关系数，由卡尔·皮尔逊(Karl Pearson)提出，他是数理统计学的创立者。线性相关系数的平方 r^2 的定义如式(8-15)所示：

$$r^2 = \frac{(\sum_{i=1}^{N}(x_i - \bar{x})(y_i - \bar{y}))^2}{\sum_{i=1}^{N}(x_i - \bar{x})^2 \sum_{i=1}^{N}(y_i - \bar{y})^2} \tag{8-15}$$

线性相关系数的平方 r^2 值的范围为 $[0,1]$。线性相关系数的范围则是 $[-1,1]$，数值为正表示正相关，数值为负表示负相关，绝对值越大表示线性相关程度越高。

如果想提高模型的准确率，降低 MSE 和 RMSE 的值，可以尝试采用非线性回归方法。

2. 一元非线性回归

多项式回归是线性回归中的常见模型。指定多项式回归模型中的最高次幂，得到的模型，其 MSE 和 RMSE 的值如表 8.2 所示。而对于前述的一元线性回归模型，其 MSE 和 RMSE 的值分别为 2198.79 和 46.89。

表 8.2 一元多项式回归模型的误差值

最高次幂	MSE	RMSE	最高次幂	MSE	RMSE
2	2151.96	46.39	9	1787.38	42.28
3	2100.67	45.83	10	1590.39	39.88
4	2011.18	44.85	11	1242.88	35.25
5	1989.40	44.60	12	1046.80	32.35
6	1970.21	44.39	13	1003.62	31.68
7	1925.02	43.88	14	925.46	30.42
8	1908.77	43.69	15	845.76	29.08

从表 8.2 可以看出，多项式回归模型中的均方误差（MSE）和均方根误差（RMSE）均随着多项式最高次幂的升高而逐渐减小，这说明多项式模型比线性模型有着更强大的数据拟合能力。

但是，当多项式最高次幂过高，模型中参数过多时，会出现过拟合现象。当最高次幂 n 的值为 9 时，得到的多项式模型如图 8.5(a)所示，此时的 RMSE 值为 42.28，模型的曲线还比较平滑；而当 n 的值为 14 时，虽然 RMSE 值降低到了 30.42，看上去模型的性能显著提高了，但实际上此时模型已经属于过拟合状态，模型的曲线如图 8.5(b)所示，该模型中房屋价格 Y 的值在房屋面积 X 的多个区间中为负数，如区间 $[800,1000]$、$[3400,3800]$ 等，而在区间 $[3900,4300]$ 又急剧升高，这与原有的数据趋势都是相悖的，同时，考虑到输出变量 Y 为价格，负数也是没有意义的。

由此可见，在进行回归时，不能只使用 MSE 和 RMSE 的值作为回归模型的评价标准，还要对模型进行仔细的检查，防止单纯为了追求 MSE 和 RMSE 值的降低而陷入过拟合的陷阱。

8.3.2 多元回归

如果输入变量 X 具有多个维度（或属性），而输出变量 Y 是连续值（实数值），则可以使用多元回归方法构建 X 和 Y 之间的相关关系模型。

下面以波士顿房价数据集为例说明多元回归。sklearn、Keras 中都内置提供了该数据集，也可从 https://archive.ics.uci.edu/ml/machine-learning-databases/housing/housing.data 处直接下载以获得该数据集。

波士顿房价数据集来源于 1978 年美国某经济学杂志，共包含了 506 条波士顿房屋的价

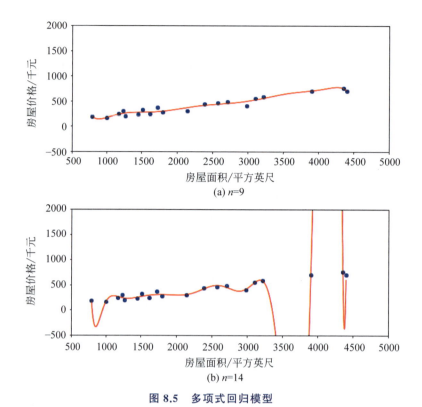

(a) $n=9$

(b) $n=14$

图 8.5 多项式回归模型

格及其各项数据,每个数据项包含 14 个数据。其中,前 13 列是周边犯罪率、是否在河边等相关信息;第 14 列数据是房屋均价,即输出变量。具体信息如图 8.6 所示。

变量缩写	变量含义
RIM	城镇人均犯罪率
ZN	占地面积超过25000平方英尺的住宅用地比例
INDUS	每个城镇非零售业务的比例
CHAS	Charles River虚拟变量(如果是河道,则为1;否则为0)
NOX	一氧化氮浓度(每千万份)
RM	每间住宅的平均房间数
AGE	1940年以前建造的自住单位比例
DIS	加权距离波士顿的五个就业中心
RAD	径向高速公路的可达性指数
TAX	每10000美元的全额物业税率
PTRATIO	城镇的学生与教师比例
B	$1000(BK-0.63)^2$,其中BK是城镇黑人的比例
LSTAT	人口下降率(%)
MEDV	自有住房的中位数报价,单位为1000美元

输入变量(13个);输出变量 MEDV

图 8.6 波士顿房价数据集中的输入变量和输出变量

波士顿房价数据如图 8.7 所示,图中列出了全部 506 条数据中的前 20 条,最后一列 MEDV 代表房屋价格,是输出变量 Y,前面的 13 列为输入变量 X。可以看出,输入变量 X 的 13 个维度的数值范围彼此差异很大,其中 AGE、TAX 和 B 等几个维度的数值较大,而

RIM、NOX 的数值很小。CHAS 为布尔类型,其值为 1 表示该地区在 Charles River(查尔斯河)的河边,为 0 则不在河边。

	RIM	ZN	INDUS	CHAS	NOX	RM	AGE	DIS	RAD	TAX	PTRATIO	B	LSTAT	MEDV
2	0.00632	18.00	2.310	0	0.5380	6.5750	65.20	4.0900	1	296.0	15.30	396.90	4.98	24.00
3	0.02731	0.00	7.070	0	0.4690	6.4210	78.90	4.9671	2	242.0	17.80	396.90	9.14	21.60
4	0.02729	0.00	7.070	0	0.4690	7.1850	61.10	4.9671	2	242.0	17.80	392.83	4.03	34.70
5	0.03237	0.00	2.180	0	0.4580	6.9980	45.80	6.0622	3	222.0	18.70	394.63	2.94	33.40
6	0.06905	0.00	2.180	0	0.4580	7.1470	54.20	6.0622	3	222.0	18.70	396.90	5.33	36.20
7	0.02985	0.00	2.180	0	0.4580	6.4300	58.70	6.0622	3	222.0	18.70	394.12	5.21	28.70
8	0.08829	12.5	7.870	0	0.5240	6.0120	66.60	5.5605	5	311.0	15.20	395.60	12.43	22.90
9	0.14455	12.50	7.870	0	0.5240	6.1720	96.10	5.9505	5	311.0	15.20	396.90	19.15	27.10
10	0.21124	12.50	7.870	0	0.5240	5.6310	100.00	6.0821	5	311.0	15.20	386.63	29.93	16.50
11	0.17004	12.50	7.870	0	0.5240	6.0040	85.90	6.5921	5	311.0	15.20	386.71	17.10	18.90
12	0.22489	12.50	7.870	0	0.5240	6.3770	94.30	6.3467	5	311.0	15.20	392.52	20.45	15.00
13	0.11747	12.50	7.870	0	0.5240	6.0090	82.90	6.2267	5	311.0	15.20	396.90	13.27	18.90
14	0.09378	12.50	7.870	0	0.5240	5.8890	39.00	5.4509	5	311.0	15.20	390.50	15.71	21.70
15	0.62976	0.00	8.140	0	0.5380	5.9490	61.80	4.7075	4	307.0	21.00	396.90	8.26	20.40
16	0.63796	0.00	8.140	0	0.5380	6.0960	84.50	4.4619	4	307.0	21.00	380.02	10.26	18.20
17	0.62739	0.00	8.140	0	0.5380	5.8340	56.50	4.4986	4	307.0	21.00	395.62	8.47	19.90
18	1.05393	0.00	8.140	0	0.5380	5.9350	29.30	4.4986	4	307.0	21.00	386.85	6.58	23.10
19	0.78420	0.00	8.140	0	0.5380	5.9900	81.70	4.2579	4	307.0	21.00	386.75	14.67	17.50
20	0.80271	0.00	8.140	0	0.5380	5.4560	36.60	3.7965	4	307.0	21.00	288.99	11.69	20.20
21	0.72580	0.00	8.140	0	0.5380	5.7270	69.50	3.7965	4	307.0	21.00	390.95	11.28	18.20

图 8.7 波士顿房价数据示例(前 20 条)

在输入变量 X 具有多个维度时,大多数情况下都会出现各个维度的数据范围彼此差异很大的情况,这对后面的统计学习算法影响很大。因此,一般在使用算法进行处理之前,都需要对各个维度的数据进行预处理。这里使用了数据归一化(normalization)的方法,把每个维度的数据范围都转化为[0,1]。常用的数据归一化方法包括最大最小归一化、标准归一化等。最大最小归一化的具体转换方法如式(8-16)所示,其中 $x_{\max}$ 和 $x_{\min}$ 分别代表 x 属性中的最大值和最小值。

$$x = \frac{x - x_{\min}}{x_{\max} - x_{\min}} \tag{8-16}$$

标准归一化的方法如式(8-17)所示,其中 $\bar{x}$ 表示属性 x 的均值,而 σ 则表示该属性的标准偏差。

$$x = \frac{x - \bar{x}}{\sigma} \tag{8-17}$$

在进行多元回归分析时,可以通过数据可视化工具绘制输入变量 X 的各个维度和输出变量 Y 的相关关系图,如图 8.8 所示。

从图 8.8 可以看出,房屋价格 Y 与属性 RM(房间数)相关性较强,且为正相关;房屋价格与 LSTAT(人口状态下降)相关性较强,且为负相关;房屋价格与其他属性的相关性则不是很明显。此时,可以把房屋价格 Y 与属性 RM 和 LSTAT 单独进行回归分析。房屋价格 Y 与属性 RM 的一元线性回归如图 8.9(a)所示,而图 8.9(b)则显示了随着算法迭代次数的增加,训练误差和测试误差都降低到了较小的值。

此处的一元线性回归模型的构建使用了优化算法,优化算法的目的是在最小化损失函数的同时获得参数(包括 w 和 b)的最优解。在参数没有解析解时,这种策略是机器学习通用的策略。而在机器学习中,只包含两个参数的一元线性回归模型可能是最简单的模型了,很多模型的复杂程度都远远高于线性回归模型,而且训练集和测试集的数据量都很大,例如 OpenAI 公司研发的预训练语言模型 GPT-3 包含了 1750 亿个参数,使用的最大数据集(文本)

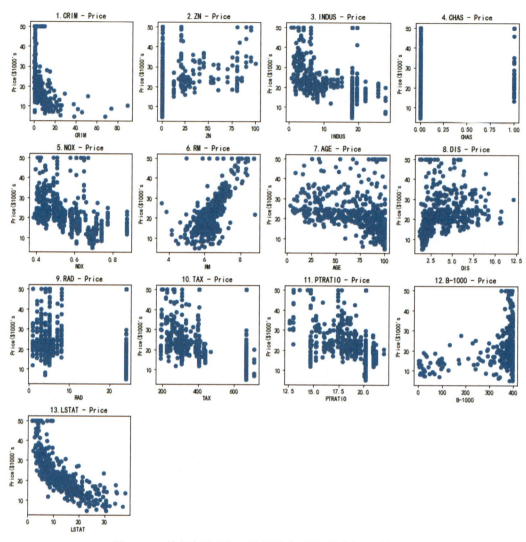

图 8.8　X 的各个维度和 Y 的相关关系图（波士顿房价数据）

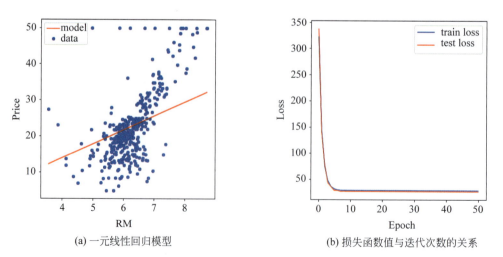

(a) 一元线性回归模型　　　　　　　　(b) 损失函数值与迭代次数的关系

图 8.9　房屋价格与房间数的一元线性回归模型（波士顿房价数据）

在处理前容量达到了45TB,训练获得的模型为700GB。在大多数情况下,机器学习中主要使用优化算法构建机器学习模型。

8.4 优化算法

在模型的参数没有解析解的情况下,可以通过求损失函数的最小值获得参数的最优解,这是一个典型的最优化问题。此时就需要使用优化算法,这些算法大多数都是通过多次迭代逼近参数的最优解。在这些迭代法中,梯度下降算法是最常用的算法策略之一。

8.4.1 梯度下降算法

梯度下降(gradient descent)在机器学习中应用十分广泛,其目的是通过迭代找到目标函数的最小值,或者收敛到最小值。在监督学习中,梯度下降算法是找到损失函数的最小值对应的参数,此时的参数就是参数的最优解。

梯度下降的过程和下山的场景很类似,其目的和策略都是尽快到达山脚下。最快的下山方式就是找到当前位置最陡峭的方向,然后沿着此方向向下走,对应到函数中,就是找到给定点的梯度,然后朝着梯度的负方向,就能让函数值下降得最快,因为梯度的方向就是函数值上升最快的方向,而梯度的负方向就是函数值下降最快的方向。

在单变量函数中,梯度就是函数的导数,代表着函数在某个给定点的切线斜率,其梯度是一个一维向量;而在多变量函数中,梯度是一个多维向量。向量有方向,梯度的方向就是函数在给定点上升最快的方向,因此,负的梯度方向就是函数值下降最快的方向。

例如,有函数 $f(x)=x^2$,则该函数的梯度为其导数:$f'(x)=2x$。现在需要计算该函数有最小值时对应的 x 值0,随机给定该参数的初始值 x_0 为10,在此处其梯度值为一维向量,其值为20,梯度下降的方向是梯度值的负方向,即 -20,负号表示向量的方向是 x 轴的负方向。在确定了方向之后,还需要控制该方向上的距离。此处引入另外一个值,称为步长,一般使用 η 表示。此处步长采用0.2,于是得到

$$x_1 = x_0 - \eta f'(x) = 10 - 0.2 \times 20 = 6 \qquad (8\text{-}18)$$

式(8-18)的几何意义如图8.10所示,其中 $-\nabla f(x_0)$ 表示函数 $f(x)$ 在 x_0 处的梯度负方向。式(8-18)就是采用梯度下降算法进行了一次迭代的情况。进行类似的多次迭代之后,x 就会逼近最优解0了。

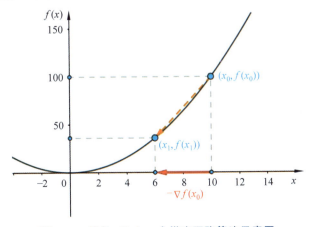

图 8.10 函数 $f(x)=x^2$ 梯度下降算法示意图

表 8.3 中列出了前 10 次迭代中 x 的值,可以看出,只经过了 10 次迭代,x 的值已经小于 0.01 了,距离最优解 0 已经很接近了。

表 8.3 $f(x)=x^2$ 梯度下降算法前 10 次迭代情况(步长为 0.2)

迭代次数	0	1	2	3	4	5	6	7	8	9	10
x	10	6.0	3.6	2.16	1.296	0.778	0.467	0.28	0.168	0.101	0.06
$f(x)=x^2$	100	36.0	12.96	4.666	1.68	0.605	0.218	0.078	0.028	0.01	0.0036

在多元函数中,函数的梯度是一个多维向量,向量的维度等于自变量 X 的个数,该向量每个维度上的值就是函数在自变量 X 该分量上的偏导数。

在监督学习中,一般情况下都是使损失函数获得最小值,此时的参数值即为最优解。8.3.1 节中一元线性回归(数据见表 8.1)和多元线性回归(波士顿房价数据)的任务,采用梯度下降算法,其运行结果如图 8.11 所示。

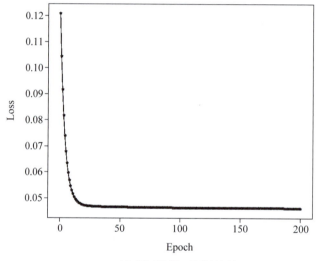

(a) 表 8.1 数据一元线性回归

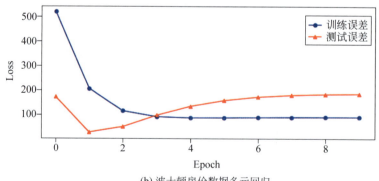

(b) 波士顿房价数据多元回归

图 8.11 梯度下降算法运行结果

在图 8.11 中,横坐标是 Epoch,它的意思是一代,一个 Epoch 表示一次梯度下降的迭代,纵坐标是损失函数。从图8.11(a)可以看出,经过约30次迭代之后,损失函数的值就很接近最后收敛的值了。而在图8.11(b)中,经过两三次迭代就达到了损失函数的最小值。另外,还可以看出,随着迭代次数的增加,虽然训练误差越来越小,但是测试误差在缓慢增加,因此,梯度下降算法的迭代次数并不是越多越好,迭代次数过多有可能会导致过拟合现象。

梯度下降算法作为机器学习中较常使用的优化算法,具体又有3种不同的形式:批量梯度下降(Batch Gradient Descent,BGD)算法、随机梯度下降(Stochastic Gradient Descent,SGD)算法以及小批量梯度下降(Mini-Batch Gradient Descent,MBGD)算法,其中小批量梯度下降法也常用在深度学习中进行模型的训练。

1. 批量梯度下降算法

批量梯度下降算法是梯度下降算法中最原始的形式,它是指在每一次迭代时使用所有样本进行梯度的更新。在批量梯度下降算法中,用来对参数进行更新的梯度是对所有样本梯度的平均值。在更新参数时需要先对所有样本的梯度值求和再计算平均值,因此需要对所有样本进行计算处理。

批量梯度下降算法的优点是:由所有样本数据确定的方向能够更好地代表样本总体,从而更准确地朝向极值所在的方向;当目标函数为凸函数时,使用该算法一定能够得到全局最优解。其缺点是:当样本数目很大时,每迭代一步都需要对所有样本进行计算,训练过程会很慢。

2. 随机梯度下降算法

随机梯度下降算法不同于批量梯度下降算法,随机梯度下降算法每次迭代时随机地使用一个样本对参数进行更新,使得训练速度加快。

使用随机梯度下降算法,由于不是在全部训练数据上的损失函数,而是在每轮迭代中随机优化某一条训练数据上的损失函数,因此每一轮参数的更新速度大大加快。其缺点包括:准确度下降,这是由于即使在目标函数为强凸函数的情况下,SGD仍旧无法做到线性收敛;由于单个样本并不能代表全体样本的趋势,可能会收敛到局部最优解而不是全局最优解。

3. 小批量梯度下降算法

小批量梯度下降算法是对批量梯度下降算法和随机梯度下降算法的一个折中办法。其思想是:每次迭代使用若干个样本(称为批量,batch)对参数进行更新。在小批量梯度下降算法中,每次使用一个批量可以大大减小收敛所需要的迭代次数,同时可以使收敛到的结果更加接近批量梯度下降算法的效果。例如,如果样本总数为10万个,批量的大小设置为512,则一个Epoch内需要进行约196次(100 000/512)小批量梯度下降。

小批量梯度下降可以利用矩阵和向量计算进行加速,还可以减少参数更新的方差,得到更稳定的收敛。在小批量梯度下降算法中,开始阶段步长一般设置得比较大;随着训练不断进行,可以动态地减小步长,这样可以保证一开始算法收敛速度较快。

8.4.2 超参数

在上述梯度下降算法中,使用梯度的负方向确定了下降最快的方向,然后使用步长η决定在梯度的负方向上下降多大的距离。另外,在迭代之前还需要确定迭代的次数。因此,步

长 η 和迭代次数是运行梯度下降算法之前需要人为设置的值。然后运行梯度下降算法,该算法用来获得模型中的参数(例如一元线性回归中的 w 和 b)的最优解。一般把机器学习算法运行之前人为设置值的步长 η 和迭代次数等称为超参数,以和模型中的参数相区别。机器学习(包括人工神经网络和深度学习等)中常说的调参,指的就是调节超参数的值。

模型的超参数是模型外部的配置,其值不能从数据估计得到,其特征包括:①超参数常应用于估计模型参数的过程中;②超参数通常人为地在算法运行之前指定;③超参数通常可以使用启发式方法设置;④超参数通常根据给定的预测建模问题进行调整。

对于给定的机器学习问题,一般无法知道模型超参数的最优值。但可以使用经验法则探寻其最优值,或复制用于其他问题的值,也可以通过反复试验的方法获得超参数的最优值。

在 8.4.1 节中已经讨论了迭代次数设置的情况,此处就步长的设置进行说明。步长也称为学习率(learning rate),是梯度下降算法中常用的超参数之一。图 8.12 说明了步长不同的情况下梯度下降算法的结果。

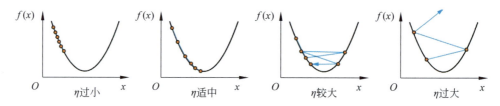

图 8.12　η 步长不同的情况下梯度下降算法的结果

如果步长设置过小,则目标函数值下降很慢,需要很多次迭代才能完成优化;如果步长设置较大,则可能会发生振荡而无法达到极值点;步长设置过大也容易导致无法达到极值点。

图 8.11(a)是一元线性回归采用梯度下降算法进行建模时损失函数随迭代次数的增加而逐渐降低的情形,此时的步长值为 0.1。如果把步长设置为 1.72 或更大的值,则随着迭代次数的增加,损失函数也逐渐增加,从而优化算法失败,如图 8.13 所示。

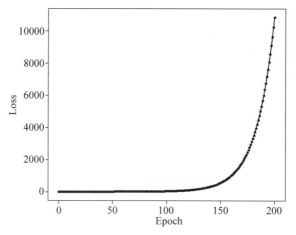

图 8.13　步长设置过大导致损失函数值增大(一元线性回归)

8.5 分　　类

如果输出数据 Y 是离散值(如类别标签),则此类学习任务称为分类。在分类任务中,对只涉及两个类别的二分类(binary classification)任务,通常称其中一个类为正类(positive class),另一个类为反类(negative class)。当分类任务涉及多个类别时,则称为多分类(multi-class classification)任务。一般地,预测任务是希望通过对训练集 $\{(x_1,y_1),(x_2,y_2),\cdots,(x_n,y_n)\}$ 进行学习,建立一个从输入空间 X 到输出空间 Y 的映射 $f:X \to Y$。对二分类任务,通常把输出空间 Y 定义为 $\{-1,+1\}$ 或 $\{0,1\}$。对多分类任务,输出空间 Y 中包含的类别数量大于 2。

本节介绍一些有代表性的分类算法。

8.5.1　Logistic 回归

在 8.3 节中已经介绍了线性回归模型。线性模型可以用于回归分析,也可以用于分类。给定由 d 个特征组成的数据 $x=\{x_1,x_2,\cdots,x_d\}$,其中 x_i 是 x 在第 i 个属性上的取值。线性模型试图学习一个通过特征的线性组合进行预测的函数,即

$$f(x) = w_1 x_1 + w_2 x_2 + \cdots + w_d x_d + b \tag{8-19}$$

式(8-19)的向量形式为

$$f(x) = \boldsymbol{w}^\mathrm{T} \boldsymbol{x} + b \tag{8-20}$$

线性模型形式简单,易于建立,但其中蕴含着机器学习中许多重要的基本思想。许多功能更为强大的非线性模型可在线性模型的基础上通过引入层级结构或高维映射而得到。

1. 对数变换

把线性回归方法用于二分类问题时,首先会想到式(8-21)这种形式,其中 P 是属于正类的概率。与含有偏置量 b 的线性模型方程相比,此处的 w_0 就是原有的偏置量 b,x_0 是给每个样本点增加的一个维度,其值均为 1,如此处理之后等式右边形式更统一了。

$$P = w_0 x_0 + w_1 x_1 + w_2 x_2 + \cdots + w_d x_d = \boldsymbol{w}^\mathrm{T} \boldsymbol{x} \tag{8-21}$$

但是,在式(8-21)中,等式两边的取值范围不同,左边是 $[0,1]$,而右边则是 $(-\infty,+\infty)$。另外,在实际应用的很多问题中,概率 P 与自变量并不是直线关系。因此,需要对式(8-21)进行修正。

1970 年,统计学家考克斯(David Cox)等人提出可以通过 logit 变换对 P 加以变换,具体变换形式如式(8-22)所示:

$$\mathrm{logit}(P) = \frac{P}{1-P} = \boldsymbol{w}^\mathrm{T} \boldsymbol{x} \tag{8-22}$$

在式(8-22)中,P 表示类别为正类的概率,从而 $1-P$ 就是类别为反类的概率。$\dfrac{P}{1-P}$ 称为发生比,也称为似然比。Logistic 回归分析方法是把似然比的对数值建模为所有特征的线性组合,因此,这是一种对数线性模型。

Logistic 回归也称为对数概率回归。需要注意的是,尽管名称中包含了回归,Logistic 回归其实是一种分类算法。Logistic 回归不仅能预测出未知数据的类别,而且能得到该未

知数据属于每一类的近似概率值,这对许多需要利用概率进行辅助决策的任务很有用。有的书中把 Logistic 回归翻译为逻辑回归,由于逻辑和此处对数变换的含义差异较大,本书中仍然使用 Logistic 回归一词。

对式(8-22)进行变换,可以得到样本点属于正类和反类的概率,如式(8-23)和式(8-24)所示:

$$P(y=1\mid x)=\frac{e^{w^T x}}{1+e^{w^T x}} \tag{8-23}$$

$$P(y=0\mid x)=\frac{1}{1+e^{w^T x}} \tag{8-24}$$

式(8-23)也可以整理成如下形式:

$$P(y=1\mid x)=\frac{e^{w^T x}}{1+e^{w^T x}}=\frac{1}{1+e^{-w^T x}} \tag{8-25}$$

式(8-25)表示的就是著名的 Sigmoid 函数,其函数曲线如图 8.14 所示,该函数的曲线和字母 S 很相似。Sigmoid 字面的含义是"S 形的"。

在式(8-25)中,当 $w^T x>0$ 时,$e^{-w^T x}<1$,得到 $P(y=1\mid x)>0.5$,此时可以判定该数据属于正类,否则属于反类。当 $w^T x=0$ 时为临界情况,此时可以任意判定数据为正类或反类。

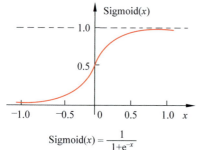

图 8.14 Sigmoid 函数曲线

2. Logistic 回归模型的训练

Logistic 回归模型在训练时,对于给定的训练数据集 $T=\{(x_1,y_1),(x_2,y_2),\cdots,(x_n,y_n)\}$,其中,$x_i\in\mathbf{R}^n$,$y_i\in\{0,1\}$,可以使用极大似然估计(Maximum Likelihood Estimation,MLE)得到模型参数的最优解,从而完成 Logistic 回归模型的构建。

设

$$P(y=1\mid x)=\pi(x),P(y=0\mid x)=1-\pi(x)$$

似然函数(likelihood function)为

$$\prod_{i=1}^{N}[\pi(x_i)]^{y_i}[1-\pi(x_i)]^{1-y_i}$$

对数似然函数为

$$\begin{aligned}L(w)&=\sum_{i=1}^{N}[y_i\log_2\pi(x_i)+(1-y_i)\log_2(1-\pi(x_i))]\\&=\sum_{i=1}^{N}\left[y_i\log_2\frac{\pi(x_i)}{1-\pi(x_i)}+\log_2(1-\pi(x_i))\right]\end{aligned} \tag{8-26}$$

式(8-26)中的 $\log_2\dfrac{\pi(x_i)}{1-\pi(x_i)}$ 即为 $w^T x_i$,参见式(8-22),则式(8-26)可变换为

$$L(w)=\sum_{i=1}^{N}[y_i(w^T x_i)-\log_2(1+e^{w^T x_i})] \tag{8-27}$$

式(8-27)是 Logistic 回归模型的对数似然函数,通过对函数 $L(w)$ 求最大值(也可以转

换为对其相反数$-L(w)$求最小值),就可以得到参数w的估计值。这样,问题就变成了以对数似然函数为目标函数的最优化问题。Logistic 回归模型训练时采用的最优化算法主要包括梯度下降法和拟牛顿法,这两种方法均为迭代优化算法。

以上介绍的 Logistic 回归模型是二分类模型,用于二分类任务,可以把它推广到多项 Logistic 回归模型,用于多分类任务。

设输出变量 Y 为类别标签,其取值范围是$\{1,2,\cdots,K\}$,多项 Logistic 回归模型如下:

$$P(Y=k) = \frac{e^{w_k^T x}}{1+\sum_{k=1}^{K-1} e^{w_k^T x}}, \quad k=1,2,\cdots,K-1$$

$$P(Y=K) = \frac{1}{1+\sum_{k=1}^{K-1} e^{w_k^T x}} \tag{8-28}$$

这里,$x,w_k \in \mathbf{R}^{m+1}$,$m$ 为输入变量 X 的维度,$+1$ 表示 $x_0=1$,w_0 即原有的偏置量 b。式(8-28)也称为 Softmax 函数,该函数在多分类任务中应用广泛。

在二分类任务中,Logistic 回归算法得到的是未知数据分别属于正类和反类的概率值。后面的朴素贝叶斯方法中得到的也是未知数据属于各个类别的概率值。针对这种分类算法,一般会使用交叉熵(cross entropy)衡量分类效果。交叉熵越低,表示预测结果和真实结果之间的差别就越小。使用交叉熵表示损失的损失函数称为交叉熵损失函数。交叉熵可以用于二分类任务和多分类任务中。

交叉熵是香农的信息论中的一个重要概念,主要用于度量两个概率分布间的差异性信息。假设 $p(x)$ 为数据的真实分布,而 $q(x)$ 为分类算法的预测分布,则二者之间的交叉熵为

$$H(p,q) = -\sum_{i=1}^{n} p_i \log_2 q_i \tag{8-29}$$

例如,假设有一个二分类问题,某个数据的真实类别为(1,0),该数据经过 Logistic 回归分析得到的预测值为(0.9,0.1),上述值中第一个数表示属于正类的概率,第二个数表示属于反类的概率,这种形式使用得很广泛,不仅适用于二分类问题,也适用于多分类问题,输出变量 Y 的维度就等于类别的个数,以上编码方式称为独热(one-hot)编码。

真实值(1,0)和预测值(0.9,0.1)之间的交叉熵为

$$-(1 \times \log_2 0.9 + 0 \times \log_2 0.1) = 0.0458$$

假设有另一个模型得到的预测值为 (0.85,0.15),该预测值和真实值(1,0)之间的交叉熵为

$$-(1 \times \log_2 0.85 + 0 \times \log_2 0.15) = 0.0706$$

该预测值和真实值之间的交叉熵更高一些,因此,第二个模型的预测误差比第一个要大一些。

在互联网领域,Logistic 回归有一个非常经典的应用,那就是点击通过率(Click Through Rate,CTR)预估,用于对互联网广告进行建模。CTR 指网络广告的点击到达率,即该广告的用户实际点击次数除以广告的展现数量。CTR 是衡量互联网广告效果的一项重要指标。Logistic 回归曾经长期是使用范围最广的 CTR 预估算法,百度等公司都曾使用 Logistic 回归方法。

8.5.2 决策树

决策树是一类常见的监督学习分类方法。以二分类任务为例,希望从给定的训练数据集学习得到一个模型用于对新的数据进行分类,这个把样本分类的任务可被看作对"新的样本数据是否属于正类"这个问题的决策或判定过程。顾名思义,决策树使用树状结构进行决策,这种方式也是人类在面临决策问题时的一种很自然的处理机制。

图 8.15 是预测一个人是否会购买计算机的决策树。利用这棵决策树,可以对新记录进行分类。从根节点(年龄)开始,如果某个人的年龄为中年(30~40 岁),就直接判断这个人会买计算机;如果是青少年(<30 岁),则需要进一步判断是否是学生;如果是老年(>40 岁),则需要进一步判断其信用等级。

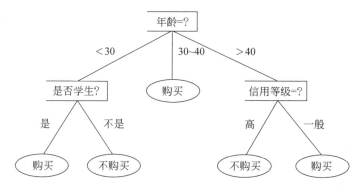

图 8.15 电脑购买问题的决策树模型

假设客户小明的 4 个属性如下: 20 岁、低收入、是学生、信用一般。通过决策树的根节点判断年龄,判断结果为小明是青少年,为左边的分支;再判断小明是否是学生,判断结果为小明是学生,为左边的分支,最终到达了"购买"的叶节点上。因此,使用图 8.15 中的决策树模型,预测小明会购买计算机。

1. 决策树的构成

一般情况下,一棵决策树包含一个根节点、若干内部节点和若干叶节点。其中,叶节点对应决策结果,图 8.15 中决策树的叶节点就是购买计算机和不购买计算机。叶节点之外的其他节点则对应一个属性测试,每个节点包含的样本集合根据属性测试的结果被划分到子节点中。根节点包含所有的样本集合。

从根节点到每一个叶节点的路径对应一个判定测试的序列。决策树学习的目的是构建一棵泛化能力强的决策树,也就是具有强大的处理未知数据的能力的决策树,其基本流程遵循了简单、直观的"分而治之"策略。

2. 决策树的构建

决策树算法有很多,如 ID3、C4.5、CART 等。1976—1986 年,昆兰(J. Ross Quinlan)给出了 ID3 算法原型并进行了总结,确定了决策树学习的理论。这可被看作决策树算法的起点。1993 年,昆兰将 ID3 算法改进成 C4.5 算法。ID3 算法的另一个分支是分类回归树(Classification And Regression Tree,CART),可用于回归预测。这样,决策树模型就可用于监督学习中分类和回归这两大类任务。

上述决策树算法均采用自上而下的贪婪算法建立决策树,每个内部节点都选择分类效果最好的属性分裂节点,可以分成两个或者更多的子节点,继续此过程,直到这棵决策树能够将全部的训练数据准确地进行分类,或所有属性都被用到为止。

按照贪婪算法建立决策树时,首先需要进行特征选择,也就是确定使用哪个属性作为判断节点。选择一个合适的特征作为判断节点,可以加快分类的速度,减小决策树的深度。特征选择的目标就是使得分类后的数据集纯度更高。为了衡量数据集的纯度,这里就需要引入一个概念——信息增益。

信息是一个很抽象的概念。人们常常说信息很多或者信息较少,但很难说清楚信息到底有多少。1948 年,信息论之父香农提出了信息熵(information entropy)的概念,才解决了对信息的量化度量问题。通俗来讲,可以把信息熵理解成某种特定信息的出现概率。信息熵表示的是信息的不确定度,当各种特定信息出现的概率均匀分布时,不确定度最大,此时信息熵就最大。反之,当其中的某个特定信息出现的概率远远大于其他特定信息的时候,不确定度最小,此时信息熵就很小。熵本身是一个物理学的概念,用于表示混乱程度,在绝对零度时熵的值为 0。

信息熵是平均信息量,其定义如下:若一个系统中存在多个事件 $E_1, E_2, \cdots, E_n$,每个事件出现的概率是 $p_1, p_2, \cdots, p_n$,则这个系统的平均信息量为

$$\text{Ent}(p_1, p_2, \cdots, p_n) = -\sum_{i=1}^{n} p_i \log_2 p_i \tag{8-30}$$

例如,有一个 0~9 的数字,0,1,2,…,9 出现的可能性都是 1/10,那么该数字的信息熵为

$$\text{Ent}(\text{digit}) = 10 \times (-0.1 \times \log_2 0.1) = 3.3$$

由于该数字的信息熵为 3.3,因此,<u>至少需要 4 个二进制位才能消除其不确定性</u>,也就是说,至少需要 4 个二进制位才能存储十进制中的一位数字。变量的不确定性越大,信息熵也就越大,需要的信息量也越大,数据集的纯度就越小。

因此,在建立决策树的时候,希望选择的特征能够使分类后的数据集的信息熵尽可能变小,也就是不确定性尽量变小。当选择某个特征对数据集进行分类时,分类后的数据集的信息熵会比分类前的小,其差值称为信息增益(information gain)。信息增益可以衡量某个特征对分类结果的影响大小。ID3 算法使用信息增益作为属性选择的度量方法,也就是说,针对每个可以用来作为决策树节点的特征,计算采用该特征作为树节点的信息增益。然后选择信息增益最大的那个特征作为下一个树节点。

用来构造图 8.15 所示的决策树模型的训练数据如表 8.4 所示,其中,输入变量包括 4 个属性,输出变量的值是购买或不购买计算机,这是一个典型的二分类任务。

表 8.4 购买计算机决策树模型的训练数据

数据编号	输入变量 X				输出变量 Y
	年龄	收入	是否学生	信用等级	是否购买计算机
1	30~40	高	否	一般	是
2	>40	中等	否	一般	是

续表

数据编号	输入变量 X				输出变量 Y
	年龄	收入	是否学生	信用等级	是否购买计算机
3	>40	低	是	一般	是
4	30～40	低	是	好	是
5	<30	低	是	一般	是
6	>40	中等	是	一般	是
7	<30	中等	是	好	是
8	30～40	中等	否	好	是
9	30～40	高	是	一般	是
10	>40	中等	否	好	否
11	<30	中等	否	一般	否
12	<30	高	否	一般	否
13	<30	高	否	好	否
14	>40	低	是	好	否

那么，在输入变量的 4 个属性里，选择哪一个属性作为决策树的根节点呢？在 ID3 算法中，首先计算整个数据集的信息熵，然后分别计算把 4 个属性作为分类的节点之后所有子集的信息熵，哪个属性使信息熵的降低幅度最大(也就是信息增益最大)，就选择哪个属性作为分类的节点。

在决策树学习开始时，训练集中所有的数据构成的集合中正类(购买计算机)占 9/14，反类(不购买计算机)占 5/14，从而整个集合的信息熵为

$$\text{Ent}(D) = -\left(\frac{9}{14} \times \log_2 \frac{9}{14} + \frac{5}{14} \times \log_2 \frac{5}{14}\right) = 0.940$$

如果使用年龄作为分类的属性，则整个集合分为 3 个子集，具体信息如表 8.5 所示。

子集 D_1、D_2 和 D_3 的信息熵为：

$$\text{Ent}(D_1) = -\left(\frac{2}{5} \times \log_2 \frac{2}{5} + \frac{3}{5} \times \log_2 \frac{3}{5}\right) = 0.97096$$

$$\text{Ent}(D_2) = -1 \times \log_2 1 = 0$$

$$\text{Ent}(D_3) = -\left(\frac{3}{5} \times \log_2 \frac{3}{5} + \frac{2}{5} \times \log_2 \frac{2}{5}\right) = 0.97096$$

表 8.5 使用年龄划分得到的子集

子集编号	年龄值	数量	购买计算机	不购买计算机
D_1	<30	5	2	3
D_2	30～40	4	4	0
D_3	>40	5	3	2

从而整个数据集的信息熵为

$$\text{Ent}(D,\text{年龄}) = \frac{5}{14} \times \text{Ent}(D_1) + \frac{4}{14} \times \text{Ent}(D_2) + \frac{5}{14} \times \text{Ent}(D_3) = 0.694$$

因此,使用年龄作为分类的属性,获得的信息增益为

$$\text{Gain}(D,\text{年龄}) = \text{Ent}(D) - \text{Ent}(D,\text{年龄}) = 0.940 - 0.694 = 0.246$$

类似地,可以计算得到:

$\text{Ent}(D,\text{收入}) = 0.911$

$\text{Gain}(D,\text{收入}) = \text{Ent}(D) - \text{Ent}(D,\text{收入}) = 0.940 - 0.911 = 0.029$

$\text{Ent}(D,\text{是否学生}) = 0.788$

$\text{Gain}(D,\text{学生}) = \text{Ent}(D) - \text{Ent}(D,\text{学生}) = 0.940 - 0.788 = 0.152$

$\text{Ent}(D,\text{信用等级}) = 0.892$

$\text{Gain}(D,\text{信用等级}) = \text{Ent}(D) - \text{Ent}(D,\text{信用等级}) = 0.940 - 0.892 = 0.048$

因此,使用年龄、收入、是否学生、信用等级作为划分依据,得到的信息增益分别为 0.246、0.029、0.152 和 0.048。ID3 算法会选择信息增益最大的那个特征作为下一个树节点。因此,使用 ID3 算法构建决策树,会把信息增益值最大的年龄属性作为树的根节点,如图 8.15 所示。

图 8.16 给出了基于年龄属性对根节点进行划分的结果,各分支节点所包含的数据子集显示在节点中。

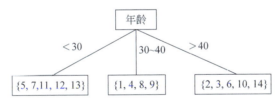

图 8.16 基于年龄属性对根节点进行划分

以图 8.16 中第一个分支节点"年龄<30"为例,该节点中的数据集合 DL 包含了编号为 {5,7,11,12,13} 的 5 个数据,用来进一步划分的属性集合为 {收入,是否学生,信用等级}。基于上述 5 个数据的集合,使用这 3 个属性计算出各属性的信息增益:

$\text{Gain}(DL,\text{收入}) = -0.029$

$\text{Gain}(DL,\text{是否学生}) = 0.97096$

$\text{Gain}(DL,\text{信用等级}) = 0.019982$

因此,对包含 {5,7,11,12,13} 5 个数据的集合,选择"是否学生"这一属性作为进一步划分的依据属性。类似地,对每个分支节点进行上述操作,最终得到的决策树如图 8.15 所示。

以上是使用 ID3 算法构造决策树的过程。在 ID3 算法中,信息增益对可取值数量较多的属性有所偏好,为减少这种偏好可能带来的不利影响,C4.5 算法不再直接使用信息增益,而是使用增益率(gain ratio)选择最优划分属性。

决策树方法的优点包括:推理过程容易理解,计算简单,可解释性强;比较适合处理有缺失属性的样本;可自动忽略目标变量没有贡献的属性变量,也可为判断属性变量的重要性,减少变量的数目提供参考。其缺点包括:容易造成过拟合,需要采用剪枝操作;忽略了

数据之间的相关性；对于各类别样本数量不一致的数据，信息增益会偏向于那些有更多数值的特征。

总体上来说，决策树能够生成清晰的基于特征选择不同预测结果的树状结构。决策树更大的作用是作为一些更有用的算法的基础和构件，例如随机森林、AdaBoost、梯度提升决策树(Gradient Boosting Decision Tree, GBDT)等。

8.5.3 朴素贝叶斯方法

朴素贝叶斯(Naïve Bayes, NB)方法是基于贝叶斯定理与特征条件独立假设的分类方法。对于给定的训练数据集，朴素贝叶斯方法首先基于特征条件独立假设学习输入变量 X 和输出变量 Y 的联合概率分布 $P(X, Y)$；然后基于此模型，对给定的输入 x，利用贝叶斯定理计算出后验概率最大的输出 y。朴素贝叶斯方法实现简单，训练和预测的效率都很高，是一种很常用的分类方法。

贝叶斯(Thomas Bayes, 1701—1761)，英国牧师、业余数学家。他在《论机会学说中一个问题的求解》中给出了贝叶斯定理，该定理于 1764 年(他去世 3 年之后)被发现。

1. 朴素贝叶斯分类算法

假设有以下训练数据集：
$$T = \{(x_1, y_1), (x_2, y_2), \cdots, (x_n, y_n)\}$$

朴素贝叶斯方法通过上述训练数据集学习联合概率分布 $P(X, Y)$。具体来说，学习先验概率分布

$$P(Y = c_k), k = 1, 2, \cdots, K \tag{8-31}$$

和条件概率分布

$$P(X \mid Y) = P(X^{(1)} = x^{(1)}, X^{(2)} = x^{(2)}, \cdots, X^{(n)} = x^{(n)} \mid Y = c_k), k = 1, 2, \cdots, K \tag{8-32}$$

从而学习到联合概率分布 $P(X, Y)$。

如果输入变量 X 的维数 n 很高，则式(8-31)中的条件概率分布就会包含非常多的参数，这些参数的估计实际上是不可行的。朴素贝叶斯方法对上述条件概率分布作了条件独立性的假设，假定输入变量 X 的各个维度之间是相互独立的。由于这是一个较强的假设，因此该方法被称为朴素贝叶斯方法。条件独立性假设就把式(8-32)简化为下面的公式：

$$P(X \mid Y) = P(X^{(1)} = x^{(1)}, X^{(2)} = x^{(2)}, \cdots, X^{(n)} = x^{(n)} \mid Y = c_k)$$
$$= \prod_{j=1}^{n} P(X^{(j)} = x^{(j)} \mid Y = c_k) \tag{8-33}$$

条件独立假设的意思是用于分类的特征在类别确定的条件下都是条件独立的。这一假设使朴素贝叶斯方法变得非常简单，但有时也会牺牲一定的分类准确率。总体而言，朴素贝叶斯方法是一种性价比较高的分类方法。

朴素贝叶斯方法在分类时，对给定的输入 x，通过学习到的联合概率分布计算该输入对应输出类别的后验概率分布 $P(Y = c_k \mid X = x)$，并将后验概率最大的类作为 x 对应类的预测输出。后验概率分布的计算是根据贝叶斯公式得到的：

$$P(Y = c_k \mid X = x) = \frac{P(X = x \mid Y = c_k) P(Y = c_k)}{\sum_k P(X = x \mid Y = c_k) P(Y = c_k)} \tag{8-34}$$

把条件独立假设的式(8-32)带入式(8-33)中,可得到

$$P(Y=c_k \mid X=x) = \frac{P(Y=c_k)\prod_{j=1}^{n}P(X^{(j)}=x^{(j)} \mid Y=c_k)}{\sum_{k}P(Y=c_k)\prod_{j=1}^{n}P(X^{(j)}=x^{(j)} \mid Y=c_k)} \tag{8-35}$$

这就是朴素贝叶斯分类的基本公式。于是,朴素贝叶斯分类器可表示为

$$y=f(x)=\arg\max_{c_k} \frac{P(Y=c_k)\prod_{j=1}^{n}P(X^{(j)}=x^{(j)} \mid Y=c_k)}{\sum_{k}P(Y=c_k)\prod_{j=1}^{n}P(X^{(j)}=x^{(j)} \mid Y=c_k)} \tag{8-36}$$

需要注意的是,式(8-36)中的分母对所有类别 c_k 都是完全相同的,由此得到了简化之后的朴素贝叶斯分类器,如下所示:

$$y=f(x)=\arg\max_{c_k} P(Y=c_k)\prod_{j=1}^{n}P(X^{(j)}=x^{(j)} \mid Y=c_k) \tag{8-37}$$

2. 朴素贝叶斯方法的参数估计

在朴素贝叶斯方法中,学习意味着估计先验概率 $P(Y=c_k)$ 和条件概率 $P(X^{(j)}=x^{(j)} \mid Y=c_k)$。可以使用极大似然估计方法估计相应的概率。

下面来看朴素贝叶斯方法的一个应用实例。表8.6是小明在不同天气打网球的决策数据。这里的几个特征——天气、温度、湿度、是否有风都是离散型变量。假设明天的天气状况是:晴、温度低、湿度大、有风,小明是否会去打网球呢?

表8.6 不同天气打网球的决策数据

编号	天气 $X^{(1)}$	温度 $X^{(2)}$	湿度 $X^{(3)}$	是否有风 $X^{(4)}$	是否打网球 Y
1	晴	高	大	无	不打
2	晴	高	大	有	不打
3	多云	高	大	无	打
4	雨	适中	大	无	打
5	雨	低	正常	无	打
6	雨	低	正常	有	不打
7	多云	低	正常	有	打
8	晴	适中	大	无	不打
9	晴	低	正常	无	打
10	雨	适中	正常	无	打
11	晴	适中	正常	有	打
12	多云	适中	大	有	打
13	多云	高	正常	无	打
14	雨	适中	大	有	不打

根据朴素贝叶斯方法的原理和参数估计方法,很容易计算出各个属性的条件概率和类别的先验概率,如表 8.7 所示。

表 8.7 打网球决策各个属性的条件概率和类别的先验概率

天气		温度		湿度		是否有风		是否打网球	
打	不打	打	不打	打	不打	打	不打	打	不打
晴 2/9	3/5	高 2/9	2/5	大 3/9	4/5	否 6/9	2/5	9/14	5/14
多云 4/9	0/5	暖 4/9	2/5	正 6/9	1/5	是 3/9	3/5		
雨 3/9	2/5	低 3/9	1/5						

因此,可以得到打网球和不打网球的后验概率分别为

$$P(Y=打 \mid 晴,低,大,有风) = \frac{P(Y=打)\prod_{j=1}^{n}P(X^{(j)}=x^{(j)} \mid Y=c_k)}{\sum_k P(Y=c_k)\prod_{j=1}^{n}P(X^{(j)}=x^{(j)} \mid Y=c_k)}$$

$$\propto \frac{9}{14} \times \frac{2}{9} \times \frac{3}{9} \times \frac{3}{9} \times \frac{3}{9} = \frac{1}{189}$$

$$P(Y=不打 \mid 晴,低,大,有风) = \frac{P(Y=不打)\prod_{j=1}^{n}P(X^{(j)}=x^{(j)} \mid Y=c_k)}{\sum_k P(Y=c_k)\prod_{j=1}^{n}P(X^{(j)}=x^{(j)} \mid Y=c_k)}$$

$$\propto \frac{5}{14} \times \frac{3}{5} \times \frac{1}{5} \times \frac{4}{5} \times \frac{3}{5} = \frac{18}{875}$$

在计算上述后验概率时,由于分母是一样的,因此只计算了分子。这是一个典型的二分类问题,打网球和不打网球的概率之和为1,因此得到

$$P(Y=打 \mid 晴,低,大,有风) = \frac{\frac{1}{189}}{\frac{1}{189}+\frac{18}{875}} \approx 0.205$$

$$P(Y=不打 \mid 晴,低,大,有风) = \frac{\frac{18}{875}}{\frac{1}{189}+\frac{18}{875}} \approx 0.795$$

因此,最后得到的 y 值为"不打网球"。

考虑另外一种天气情况:多云天气。从表 8.7 可以看出,没有多云天气不打网球的先验概率,因此多云的条件概率的值为 0/5,这会导致不打网球的先验概率值为 0。对于这种情况就需要进行平滑处理了。加一平滑是最简单的平滑处理,也称为拉普拉斯平滑(在 3.4.3 节中使用过这种平滑方法)。

经过加一平滑处理之后的条件概率和先验概率如表 8.8 所示:

表 8.8　加一平滑之后的条件概率和先验概率

天气		温度		湿度		是否有风		是否打网球	
打	不打	打	不打	打	不打	打	不打	打	不打
晴 3/12	4/8	高 3/12	3/8	大 4/11	5/7	否 7/11	3/7	10/16	6/16
多云 5/12	1/8	暖 5/12	3/8	正 7/11	2/7	是 4/11	4/7		
雨 4/12	3/8	低 4/12	2/8						

在朴素贝叶斯方法中，由数据先学习输入变量 X 和输出变量 Y 的联合概率分布 $P(X,Y)$，然后求出条件概率分布 $P(Y|X)$ 作为预测的模型：

$$P(Y|X) = \frac{P(X,Y)}{P(X)} \tag{8-38}$$

这种监督学习方法称为生成方法，因为模型表示了给定输入 X 产生输出 Y 的生成关系。典型的生成模型包括朴素贝叶斯方法和隐马尔可夫模型（HMM）等。

而 8.5.2 节的决策树方法显然不属于生成方法，它属于判别方法。判别方法由数据直接学习决策函数 $f(X)$ 或条件概率分布 $P(Y|X)$ 作为预测的模型，即判别模型。判别方法关注的是对于给定的输入 X，应该预测什么样的输出 Y。典型的判别模型包括 Logistic 回归、决策树、K 最近邻（KNN）方法、感知机等。

在监督学习中，生成方法和判别方法各有优缺点，适用于不同条件下的学习问题。

生成方法的特点如下：生成方法可以还原出联合概率分布 $P(X,Y)$，而判别方法则不能。生成方法的学习收敛速度更快，当数据集中数据的数量增加时，学习到的模型可以更快地收敛于真实模型。当存在隐变量时，仍然可以使用生成方法学习，而此时判别方法就无能为力了。

判别方法的特点如下：判别方法直接学习的是条件概率 $P(Y|X)$ 或决策函数 $f(X)$，直接进行预测，往往学习的准确率更高；由于判别方法直接学习 $P(Y|X)$ 或 $f(X)$，可以对数据进行各种程度上的抽象、定义并使用特征，因此可以简化学习问题。

8.5.4　K 最近邻方法

K 最近邻（K-Nearest Neighbor，KNN）方法是一种基本的分类方法，1967 年由科沃（Thomas M. Cover）和哈特（Peter E. Hart）提出。该方法基于以下朴素的思想：要确定一个未知样本的类别，可以计算该样本与所有训练样本的距离，然后找出和该样本最接近的 K 个样本，再统计这些样本的类别并进行投票，票数最多的那个类就是未知样本的分类结果。因为直接比较未知样本和训练样本的距离，KNN 方法也被称为基于实例的算法。从本质上说，KNN 方法利用训练数据集对特征向量空间进行划分，并作为其分类的依据。和许多分类算法不同的是，KNN 方法没有显式的学习过程。

确定样本所属类别的一种最简单的方法是直接比较它和所有训练样本的相似度，然后将其归类为最相似的样本所属的那个类，这是一种模板匹配的思想。KNN 方法采用了这种思路，图 8.17 是使用 KNN 方法进行分类的一个例子。

在图 8.17 中，对于未知数据，与之最近的样本中包含了 1 个"＋"类别的样本、1 个"○"

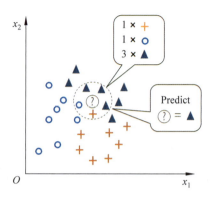

类别的样本、3个"▲"类别的样本,因此,对于该样本,KNN方法预测其为"▲"所代表的类别。同时可以看出,KNN方法天然就能完成多分类任务。

KNN方法没有需要求解的模型参数,因此没有显式的训练过程,其中K是一个超参数,由人工指定。KNN方法在预测时才会计算待预测样本和所有训练样本之间的距离。

对于分类问题,假设给定了n个训练样本(x_i, y_i),其中x_i为特征向量,y_i为类别的标签值,给定超参数K,假设类别的数量为c,待分类样本的特征向量为x。KNN方法的处理流程如下:

(1) 在训练样本集中找出距离x最近的K个样本。
(2) 在这K个样本集合中统计每一类样本的个数C_i, $i=1,2,\cdots,c$。
(3) 待分类样本的最终分类结果为$\arg\max_i C_i$。

这里,$\arg\max_i C_i$表示数量最大的值C_i对应的类别i。

KNN算法实现简单。它的缺点是当训练样本数大、特征向量维数很高时计算复杂度高。因为每次预测时要计算待预测样本和每一个训练样本的距离,而且要对距离进行排序,找到最近的K个样本。可以使用高效的部分排序算法,只找出最小的K个数;另外一种加速手段是用KD树实现快速的近邻样本查找。

KNN方法中一个重要的问题是超参数K的取值。它需要根据问题和数据的特点确定。一种典型的情形如图 8.18 所示。如果K的值为 3,则未知样本的类别为▲所属的类别;而如果K的值为 5,则该未知样本预测为属于■所属的类别。

在实现 KNN 算法时,还可以考虑样本的权重,即每个样本有不同的投票权重,这种方法称为带权重的 KNN 算法。一般来说,训练集中的样本与未知样本的距离越近,则该训练样本的权重越大。

在 KNN 方法中,当训练集、距离度量(如欧几里得距离)、K值和分类规则确定后,对于任何新的数据,它所属的类也唯一地确定了。这相当于根据上述信息将特征空间划分为一些子空间,确定了子空间中的每个点所属的类。图 8.19 是二维特征空间划分的一个实例。

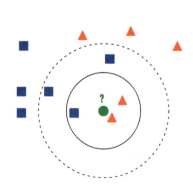

图 8.18 K值对 KNN 方法分类的影响

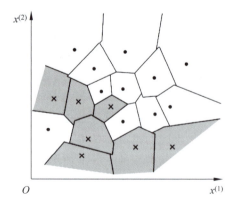

图 8.19 KNN 方法中二维特征空间的划分实例

特征空间中两个数据样本点的距离是两个样本点之间相似程度的反映。KNN 模型的特征空间一般是 n 维实数向量空间。一般可以使用欧几里得距离,但也可以使用其他距离,例如更具一般性的 L_p 距离或闵可夫斯基(Minkowski)距离。

L_p 距离的定义为

$$L_p(x_i,x_j) = \left(\sum_{l=1}^{n} |x_i^{(l)} - x_j^{(l)}|^p\right)^{\frac{1}{p}} \tag{8-39}$$

式(8-39)中的 $p \geqslant 1$。当 $p=2$ 时,称为欧几里得距离,即

$$L_2(x_i,x_j) = \left(\sum_{l=1}^{n} |x_i^{(l)} - x_j^{(l)}|^2\right)^{\frac{1}{2}} \tag{8-40}$$

当 $p=1$ 时,称为曼哈顿距离(也称为城市街区距离),即

$$L_1(x_i,x_j) = \sum_{l=1}^{n} |x_i^{(l)} - x_j^{(l)}| \tag{8-41}$$

当 $p=\infty$ 时,此时的距离是各个坐标距离的最大值,即

$$L_\infty(x_i,x_j) = \max_l |x_i^{(l)} - x_j^{(l)}| \tag{8-42}$$

图 8.20 给出了在二维空间中当 p 取不同值的时候与原点的 L_p 距离为 $1(L_p=1)$ 的点的图形。

大多数机器学习分类方法都会构建模型,然后使用该模型进行预测,这称为基于模型的学习,例如 Logistic 回归、朴素贝叶斯方法、决策树等,但 KNN 方法不属于此类,它属于另一类方法:基于实例的学习。在基于实例的学习方法中,分类算法从给定的数据样本中学习,然后通过使用相似度度量对未知数据和已有数据进行比较,从而对未知数据进行分类。

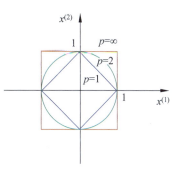

图 8.20 二维空间中 p 取不同值时 $L_p=1$ 的点的图形

8.5.5 支持向量机

支持向量机(Support Vector Machine,SVM)是一种分类模型,其基本模型是定义在特征空间上间隔最大的线性分类器。支持向量机还包括核函数,从而成为实质上的非线性分类器。支持向量机的学习策略是间隔最大化,可转换为一个求解凸二次规划问题,该问题等价于包含正则化的 Hinge 损失函数的最小化问题。

支持向量机方法包含了多种从简单到复杂的模型:线性可分 SVM、线性 SVM 以及非线性 SVM。简单模型是复杂模型的基础,也是复杂模型的特例。当训练数据线性可分时,通过硬间隔最大化学习一个线性的分类器,即线性可分 SVM,也称为硬间隔 SVM。当训练数据接近线性可分时,通过软间隔最大化,也学习一个线性的分类器,即线性 SVM,也称为软间隔 SVM。当训练数据线性不可分时,通过使用核技巧以及软间隔最大化学习得到非线性 SVM。最早的 SVM 由万普尼克(Vladimir Vapnik)和泽范兰杰斯(Alexey Chervonenkis)在 1963 年提出,软间隔 SVM 由柯特斯(Corinna Cortes)和万普尼克在 1993 年提出,随后伯泽尔(Bernhard Boser)、盖恩(Isabelle Guyon)与万普尼克又引入了核技巧,在 1996 年提出了非线性 SVM。

1. 线性可分 SVM

对于给定的一个线性可分的训练集,要构建一个超平面(在二维空间中是一条直线,在三维空间中是一个平面)对其进行划分,可以有很多种选择,如图 8.21 所示。

凭直觉,会选择最中间的那个超平面(也就是图 8.21 中最粗的那条线)。因为该超平面具有更好的泛化能力。测试集中的点一般没有在训练集中出现过,这个时候难免会有些点会偏向分类的超平面,如果该分类超平面距离训练数据点更接近,对于这些偏向超平面的数据点就可能分类错误了。最中间的那个线性模型受到的影响最小,因此其泛化能力更好。

在样本空间中,超平面可以通过以下线性方程描述:

$$w^T x + b = 0 \tag{8-43}$$

其中,w 是法向量,决定了超平面的方向;b 则是位移,决定了超平面和原点之间的距离(也就是位置)。知道了 w 和 b,也就能确定该超平面的位置和方向。这个超平面可以用分类函数 $f(x)=w^T x+b$ 表示,当 $f(x)=0$ 的时候,x 便是位于超平面上的点,而 $f(x)>0$ 的点对应 $y=1$ 的数据点,$f(x)<0$ 的点对应 $y=-1$ 的点,如图 8.22 所示。在图 8.22 中用○标记的样本点(包括一个⊕和两个⊖)称为支持向量,它满足以下公式:

$$y(w^T x + b) = 1 \tag{8-44}$$

也就是说,对于正类的支持向量,$(w^T x+b)=1$,正类的非支持向量样本点满足$(w^T x+b)>+1$;对于反类的支持向量,则有$(w^T x+b)=-1$,反类的非支持向量样本点满足$(w^T x+b)<-1$。

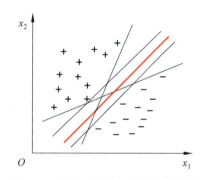

图 8.21 线性可分情况下的多个模型

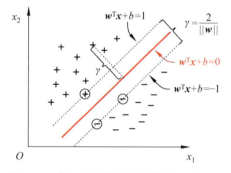

图 8.22 基于间隔最大化的线性可分 SVM

SVM 训练的目的是最大化正类和反类之间的间隔 $\gamma = \dfrac{2}{\|w\|}$,也可以转换为最小化 $\|w\|^2$,如下所示:

$$\begin{aligned} & \min \frac{1}{2}\|w\|^2 \\ & \text{s.t.} \quad y_i(w^T x_i + b) \geqslant 1, \quad i=1,2,\cdots,n \end{aligned} \tag{8-45}$$

可以看出,这是一个带有约束条件的最优化问题,其中的约束条件为

$$y_i(w^T x_i + b) \geqslant 1, \quad i=1,2,\cdots,n \tag{8-46}$$

由于这个问题的特殊结构,可以通过拉格朗日对偶性把式(8-44)转化为对偶变量的优化问题,SMO 算法是解决 SVM 的主要方法。具体细节限于篇幅不再讨论,有兴趣的读者可以参阅 SVM 的著作。

2. 线性 SVM

有些数据集可以使用线性可分 SVM 求解，但由于数据集中往往存在噪声，包含了异常点，导致数据集不再是线性可分的。

线性可分问题的 SVM 方法对线性不可分的训练数据是不适用的，因为此时上述方法中的约束并不能都成立。这就需要修改硬间隔最大化，使其成为软间隔最大化。

这种不要求所有样本被正确分类的 SVM 形式被称为软间隔，即不满足原有的约束[参见式(8-46)]。如图 8.23 所示，此时允许 SVM 在一些样本上出错。

为了解决这个问题，可以对每一个样本点(x_i, y_i)引入一个松弛变量 $\xi_i \geqslant 0$，使式(8-46)中左边的部分加上松弛变量之后不小于 1。这样，约束条件就变为

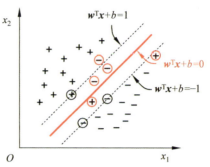

图 8.23 软间隔的支持向量

$$y_i(\boldsymbol{w}^T\boldsymbol{x}_i+b)+\xi_i \geqslant 1, \quad i=1,2,\cdots,n \tag{8-47}$$

同时，对每一个松弛变量 ξ_i，需要支付一个代价 ξ_i，也称为惩罚项。目标函数由线性可分 SVM 中的 $\frac{1}{2}\|\boldsymbol{w}\|^2$ 变成了

$$\frac{1}{2}\|\boldsymbol{w}\|^2+C\sum_{i=1}^{N}\xi_i \tag{8-48}$$

同时，约束条件也变成了式(8-47)。在式(8-48)中，N 为训练集中样本的数量，超参数 $C>0$，称为惩罚参数，一般由具体的应用问题决定。C 值大表示对错误分类的惩罚增大，C 值小则表示对错误分类的惩罚减小。最小化目标函数(8-47)包含两层含义：使 $\frac{1}{2}\|\boldsymbol{w}\|^2$ 尽量小，即间隔尽量大，同时使错误分类的个数尽量少，C 是调和二者的系数。

经过上述处理之后，就可以和训练数据集线性可分时一样考虑训练数据集线性不可分时的线性 SVM 的学习问题。相对于硬间隔最大化，它称为软间隔最大化。

3. 非线性 SVM

在现实任务中，原始样本空间中也许根本就不存在一个能正确划分两类样本的超平面。此时使用线性可分 SVM 和线性 SVM 就无法正确分类了。对于这样的问题，可以把样本从原始空间映射到一个更高维的特征空间，使得样本在新的特征空间中是线性可分的。例如，在图 8.24 中，若将左图中原始的二维空间映射到一个合适的三维空间，就能找到一个合适的超平面，能够对样本进行正确的分类。如果原始空间是有限维度的(即属性的数量是有限的)，那么一定存在一个高维特征空间使样本是线性可分的。

8.5.6 分类性能评价

对机器学习分类器的泛化能力进行评估，不仅需要有效且可行的实验估计方法，还需要有衡量模型泛化能力的评价标准，这就是性能度量。

错误率和正确率是分类任务中最常用的两种性能度量，既适用于二分类任务，也适用于

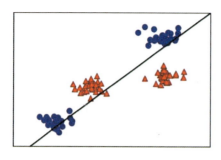 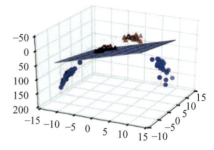

图 8.24 线性不可分的数据集经过非线性映射后为线性可分

多分类任务。通常把分类错误的样本数占样本总数的比例称为错误率（error rate），即，如果在 m 个样本中有 a 个样本分类错误，则错误率的定义为

$$E = a/m \tag{8-49}$$

与之相对的评价指标正确率（accuracy）的定义为

$$1 - E = 1 - a/m \tag{8-50}$$

错误率和正确率虽然很常用，但是并不能满足所有任务的需求。例如，现在需要检测 1000 个人是否患有渐冻症，由于渐冻症是一种罕见的疾病，此处假定这 1000 个人里面只有一个人真正患病。在这种情况下，可以设计一个算法，直接预测这 1000 个人都健康。根据准确率的定义，除了那一个真正患病的病人预测错了，算法对其余健康的 999 人都预测正确了，因此，其错误率为 0.1%，正确率为 99.9%，看上去是非常好的结果。但是，这样的算法没有任何预测能力，将其用于医疗是极其不负责的。这说明，错误率和正确率不能满足所有任务的需求，还需要更有效的性能度量。

类似的性能度量需求在信息检索、Web 搜索（例如搜索引擎）等应用中经常出现。例如，在信息检索中，经常会关注"检索出来的信息中有多少比例是用户真正感兴趣的""用户真正感兴趣的信息中有多少被检索出来了"这些问题。

对于二分类问题，首先将问题中最关心的、在数量上为少数的那一部分数据定义为正例（positive）。例如，如果需要预测渐冻症，渐冻症患者就定义为正例，剩下的人就定义为负例（negative）。之后，可以把数据根据其真实类别和分类算法预测类别的组合划分为以下几个部分：TP（True Positive）、TN（True Negative）、FP（False Positive）和 FN（False Negative）。这 4 个部分的种类均包含了两个字母，其中第一个字母表示算法预测正确（T）或者错误（F），第二个字母表示算法预测的结果。这 4 个部分就构成了二分类的混淆矩阵（confusion matrix），如表 8.9 所示。

表 8.9 二分类问题的混淆矩阵

真实情况	预测结果	
	正例	反例
正例	TP（真正例）	FN（假反例）
反例	FP（假正例）	TN（真反例）

基于上述混淆矩阵，可以定义下面几个性能度量指标。

精确率(precision)表示预测为正例的那些数据中预测正确的数据占比,定义为

$$P = \frac{\text{TP}}{\text{TP} + \text{FP}} \tag{8-51}$$

召回率(recall)表示实际上为正例的那些数据中预测正确的数据占比,定义为

$$R = \frac{\text{TP}}{\text{TP} + \text{FN}} \tag{8-52}$$

在不同的应用场景下,对性能评价指标的关注点是不同的。例如,在预测股票的时候可能更关注精确率,即预测涨的那些股票里真涨了的有多少,因为那些预测涨的股票已经投资买入了;而在预测病患的场景下,更关注召回率,也就是说,真正的患者中预测错误的情况应该越少越好,因为如果真正的患者如果没有被检测出来,后果将很严重。而前面那个预测所有人都健康、没有患渐冻症的分类模型,其召回率就是0。

精确率和召回率是此消彼长的,即,精确率高了,召回率就下降。在一些场景下要兼顾精确率和召回率,这就是F1测度,其定义如下:

$$\frac{1}{\text{F1}} = \frac{1}{2}\left(\frac{1}{P} + \frac{1}{R}\right) \tag{8-53}$$

$$\text{F1} = \frac{2PR}{P+R} \tag{8-54}$$

从式(8-54)可以看出,F1测度是精确率和召回率的调和平均数。只有当精确率和召回率二者都非常高的时候,它们的调和平均才会高;如果其中之一很低,调和平均数就会被拉得接近那个很低的数。F1测度是分类模型评价中使用最广泛的评价指标,也称F1值。如果精确率和召回率中有一个是0,则F1值就是0。因此,那个假定1000人全部都健康的分类模型,其F1值为0。

很多分类算法都输出一个概率值,然后设定一个阈值,高于阈值预测为正类,反之预测为反类。分类的过程就是设定阈值,并用阈值对预测值做截断的过程,当这个阈值发生变化时,预测结果和混淆矩阵就会发生变化,最终导致一些评价指标的值发生变化。

为了研究阈值变化时评价指标随之变化的情况,人们把ROC引入机器学习领域中。ROC的全称是受试者工作特征(Receiver Operating Characteristic)曲线,它来源于第二次世界大战中用于敌机检测的雷达信号分析技术,从20世纪六七十年代开始在心理学和医疗检测中应用,1989年,斯派克曼(Kent Spackman)将它引入机器学习领域中。ROC曲线的纵轴是TPR(True Positive Rate,真正例比率),横轴是FPR(False Positive Rate,假正例比率),其定义分别为

$$\text{TPR} = \frac{\text{TP}}{\text{TP} + \text{FN}} \tag{8-55}$$

$$\text{FPR} = \frac{\text{FP}}{\text{TN} + \text{FP}} \tag{8-56}$$

显示ROC曲线的图称为ROC图,如图8.25(a)所示。

显然,对角线对应于随机猜测模型(类似于掷硬币),而左上角的点(0,1)则对应于将所有正例排在所有反例之前的理想模型。在真实分类任务中,通常是利用有限的测试数据绘制ROC曲线,此时仅能获得有限个数据点,无法产生图8.25(a)这样的光滑ROC曲线,只能绘制出近似ROC曲线,如图8.25(b)所示。

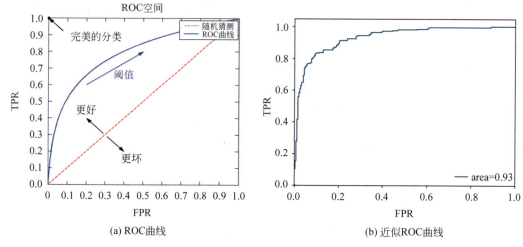

图 8.25　ROC 曲线

如果多个分类算法的 ROC 曲线发生交叉,则很难一般性地断言两者孰优孰劣。如果要进行比较,较为合理的一种判据是比较 ROC 曲线下的面积,即 AUC(Area Under ROC Curve)。AUC 越大,算法越好。显然,AUC 的值最大为 1,图 8.25(b)中的近似 ROC 曲线对应的 AUC 值为 0.93,接近最大值 1,说明这是一个效果较好的分类模型。

8.6　无监督学习

无监督学习是从没有标注的数据中学习数据的统计规律或内在结构的机器学习技术。无监督学习主要包括聚类、降维、概率估计、关联规则分析等。无监督学习可以用于数据分析或者监督学习的前处理。

8.6.1　无监督学习概述

与监督学习相比,无监督学习是困难的任务。由于数据没有标注(只有输入变量 X,没有输出变量 Y),计算机需要从数据中找出其内在的规律。模型的输入 x 在数据中可以观测,而输出 z 则隐藏在数据中。在监督学习中,一般使用 y 表示标注数据的类别;由于无监督学习使用的数据没有标注,因此也就没有 y。同时,为了表示与监督学习的区别,一般使用 z 表示无监督学习中隐藏规律的输出。

无监督学习通常需要大量的数据,因为对数据隐藏规律的发现需要足够的观测数据。假设训练数据集由 n 个样本组成,每个样本是一个 m 维向量。训练数据可以用一个矩阵表示,其中的每一行对应一个特征,每一列对应一个样本。在机器学习中,一般把一个样本表示为一个列向量。

下面是表示训练数据的矩阵,其中,x_{ij} 是第 j 个向量的第 i 个维度,$i=1,2,\cdots,m$,$j=1,2,\cdots,n$。

$$X = \begin{bmatrix} x_{11} & x_{12} & \cdots & x_{1n} \\ x_{21} & x_{22} & \cdots & x_{2n} \\ \vdots & \vdots & \ddots & \vdots \\ x_{m1} & x_{m2} & \cdots & x_{mn} \end{bmatrix}$$

无监督学习的基本出发点是对给定的矩阵数据进行某种"压缩",从而找到数据的潜在结构。假定损失最小的压缩得到的结果就是数据本质的内在结构。

无监督学习在对给定的矩阵数据进行压缩时,主要有以下 3 种思路:

(1) 发掘数据的纵向结构。把相似的样本聚到同一类中,即对数据进行聚类。

(2) 发掘数据的横向结构。把高维空间的向量转换为低维空间的向量,即对数据进行降维。

(3) 同时发掘数据的纵向与横向结构。假设数据是由含有隐式结构的概率模型生成得到的,从数据中学习该概率模型。

8.6.2 聚类

在无监督学习中,聚类(clustering)是一种重要的任务。聚类是将样本集合中相似的样本分配到相同的类中,将不相似的样本分配到不同的类中。聚类时,样本通常是欧几里得空间中的向量。类别不是事先给定的,而是从数据中自动发现的,但类别的个数通常是聚类之前事先给定的。样本之间的相似度或距离取决于具体应用。如果一个样本最多属于一个类,则称为硬聚类;如果一个样本可以属于多个类,则称为软聚类。

聚类的基础和前提是相似度或距离,有多种相似度和距离定义方法。由于相似度的定义方法直接影响聚类的结果,因此其选择是聚类的重要问题。在 8.5.4 节中对距离已进行了介绍,此处不再赘述。

除了距离之外,样本之间的相似度也可以用相关系数表示。相关系数的绝对值越接近 1,表示样本越相似;越接近 0,则表示样本越不相似。样本 x_i 与样本 x_j 之间的相关系数定义如下:

$$r_{ij} = \frac{\sum_{k=1}^{m}(x_{ki}-\bar{x}_i)(x_{kj}-\bar{x}_j)}{\left[\sum_{k=1}^{m}(x_{ki}-\bar{x}_i)^2 \sum_{k=1}^{m}(x_{kj}-\bar{x}_j)^2\right]^{\frac{1}{2}}} \qquad (8\text{-}57)$$

在式(8-57)中,$\bar{x}_i$ 和 $\bar{x}_j$ 分别为样本 x_i 与样本 x_j 所有维度的均值。

除此之外,样本之间的相似度也可以用夹角余弦表示。夹角余弦越接近 1,表示样本越相似;越接近 0,表示样本越不相似。

样本 x_i 与样本 x_j 之间的夹角余弦定义如下:

$$s_{ij} = \frac{\sum_{k=1}^{m} x_{ki} x_{kj}}{\left[\sum_{k=1}^{m} x_{ki}^2 \sum_{k=1}^{m} x_{kj}^2\right]^{\frac{1}{2}}} \qquad (8\text{-}58)$$

使用距离度量相似度时,距离越小,样本越相似。用相关系数时,相关系数越大,样本越相似。需要注意的是,不同相似度度量得到的结果并不一定一致。

聚类得到的结果是一个或多个簇(cluster)。通过聚类得到的簇本质上是样本的子集。

如果一个聚类方法假定一个样本只能属于一个簇,或簇的交集为空集,那么该方法称为硬聚类方法;如果一个样本可以属于多个簇,或簇的交集不为空集,那么该方法称为软聚类方法。

这里,使用 G 表示簇。用 x_i、x_j 表示簇中的样本,用 n_G 表示 G 中样本的个数,用 d_{ij} 表示样本 x_i 与样本 x_j 之间的距离。设 T 为给定的正数,如果集合 G 中的任意两个样本 x_i 和 x_j 均满足:

$$d_{ij} \leqslant T$$

则称 G 为一个簇。

簇有以下特征:

(1) 簇的均值,也称为簇的中心。簇均值的计算方法是:先求和,再除以簇中样本的个数。

(2) 簇的直径,它是簇中任意两个样本之间距离的最大值。

在聚类时,除了要度量样本之间的距离之外,很多时候还要度量簇之间的距离。簇 G_p 与簇 G_q 之间的距离 $D(p,q)$ 也称为连接。簇之间的距离也有多种定义。

设簇 G_p 包含 n_p 个样本,簇 G_q 包含 n_q 个样本,分别用 $\bar{x}_p$ 和 $\bar{x}_q$ 和表示 G_p 与 G_q 的均值,即簇的中心。

簇之间的距离包括如下几个:

(1) 最短距离,也称为单连接。定义簇 G_p 的样本与 G_q 的样本之间的最短距离为两簇之间的距离。

(2) 最长距离,也称为完全连接。定义簇 G_p 的样本与 G_q 的样本之间的最长距离为两簇之间的距离。

(3) 中心距离。定义簇 G_p 与 G_q 的中心 $\bar{x}_p$ 和 $\bar{x}_q$ 之间的距离为两簇之间的距离。

(4) 平均距离。定义簇 G_p 与 G_q 中任意两个样本之间所有距离的平均值为两簇之间的距离。

聚类的方法包括层次聚类方法、原型聚类方法、密度聚类方法等。

1. 层次聚类方法

层次聚类假设簇之间存在层次结构,将样本聚到层次化的簇中。层次聚类又有聚合聚类(自下而上)、分裂聚类(自上而下)两种方法。由于每个样本只属于一个簇,所以层次聚类属于硬聚类。

首先来看聚合聚类方法。聚合聚类的过程是这样的:首先将每个样本各自分到只包含该样本的一个簇中;然后将相距最近的两簇合并,建立一个新的簇;重复上一操作直到满足停止条件,得到层次化的类别。

另一种层次聚类方法是分裂聚类方法。分裂聚类的过程是这样的:首先将所有样本分到同一个簇中;然后将已有类中相距最远的样本分到两个新的簇中;重复上一操作直到满足停止条件,得到层次化的类别。

2. 原型聚类方法

原型聚类方法也称为基于原型的聚类方法,此类方法假设聚类结构能通过一组原型刻画,在具体的聚类任务中应用非常广泛。通常情况下,该方法先对原型进行初始化,然后对原型进行迭代更新求解。采用不同的原型表示和不同的求解方式,将产生不同的算法。

在原型聚类方法中，名气最大的就是 K 均值聚类方法，也称为 K-means 聚类方法，mean 表示平均值。K 均值聚类是基于样本集合划分的聚类方法。该方法将样本集合划分为 K 个子集，构成 K 个簇，将 N 个样本分到 K 个簇中，使每个样本到其所属簇的中心的距离最小。由于每个样本只能属于一个簇，因此，K 均值聚类属于硬聚类。

给定 n 个样本的集合 $X=\{x_1,x_2,\cdots,x_N\}$，每个样本由一个特征向量表示，特征向量的维数是 M。K 均值聚类的目标是将 N 个样本分到 K 个不同的簇中，假设 $K<N$。K 个簇 $\{G_1,G_2,\cdots,G_K\}$ 形成对样本集合 X 的划分，其中任意两个簇的交集是空集，所有簇的并集就是样本集合 X 本身。这里，用 C 表示划分，一个划分对应一个聚类结果。

K 均值聚类的策略是通过误差函数的最小化选取最优的划分 C^*，一般使用欧几里得距离的平方作为样本之间的距离度量，计算公式为

$$d(\boldsymbol{x}_i,\boldsymbol{x}_j)=\sum_{k=1}^{m}(x_{ki}-x_{kj})^2=\|\boldsymbol{x}_i-\boldsymbol{x}_j\|^2 \tag{8-59}$$

上面说的误差函数的定义为样本与其所属簇的中心距离的总和，如下所示：

$$W(C)=\sum_{l=1}^{k}\sum_{C(i)=l}\|\boldsymbol{x}_i-\bar{\boldsymbol{x}}_l\|^2 \tag{8-60}$$

可以看出，这里使用了均方误差。其中，$\bar{x}_l$ 表示第 l 个簇的中心。函数 W 也称为能量，表示相同簇中的样本相似的程度。

在定义了误差函数之后，K 均值聚类就转化为求解这个误差函数的最优化问题：

$$C^*=\arg\min_{C}W(C)=\arg\min_{C}\sum_{l=1}^{k}\sum_{C(i)=l}\|\boldsymbol{x}_i-\bar{\boldsymbol{x}}_l\|^2 \tag{8-61}$$

当相似的样本被聚到同一个簇中时，目标函数值最小，因此，这个目标函数的最优化就能达到聚类的目的。式(8-61)中的最小化并不容易，找到它的最优解需要考察样本数据集所有可能的簇划分，这是一个 NP 困难(Non-deterministic Polynomial hard)问题。因此，K 均值聚类算法采用了贪心策略，通过迭代优化获得最优解的近似解。

下面来看 K 均值聚类的算法过程。K 均值聚类的算法是一个迭代过程，每次迭代包括两个步骤：首先选择 K 个簇的中心，将样本逐个指派到与其最近的中心的簇中，得到一个聚类结果；然后更新每个簇的样本的均值，作为簇的新的中心。重复以上步骤，直到算法收敛为止。上述迭代过程如图 8.2 所示，其中的〇表示每个簇的中心。

K 均值聚类方法的特点包括：这是一种基于划分的聚类方法；簇的数量 K 需要事先指定；一般以欧几里得距离的平方表示样本之间的距离，以中心或样本的均值代表所在的簇；在 K 均值聚类方法中，以样本和其所属簇的中心距离的总和为最优化的目标函数。

K 均值聚类得到的类别是平坦的、非层次化的。由于 K 均值聚类算法是迭代的，因此，不能保证一定得到全局最优解。

K 均值聚类属于启发式方法，不能保证收敛到全局最优，初始中心的选择会直接影响聚类结果。注意，簇中心在聚类的迭代过程中会发生移动，但是往往不会移动太大，因为在每一步，样本都会被分到与其最近的中心的簇中。选择不同的初始中心，会得到不同的聚类结果。例如，在进行初始中心的选择时，可以用层次聚类方法对样本进行聚类，得到 K 个簇时停止，然后从每个簇中选取一个与中心距离最近的点。

K 均值聚类中的簇数 K 值是一个超参数，需要预先指定，而在实际应用中最优的 K 值

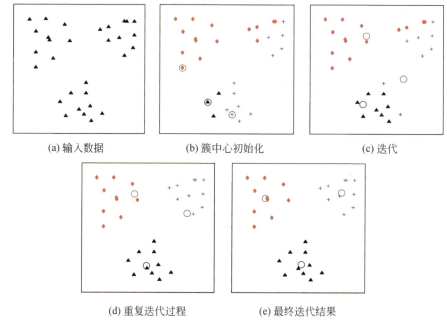

图 8.26　K 均值聚类的过程

是不知道的。可以尝试用不同的 K 值进行聚类,检验得到的聚类结果的质量,推测最优的 K 值。聚类结果的质量可以用簇的平均直径衡量。一般地,簇的数量变小时,平均直径会增加;簇的数量变大到超过某个值以后,平均直径就不变了,这个值就是最优的 K 值。

K 均值聚类应用非常广泛。例如,使用 K 均值聚类方法,可以实现图像分割。在图 8.27 中,左边是原始图像,使用 K 均值聚类方法得到了右边的 3 个簇,从而初步完成了图像的分割任务。

原始图像

簇1中的物体

簇2中的物体

簇3中的物体

图 8.27　聚类在图像处理中的应用

3. 密度聚类方法

密度聚类方法也称为基于密度的聚类方法,此类方法假设聚类结构能通过样本分布的紧密程度确定。通常情况下,密度聚类方法从样本密度的角度考虑样本之间的可连接性,并基于可连接的样本不断扩展聚类的簇,以获得最终的聚类结果。

DBSCAN 是一种著名的密度聚类算法,它基于一组邻域参数(ϵ, MinPts)刻画样本分布的紧密程度。

K 均值聚类方法本质上是将样本空间划分成 K 个区域,决定了划分结果的 K 个簇一定是凸集,因而该方法对非凸区域的鉴别效果非常不好。在非凸数据集上,DBSCAN 等密度聚类方法的聚类效果较好。如图 8.28 所示,其中,(a)为原始数据,(b)为 K 均值聚类的结果,(c)则是 DBSCAN 聚类的结果。可以看出,在非凸数据集上密度聚类方法效果更好。

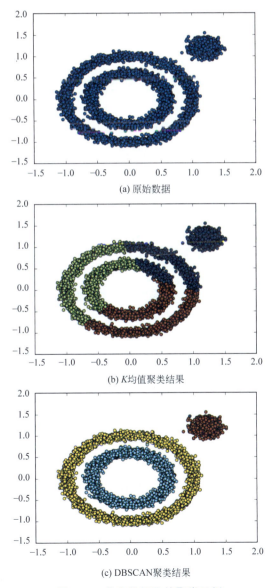

图 8.28 非凸数据集的聚类示例

聚类可能是机器学习中新算法出现最多、最快的领域了。一个重要原因是聚类属于无监督学习,不存在 F1 测度这样的客观标准。对于给定的数据集,总能从某个角度找到以往算法未覆盖的某种标准,从而设计出新的聚类算法。和监督学习和强化学习相比,无监督学习中的聚类知识还不够系统化,但聚类技术本身在现实任务中非常重要。

8.6.3 降维

就像 KNN 方法和聚类方法一样,许多机器学习方法都涉及样本之间距离(或相似度)的计算,而高维空间会给距离的计算带来很大的麻烦,例如,当空间的维数很高时,计算两个向量之间的内积就很不容易。

实际上,在高维情况下出现的数据稀疏、距离计算困难等问题,是所有机器学习算法共同面临的严重障碍,一般称为维数灾难。而缓解维数灾难的一个重要途径就是降维,也称为维数约简,即,通过某种变换将原始高维特征空间转变为一个低维子空间,在这个子空间中数据的密度大幅度提高,缓解了数据稀疏现象,同时距离等计算问题也变得更为容易。在很多时候,人们观测或收集到的数据虽然是高维的,但是与机器学习任务密切相关的可能仅仅是某个低维的分布,即高维空间中的一个低维嵌入。原始高维空间中的样本点在这个低维嵌入的子空间中更容易进行学习。

一般来说,想获得低维子空间,最简单的方法是对原始高维空间进行线性变换。对于给定 d 维空间中的样本 $X = \{x_1, x_2, \cdots, x_n\}$,变换之后得到 $d' \leqslant d$ 维空间中的样本:

$$Z = W^T X \tag{8-62}$$

其中,W 是变换矩阵,Z 是样本在低维新空间中的表达。

变换矩阵 W 可看作 d' 个 d 维基向量,$z_i = W^T x_i$ 是第 i 个样本与这 d' 个基向量分别做内积运算而得到的 d' 维属性向量,也就是说,z_i 是原属性向量在新坐标系 $\{w_1, w_2, \cdots, w_{d'}\}$ 中的坐标向量。如果 w_i 与 w_j 正交,则新坐标系是一个正交坐标系,此时 W 为正交变换,显然,新空间中的属性是原空间中的属性的线性组合。这种基于线性变换进行降维的方法称为线性降维方法,它们都符合式(8-62)的形式,不同之处是对低维子空间的性质有不同的要求,也就是对 W 有着不同的约束。如果要求低维子空间对样本具有最大的可分性,将得到一种应用非常广泛的线性降维方法,这就是主成分分析(Principal Component Analysis,PCA)方法。

对于正交属性空间中的样本点,想用一个超平面(在高维空间中,直线成为超平面)对所有的数据样本进行恰当的表达,该超平面应该具有如下的性质:

(1)最近重构性。样本点到这个超平面的距离都足够近。

(2)最大可分性。样本点在这个超平面上的投影应尽可能分开。

从最大可分性来看,样本点 x_i 在新空间中超平面上的投影是 $W^T x_i$,如果要使所有样本点的投影尽可能地分开,应该使投影后样本点的方差最大化,如图 8.29 所示。

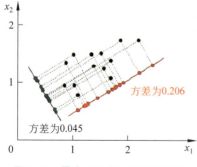

图 8.29 最大可分性:投影使获得的方差最大

主成分分析方法中的变换矩阵 $\boldsymbol{W}$ 符合以下等式：
$$\boldsymbol{X}\boldsymbol{X}^{\mathrm{T}}\boldsymbol{W} = \lambda \boldsymbol{W} \tag{8-63}$$

因此，只需要对协方差矩阵 $\boldsymbol{X}\boldsymbol{X}^{\mathrm{T}}$ 进行特征值分解，将计算得到的特征值进行排序：$\lambda_1 \geqslant \lambda_2 \geqslant \cdots \geqslant \lambda_d$，取出前 d' 个特征值对应的特征向量构成 $\boldsymbol{W} = (\boldsymbol{w}_1, \boldsymbol{w}_2, \cdots, \boldsymbol{w}_{d'})$，这就是主成分分析方法的解。降维后低维空间的维数 d' 一般由用户事先指定，或通过在 d' 值不同的低维空间中对 KNN 或其他计算量较小的机器学习算法进行交叉验证，以选择较好的 d' 值。

显然，在主成分分析方法中低维空间和原始的高维空间肯定是不同的，因为对应特征值较小的 $d - d'$ 个特征向量在降维之后被舍弃了，这是降维导致的结果。但舍弃这部分信息往往是必要的，这是因为：首先，这部分信息被舍弃之后数据的密度增大了，而这正是降维的主要目的；其次，数据中往往包含了噪声，较小特征值所对应的特征向量往往与噪声有关，舍弃这些特征向量在一定程度上达到了去噪声的效果。

线性降维方法假设从高维空间到低维空间的函数映射是线性的，然而，在不少具体任务中，可能需要非线性映射才能找到适当的低维嵌入。非线性降维的一种常用方法是基于核技巧对线性降维方法进行核化，核主成分分析就是一种常用的核化线性降维方法。

8.7 强 化 学 习

机器学习可以分为监督学习、无监督学习和强化学习。强化学习是指：一个计算机程序与动态环境交互，同时表现出确切目标，例如驾驶一辆交通工具或者玩一个对抗游戏。这个程序的奖惩机制会作为反馈，实现它在问题领域中的导航。

生物进化过程中为适应环境而进行的学习有两个特点：①生物从来不是静止、被动地等待，而是主动地对环境作试探；②环境对试探动作产生的反馈是评价性的，生物根据环境的评价调整以后的行为，是一种从环境状态到行为映射的学习。具有以上特点的学习就是强化学习。

强化学习的特点包括：①没有监督者，只有反馈信号；②反馈是延迟的，不是瞬时的；③时序性强，不适用于独立分布的数据；④智能体的行为会影响后续信息的接收。

强化学习(Reinforcement Learning, RL)，是指从环境状态到行为映射的学习，以使系统行为从环境中获得的累积奖励值最大的一种机器学习方法，在智能控制机器人及分析预测等领域有着广泛的应用。

强化学习是一种在线的机器学习方法。在强化学习中，设计算法把外界环境转化为最大化奖励量的方式的动作。算法并没有直接告诉主体要做什么或者要采取哪个动作，而是主体通过看哪个动作得到了最多的奖励来自己发现。主体的动作不仅影响立即得到的奖励，而且还影响接下来的动作和最终的奖励。

强化学习与其他机器学习技术的显著区别如下：

(1) 强化学习没有预先给出训练数据，而是要通过与环境的交互产生。

(2) 在环境中执行一个动作后，没有关于这个动作好坏的标记，而只有在交互一段时间后才能得知累积奖励，从而推断之前动作的好坏。例如，在下棋时，机器没有被告知每一步落棋的决策是好是坏，直到在许多次决策分出胜负后，机器才收到了总体的反馈，并从最终的胜负中学习，以提升自己的胜率。大名鼎鼎的 AlphaGo 就使用了强化学习技术。

在强化学习中，学习者必须尝试各种动作，并且渐渐趋近于那些表现最好的动作，以达到目标。尝试各种动作即为试错，也称为探索；趋近于好的动作即为强化，也称为利用。探索与利用之间的平衡，是强化学习的一个挑战。探索多了，有可能找到差的动作；探索少了，有可能错过好的动作。

随时间推移，学习者利用它获得的经验不断提高自己的性能。简言之，强化学习就是试出来的经验。它们都涉及一个积极作决策的智能体和它所处的环境之间的交互，尽管环境是不确定的，但是智能体试着寻找并实现目标。智能体的动作允许影响环境的未来状态（如下一个棋子的位置、机器人的下一位置等），进而影响智能体以后可利用的选项和机会。那么，什么是智能体呢？智能体就是学习的主体，例如小猫、小狗、人、机器人、控制程序等都是智能体。智能体以最终目标为导向，与不确定的环境之间进行交互，在交互过程中强化好的动作，获得经验。

智能体具有如下特点：智能体能感知环境的状态；智能体能够选择动作（可能会影响环境的状态）；智能体有一个目标（与环境状态有关的）。

强化学习的示意图如图 8.30 所示。在强化学习中，智能体选择一个动作作用于环境，环境接收该动作后发生变化，同时产生一个强化信号（奖或罚）反馈给智能体，智能体再根据强化信号和环境的当前状态再选择下一个动作，选择的原则是使受到正的奖励值的概率增大。选择的动作不仅影响立即奖励值，而且还影响下一时刻的状态及最终强化值。强化学习的目的就是寻找一个最优策略，使得智能体在运行中所获得的累计报酬最大。除了智能体和环境之外，强化学习系统的 4 个主要子要素为策略、奖励函数、值函数和一个可选的环境模型。

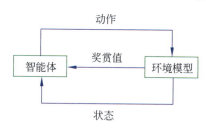

图 8.30　强化学习示意图

如果把强化学习中的状态对应于监督学习中的样本（即输入数据 X），动作对应于标记（即输出数据 Y），那么，强化学习中的策略实际上就相当于监督学习中的分类算法（当动作是离散的）或者回归算法（当动作是连续的），模型的形式并没有差别。两者的不同之处在于，在强化学习中并没有监督学习中带标记的样本数据，也就是说，没有数据直接告诉智能体在什么状态下应该做什么动作，只有等到最终结果揭晓之后，才能回顾和反思之前的动作是否正确，从而进行学习。因此，从这个角度来说，强化学习可以看作具有"延迟的标注信息"的监督学习。

8.8　本章小结

机器学习是目前人工智能领域研究的核心热点之一。经过多年的发展，尤其是最近 20 年与统计学以及神经科学的交叉促进，机器学习为人们带来了高效的网络搜索、更实用的机器翻译、更准确的图像识别和理解，极大地改变了人们的生产、生活方式。相关的研究者越来越认为，机器学习（包括深度学习）是人工智能取得进展的最有效途径。

本章围绕机器学习的基础理论和基本概念，介绍了当前机器学习的主流方法——监督学习、无监督学习和强化学习，并简要介绍了不同方法的典型应用场景以及在解决问题时的优缺点，在监督学习中又分别对回归和分类进行了详细介绍。限于篇幅，本章只介绍了机器学习领域的一些最基本的概念和方法。作为目前人工智能中最活跃的研究领域之一,机器学习的资料很丰富,读者可以通过公开课程掌握机器学习的基本概念,周志华教授、李航教授等编著的机器学习领域的教材也可供学习使用。

习 题 8

1. 监督学习方法可以分为生成式方法和判别式方法,下面的(　　)方法属于生成式方法。
   A. 朴素贝叶斯　　　　　　　　B. 决策树
   C. K 近邻　　　　　　　　　　D. 回归
2. 下面的机器学习方法中(　　)没有利用带标签的数据。
   A. 半监督学习　　B. 回归　　C. 无监督学习　　　　D. 分类
3. 下列机器学习方法中不属于监督学习的是(　　)。
   A. K 均值聚类法　　　　　　　B. K 近邻法
   C. 决策树法　　　　　　　　　D. Logistic 回归
4. 机器学习的经典定义是(　　)。
   A. 利用技术进步改善系统自身的性能
   B. 利用技术进步改善人的能力
   C. 利用经验(数据)改善系统自身的性能
   D. 利用经验(数据)改善人的能力
5. 下列关于监督学习和无监督学习的说法中不正确的是(　　)。
   A. 无监督学习与监督学习相比更加接近人类学习的过程
   B. 监督学习的训练数据需要专业人士进行标注
   C. 监督学习有明确的学习目标,而无监督学习没有
   D. K 近邻算法中无须对训练数据进行训练
6. 机器学习系统中通常将数据集划分为训练集和测试集,其中用来在学习中得到系统的参数取值的是(　　)。
   A. 训练集　　　　　　　　　　B. 测试集
   C. 训练集和测试集　　　　　　D. 以上答案都不对
7. 在机器学习中,如果数据量很大,但是采用的模型较为简单,得到的模型在训练集和测试集上的预测效果都很差,这种现象称为(　　)。
   A. 欠拟合　　　B. 过拟合　　　C. 损失函数　　　　D. 经验风险
8. 在机器学习中,如果数据较少,同时采用的模型较复杂,得到的模型在给定的训练集上误差非常小,接近0,但是在训练集之外的数据上预测效果很差,这种现象称为(　　)。
   A. 欠拟合　　　B. 过拟合　　　C. 损失函数　　　　D. 经验风险
9. 对表 8.4 购买计算机决策树模型的训练数据,使用朴素贝叶斯方法构建模型。假设某客户的 4 个属性如下:年龄20、低收入、是学生、信用一般,使用模型预测该客户是否会购买计算机。
10. 对表 8.6 天气打网球的决策数据,使用决策树构建模型。现有一条测试数据:天气晴、温度低、湿度大、有风,使用模型预测是否外出打网球。

第 9 章 机器学习应用

从 20 世纪 80 年代以来,机器学习技术在人工智能的很多领域,包括自然语言处理、计算机视觉、语音处理等,都得到了非常广泛的应用。由于机器学习技术是数据驱动的,因此也极大地刺激了上述领域中数据集的构建和使用。

本章介绍传统机器学习技术(不包括深度学习技术)在计算机视觉、自然语言处理等领域中的典型应用。在计算机视觉领域,介绍传统机器学习技术中广泛使用的一些图像特征以及一些常用的算法。在自然语言处理领域,对文本分类和序列标注这两个经典的任务进行介绍,包括任务中使用的特征以及采用的机器学习算法等。在序列标注算法中,以隐马尔可夫模型和条件随机场模型为例,对概率图模型进行详细介绍。

9.1 计算机视觉的处理流程

在计算机视觉的发展史上,进入 20 世纪 90 年代之后,机器学习方法成为该领域的主流研究方法,并面向多种计算机视觉任务构建了许多数据集,可参见 2.1.2 节和 2.3 节。本节首先介绍传统机器学习技术处理计算机视觉任务的流程,随后介绍计算机视觉中常用的特征,最后对计算机视觉任务中的回归和分类任务进行简要说明。

尽管计算机视觉任务多种多样,但大多数任务本质上可以建模为函数拟合问题,即,对于任意的输入图像 x,需要学习一个以 θ 为参数的函数 F,使得 $y = F_\theta(x)$,如图 9.1 所示。

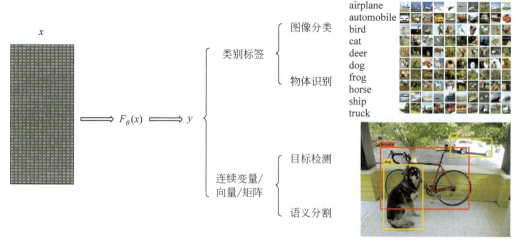

图 9.1 计算机视觉任务的实现方法

在计算机视觉任务中，输出变量 y 的数据类型有两大类：

(1) y 是类别标签，此时的计算机视觉任务属于机器学习中的分类问题，例如图像分类、场景分类、物体识别、人脸识别等任务。这类任务的特点是输出数据 y 是有限种类的离散型变量。

(2) y 是连续变量、向量或矩阵，此时的计算机视觉任务属于机器学习中的回归问题，例如距离估计、目标检测、语义分割等任务。在这些任务中，y 或者是一个连续的变量（例如距离、角度等），或者是一个向量（例如物体的横纵坐标位置和长宽，即 bounding box），或者是每个像素有 个所属物体类别的编号（例如图像分割结果）。

实现上述拟合函数的方法很多，而过去几十年中大多数计算机视觉模型和方法可以归入两大类：一类是 2012 年以来应用最广泛的深度神经网络模型和深度学习方法，另一类则是 2012 年之前与深度相对应的浅层模型和方法。本章主要介绍浅层模型和方法，深度神经网络模型将在第 10 章进行介绍。在计算机视觉领域，2012 年获得 ILSVRC 挑战赛冠军的 AlexNet 是深度神经网络获得成功的标志性成果。

实现计算机视觉任务的拟合函数 $F_\theta(x)$ 一般都是非常复杂的，因此，一种可能的策略是遵循"分而治之"的思想，对图像分步骤、分阶段进行处理。一个典型的计算机视觉任务的处理流程如图 9.2 所示。

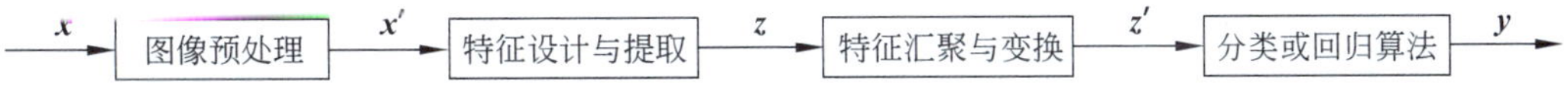

x → 图像预处理 → x' → 特征设计与提取 → z → 特征汇聚与变换 → z' → 分类或回归算法 → y

图 9.2 典型的计算机视觉任务的处理流程

该流程中的 4 个步骤具体如下：

(1) 图像预处理。该步骤主要用于实现目标对齐、几何归一化、亮度或颜色校正等处理，从而提高数据的一致性。图像预处理的具体操作一般是人为指定的。该步骤往往依赖于图像的类型和具体的视觉任务。

(2) 特征设计与提取。该步骤的功能是从预处理之后的图像 x' 中提取描述图像内容的特征，这些特征包括反映图像的低层（如边缘）特征、中层（如组件）特征或高层（如场景）特性。特征一般根据专家的经验和知识进行人工设计。

(3) 特征汇聚与变换：该步骤的功能是对第(2)步提取的特征 z 进行统计汇聚或降维处理，从而得到维度更低、更有利于后续分类或回归过程的特征 z'。该过程一般通过专家设计的统计建模方法实现。例如，一种常用的模型是线性模型，即 $z'=Wz$，其中 W 为线性变换矩阵，该矩阵一般通过训练数据集学习得到。

(4) 分类或回归算法。该步骤的功能是采用机器学习方法，基于一个监督学习的训练集学习得到分类或回归模型。例如，假设采用线性模型，即 $y=Wz'$，其中 z' 是通过步骤(3)得到的 x' 的特征，W 可以通过优化式(9-1)得到：

$$W^* = \arg\min_W \sum_{i=1}^N \| y_i - Wz' \|^2 \tag{9-1}$$

式(9-1)表示的即为上述线性模型的损失函数，通过计算该损失函数的最小值即可得到模型参数 W 的最优解 W^*。

可以看出，上述流程带有强烈的人工设计色彩。整个处理流程的效果不仅依赖专家知识进行步骤划分，更依赖专家知识选择和设计各步骤的函数，这与后来出现的深度学习方法依赖大量数据进行端到端的自动学习（即直接学习拟合函数 $F_\theta(x)$）相比形成了鲜明的对照。为了和深度学习在概念上进行区分，通常把这些模型称为浅层模型。本章介绍的均为浅层模型中的特征、模型和方法。

9.2 计算机视觉中的特征

在传统的机器学习方法中，特征大都是人工设计的。人工设计的特征本质上是一种专家经验和知识驱动的方法，研究人员通过对研究问题或目标的理解，设计某种流程以提取感觉"好"的特征。有的地方也称之为算子或描述符，它们与特征的含义基本相同。从特征涉及的具体方面来说，图像特征主要包括以下 4 类：颜色特征、纹理特征、形状特征和空间关系特征。从特征所在的层次则可以分为底层特征和高层特征。通常底层特征都是以像素点为基础提取的图像原始属性，着重刻画图像细微的纹理信息，而高层特征则是以底层特征为基础，通过建模提取出来的图像高层属性，蕴含着比较丰富的图像语义信息。

目前，多数人工设计的特征分为两大类：全局特征和局部特征。全局特征通常对图像中全部像素或多个不同区域像素中蕴含的信息进行建模，而局部特征则通常只从一个局部区域内的少量像素中提取信息。

典型的全局特征对颜色、图像的整体结构或形状等进行建模，例如在整个图像上计算颜色直方图，傅里叶频谱也可以看作一种全局特征。另一种典型的全局场景特征是 GIST 特征，主要对图像场景的空间形状属性进行建模，包括自然度、开放度、粗糙度、扩张度和崎岖度等。与局部特征相比，全局特征往往粒度更大，适用于需要快速而无须精细分类的任务，例如场景分类、大规模图像检索等。

局部特征可以提取更为精细的特征，其应用也更加广泛，在 2000 年之后的十余年中得到了迅猛发展，研究人员设计出了数以百计的局部特征。这些局部特征大多数用来对边缘、梯度、纹理等目标进行建模，采用的手段包括滤波器设计、局部统计量计算、直方图等。最典型的局部特征有 SIFT、SURF、HOG、LBP、Gabor 滤波器、DAISY、BRIEF、ORB、BRISK 等数十种。

以下将对计算机视觉中有代表性的部分特征进行简要介绍。

9.2.1 颜色直方图

颜色特征通过图像或图像区域的颜色对图像进行描述，它具有整体性，属于全局特征。颜色特征提取方法有颜色直方图、颜色集、颜色矩等。颜色直方图（color histogram）是在许多图像检索系统中被广泛采用的颜色特征。它所描述的是不同颜色在整幅图像中所占的比例，而并不关心每种颜色所处的空间位置，即无法描述图像中的对象或物体。颜色直方图特别适于描述那些难以进行自动分割的图像。

颜色直方图可以基于不同的颜色空间和坐标系。最常用的颜色空间是 RGB 颜色空间，原因在于大部分数字图像都是用这种颜色空间表达的。然而，RGB 空间结构并不符合人们对颜色相似性的主观判断。因此，有人提出了基于 HSV 空间、LUV 空间和 Lab 空间的颜色直方图，因为它们更接近人们对颜色的主观认识。其中 HSV 空间是直方图最常用的颜色空间,它的 3 个分量分别代表色调(Hue)、饱和度(Saturation)和亮度(Value)。

计算颜色直方图需要将颜色空间划分成若干个小的颜色区间,每个小区间成为直方图的一个 bin。这个过程称为颜色量化。然后,通过计算颜色落在每个小区间内的像素数量可以得到颜色直方图。颜色量化有许多方法,例如向量量化、聚类方法或者神经网络方法。最为常用的做法是将颜色空间的各个分量(维度)均匀地进行划分。相比之下,聚类算法则会考虑到图像颜色特征在整个空间中的分布情况,从而避免出现某些 bin 中的像素数量非常稀疏的情况,使量化更为有效。另外,如果图像是 RGB 格式而颜色直方图是基于 HSV 空间的,可以预先建立从量化的 RGB 空间到量化的 HSV 空间之间的查找表,从而加快颜色直方图的计算过程。

颜色直方图的例子如图 9.3 所示。左边是原始的彩色图像,该图像是数字图像处理中使用最广泛的案例图像之一。右边是该彩色图像的 RGB 颜色直方图,从左到右分别是红色、绿色和蓝色的颜色直方图,横坐标是各颜色通道的亮度等级(0~255),纵坐标则是各通道各亮度等级出现的频度。

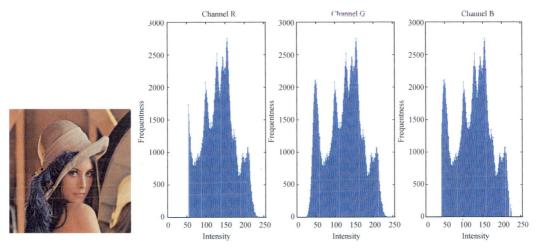

图 9.3 原始彩色图像及其 RGB 颜色直方图

9.2.2 LBP 特征

局部二值模式(Local Binary Patterns,LBP)特征由 Timo Ojala、Matti Pietikäinen 和 David Harwood 等人在 1994 年提出的最初主要用于纹理图像的分类,2004 年用于人脸识别和人脸检测任务。该特征是一种简单有效的对图像局部区域内变化模式(也称为微纹理)进行表征的局部特征。该特征具有旋转不变性与灰度不变性(不受光照变化的影响)等显著优点。

与其他对图像梯度强度和方向进行精确统计的特征不同,LBP 特征只关注图像梯度的符号,也就是说,该特征只关注中心像素与其邻域内像素之间的明暗关系。如图 9.4 所示,以 3×3 邻域组成的 9 个像素关系为例,LBP 比较中心像素与其 8 个邻域像素的亮度值大小,如果某邻域像素的值大于或等于中心像素的值则赋值 1,否则赋值 0,从而得到 8 个 0/1 值,串接成 1 个字节即可得到一个 0~255 的十进制数值。可以看出,这相当于把 9 个像素组成的局部邻域编码为 256 种不同的模式类型。

图 9.4　LBP 特征的计算流程

基本 LBP 特征的最大缺陷在于它只覆盖了一个固定半径范围内的小区域,这显然不能满足不同尺寸和频率纹理的需要。为了适应不同尺度的纹理特征,并达到灰度和旋转不变性的要求,设计者对 LBP 特征进行了改进,将 3×3 邻域扩展到任意邻域,并用圆形邻域代替了正方形邻域,改进后的 LBP 特征允许在圆形邻域内有任意多个像素点,从而得到了半径为 R 的圆形区域内含有 P 个采样点的 LBP 特征,如图 9.5 所示,从左到右分别为 $LBP_{8,1}$、$LBP_{16,2}$ 和 $LBP_{8,2}$,$LBP_{8,1}$ 中的 8 表示圆形邻域中像素点的个数,而 1 则表示圆形邻域的半径。

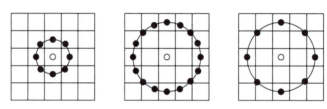

图 9.5　基于圆形邻域的 LBP 特征

可以看出,含有 n 个采样点的 LBP 算子会产生 2^n 种模式,为了对 LBP 算子的模式种类进行降维,LBP 的设计者提出了等价模式(uniform pattern)。设计者认为,在实际图像中,绝大多数 LBP 模式最多只包含两次 1-0 或 0-1 的跳变。因此,设计者将等价模式定义为:当某个 LBP 所对应的循环二进制数中 0-1 或 1-0 最多有两次跳变时,该 LBP 所对应的二进制就称为一个等价模式类。例如 00000000、00000111 和 10001111 都是等价模式类。除等价模式类以外的模式都归为另一类,称为混合模式。通过这样的改进,二进制模式的种类大大减少,而且不会丢失任何信息。等价模式的数量由原来的 2^n 种减少为 $n(n-1)+2$ 种,这里 n 表示邻域内的采样点数。对于 3×3 邻域来说($n=8$),二进制模式由原始的 256 种减少为 59 种(58 种等价模式和 1 种混合模式),这样使得特征向量的维数更少。这些二进制模式实际上建模了一些局部微纹理基元。

所有的二进制模式定义在每个像素及其邻域上,但还不能直接作为图像的特征使用,需要对其进行直方图统计才能作为图像的特征。直方图统计可以在整个图像上进行,但一般只在局部子图像上进行。例如,使用 LBP 特征进行人脸识别时,可以进行如下操作:给定一幅人脸图像(假设为 128×160 像素大小),首先将其划分为 m 个子图像(此处 $m=20$),则得到的每个子图像大小为 32×32 像素。对每一个子图像,则各有 900 个像素可以作为 3×3 邻域的中心像素计算 LBP 模式值,从而可以得到 900 个模式值。统计这些模式值中 59 种模式的各自频数,就得到一个 59 维的直方图。最后,将这 20 个直方图串接即可得到整个人脸图像的 LBP 描述特征。在该示例中,LBP 直方图特征的维数是 1180(59×20),如图 9.6

所示。在实际应用中,输入的人脸图像大小不同,m 的值可以根据经验设定,并且不同的子图像之间可以有一定程度的重叠,从而子图像的数量比上述示例会稍微多一些。

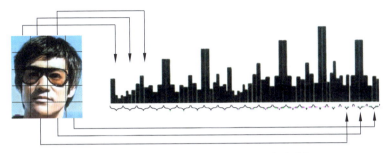

图 9.6　使用 LBP 直方图表示人脸图像的特征

LBP 特征于 1994 年提出,2004 年用于人脸识别和人脸检测任务,随后得到了非常广泛的关注,出现了几十种变种。例如,考虑了旋转不变性的 LBP 用大于、近似相等、小于表示中心像素和邻域像素之间大小关系的局部三值模式(Local Ternary Pattern,LTP),扩展至对视频进行特征表示的 V-LBP 等。上述变种在人脸检测与识别、行人与车辆检测、目标跟踪等计算机视觉任务中得到了广泛的应用。特别是在人脸识别任务上,在深度神经网络模型超越浅层模型之前,在 LFW 人脸测试数据集上获得最好效果的方法就是 2013 年陈栋、曹旭东和孙剑等人使用高维 LBP 特征的方法。

9.2.3　SIFT 特征

SIFT 特征,即尺度不变特征变换(Scale-Invariant Feature Transform,SIFT),最初由 David Lowe 在 1999 年提出,是一种检测图像局部特征的算法,该算法通过计算图像的关键点及其方向和大小的描述子,得到特征,并进行图像关键点匹配。SIFT 特征具有尺度不变性,即使改变旋转角度、图像亮度或者拍摄视角,仍然能够取得很好的检测效果。

SIFT 算法主要包括以下 4 个步骤。

(1) 尺度空间极值点检测。构建 DoG(Difference of Gaussians,高斯差分)尺度空间并检测尺度空间极值点,搜索所有尺度上的图像位置,通过高斯微分函数识别潜在的对于尺度和旋转不变的兴趣点。每一个采样点要和它所有的相邻点比较,看其是否比它的所有图像域和尺度域的相邻点都大或者都小,从而确定其是否为极值点。如图 9.7 所示,中间的检测点(用×标记的点)和它同尺度的相邻点和上下相邻尺度对应的共 26 个点比较,以确保在尺度空间和二维图像空间都检测到极值点。如果一个点在尺度空间本层以及上下两层的 26 个邻域中是最大值或最小值时,就认为该点是图像在该尺度下的一个关键点。

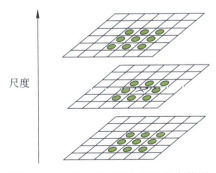

图 9.7　SIFT 特征尺度空间极值点检测

(2) 关键点定位。在每一个候选的位置上,通过拟合三维二次函数以精确确定关键点的位置和尺度,因为 DoG 算子产生较强的边缘响应,因此剔除低对比度的关键点和不稳定的边缘响应点,以增强匹配稳定性,提高抗噪声能力。

(3) 关键点方向匹配。找到了关键点后,需要给关键点的方向赋值。利用关键点邻域像素的梯度分布特性确定其方向参数,再利用图像的梯度直方图求取关键点局部结构的稳定方向。根据邻域点的方向、梯度幅值以及距离特征点的远近构建梯度方向直方图,该直方图中峰值所对应的角度即为该特征点的主方向。为确定的关键点计算一个方向,所有后面对图像数据的操作都相对于关键点的方向、尺度和位置进行计算,由此可以确定一个 SIFT 特征区域。

(4) 关键点描述生成。旋转坐标轴,形成与关键点的主方向一致、以关键点为中心的窗口(不选取关键点所在的行和列)。图 9.8(a)中心的点为当前关键点,每个小格代表特征点邻域所在尺度空间的一个像素,在 4×4 的图像块上计算 8 个方向的梯度方向直方图,绘制每个梯度方向的累加值,形成一个种子点,如图 9.8(b)所示。图 9.8(b)中一个关键点由 4×4=16 个种子点组成,每个种子点有 8 个方向的向量信息,一共可产生 4×4×8=128 个数据。

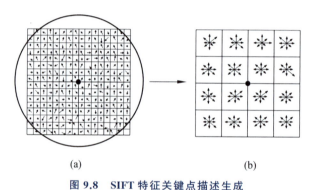

图 9.8　SIFT 特征关键点描述生成

9.2.4　GIST 特征

GIST 特征属于全局特征,适合与场景有关的视觉任务,该特征是 2001 年由 Aude Oliva 和 Antonio Torralba 提出的。大多数特征描述符都是对图片的局部特征进行描述的,使用这些局部特征进行场景描述是不可行的。可以注意到:大多数城市看起来就像天空和地面由建筑物外墙紧密连接;大部分高速公路看起来就像一个大表面拉伸天际线,里面充满了凹型(车辆);而森林场景将包括在一个封闭的环境中,有垂直结构作为背景(树),并连接到一定纹理的水平表面(草)。因此,空间包络可以一定程度上对这些信息进行抽象和表征。

在 GIST 特征中,使用了下列 5 种对空间包络的描述方法。

(1) 自然度。场景如果包含高度的水平线和垂直线,这表明该场景有明显的人工痕迹,通常自然景象具有纹理区域和起伏的轮廓。所以,边缘具有高度垂直于水平倾向的图片自然度低,反之则自然度高。

(2) 开放度。空间包络可能是封闭(或围绕)的,例如森林、山、城市中心;也可能是广阔的、开放的,例如海岸、高速公路。

(3) 粗糙度。主要指主要构成成分的粒度。这取决于每个空间中元素的尺寸,它们构建更加复杂的元素的可能性,以及构建的元素之间的结构关系,等等。粗糙度与场景的分形维度有关,因此也称为复杂度。

(4)膨胀度。平行线收敛,给出了空间梯度的深度特点。例如,平面视图中的建筑物具有低膨胀度,而非常长的街道则具有高膨胀度。

(5)险峻度。即相对于水平线的偏移,例如平坦的水平地面上的山地景观与陡峭的地面。险峻的地势在图片中生产倾斜的轮廓,并隐藏了地平线线。大多数的人造环境建立了平坦地面。因此,险峻的环境大多是自然的。

GIST 特征主要是基于上述 5 点对图像进行特征描述,可以看出,该特征关注的是图片整体的属性,属于全局特征。

9.2.5 HOG 特征

HOG(Histogram of Oriented Gradient,方向梯度直方图)属于局部特征,对图像的边缘和形状有强大的描述能力。该特征可以快速地描述物体局部的梯度特征。该特征是 2005 年由 Navneet Dalal 和 Bill Triggs 提出的,最初用于行人检测任务。

对一幅图像,进行 HOG 特征提取主要包括以下几个步骤:

(1)灰度化。

(2)采用 Gamma 校正法对输入图像进行颜色空间的标准化(归一化),其目的是调节图像的对比度,降低图像局部的阴影和光照变化所造成的影响,同时可以抑制噪声的干扰。

(3)计算图像每个像素的梯度(包括大小和方向),目的是捕获轮廓信息,同时进一步弱化光照的干扰。

(4)将整个图像划分成若干个小的单元(cell,例如每个单元大小为 6×6 像素)。

(5)统计每个单元的梯度直方图(不同梯度的个数),即可得到每个单元的描述信息。

(6)将每几个单元组成一个块(block,例如每个块可包含 3×3 个单元),将一个块内所有单元的描述信息串联起来,便得到该块的 HOG 特征信息。

(7)将图像内所有块的 HOG 特征信息串联起来,就可以得到该图像的整体 HOG 特征。该特征可以供分类算法(例如 SVM 等)使用,从而完成整个计算机视觉任务。

HOG 特征的计算流程如图 9.9 所示。

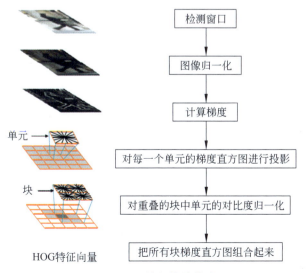

图 9.9 HOG 特征的计算流程

与其他的特征相比，HOG 特征有很多优点。首先，由于 HOG 特征是在图像的局部方格单元上操作的，因此它对图像的几何形变和光学形变都能保持很好的不变性，这两种形变只会出现在更大的空间领域上。其次，在粗的空域抽样、精细的方向抽样以及较强的局部光学归一化等条件下，只要行人大体上能够保持直立的姿势，可以容许行人有一些细微的肢体动作，这些细微的动作可以被忽略，不影响检测效果。因此，HOG 特征特别适合完成图像中的人体检测任务。例如，图 9.10(a)为包含人体的原始图像，图 9.10(b)为该图像的 HOG 特征，可以看出，HOG 特征较好地表征了原始图像中有关人体的信息。

(a) 包含人体的原始图像　　　　　　(b) 该图像的HOG特征

图 9.10　原始图像及其 HOG 特征

9.2.6　SURF 特征

SURF(Speeded Up Robust Features，加速稳健特征)是一种稳健的局部特征点检测和描述算法。该特征最初由 Herbert Bay 发表在 2006 年的欧洲计算机视觉国际会议 (European Conference on Computer Vision，ECCV)上，并在 2008 年正式发表在 *Computer Vision and Image Understanding* 期刊上。

SURF 是对 David Lowe 在 1999 年提出的 SIFT 算法的改进，提升了算法的执行效率，为算法在实时计算机视觉系统中的应用提供了可能。与 SIFT 特征一样，SURF 特征的提取流程也包含以下 3 个步骤：局部关键点的提取、关键点的描述、关键点的匹配。

与 SIFT 相比，SURF 主要有以下几点不同：

(1) SIFT 在构造 DoG 金字塔以及求 DoG 局部空间极值时比较耗时。SURF 的改进是使用黑塞(Hessian)矩阵变换图像，极值的检测只需计算黑塞矩阵行列式，作为进一步优化，使用一个简单的方程可以求出黑塞行列式近似值，使用盒状模糊滤波求出高斯模糊近似值。

(2) SURF 不使用降采样，它保持图像大小不变，但改变盒状滤波器的大小，以构建尺度金字塔。

(3) 在计算关键点主方向以及关键点周边像素方向的方法上，SURF 不使用直方图统计，而是使用哈尔(Haar)小波转换方法。

以上仅仅是使用浅层模型方法时视觉图像的部分常用特征。实际上，研究人员总结的图像特征超过上百种，其他比较著名的特征还包括伽博(Gabor)滤波器、DAISY、BRIEF、

ORB、BRISK、类哈尔(Haar-like)特征等。

9.3 计算机视觉中的算法

在使用浅层模型方法完成视觉任务时,人工设计的特征往往非常多,给后续计算带来困难。更重要的是,这些特征在设计之初并未充分考虑随后的任务或目标。例如,用于分类时不一定具有非常好的判别能力,即区分不同类别的能力。因此,在进行图像分类、检索或识别等任务时,在将人工设计的特征输入到分类算法或回归算法中之前,一般还需要对这些特征进行进一步处理,这就是特征汇聚与特征变换。

9.3.1 特征汇聚与特征变换

特征汇聚与特征变换的目的是把高维特征进一步编码到某个维度更低或者具有更好的判别能力的新空间,实现上述目的的方法有以下两类。

1. 特征汇聚方法

典型的特征汇聚方法包括视觉词袋模型、费希尔(Fisher)向量和局部聚合向量(Vector of Locally Aggregated Descriptor,VLAD)方法等。

词袋模型(Bag Of Words,BOW)最早在自然语言处理和信息检索领域使用,该模型忽略了文本的语法和语序,使用一组无序的单词表达一段文字或一篇文档。受此启发,研究人员将词袋模型扩展到计算机视觉领域,称为视觉词袋模型(Bag Of Visual Words,BOVW)。在视觉词袋模型中,图像可以看作文档,而图像中的视觉特征可以看作文档中的单词,从而可以直接应用 BOW 模型实现大规模图像检索等任务。

费希尔核(Fisher kernel)是一种核方法。在图像分类等任务中使用费希尔核的思路是:用生成式模型(例如高斯混合模型,Gaussian Mixed Model,GMM)对样本输入进行建模,进而得到样本的一种表示,这就是费希尔向量,再将费希尔向量提供给判别式分类器(例如 SVM 等)得到图像分类结果。费希尔向量是费希尔核中对图像特征的一种表示,它把一个图像表示成一个向量。

VLAD 方法可以理解为 BOVW 和费希尔向量的折中。BOVW 是把特征点进行聚类,然后用离特征点最近的一个聚类中心去代替该特征点,损失较多信息;费希尔向量是对特征点用 GMM 建模,而 GMM 实际上也是一种广义上的聚类,它考虑了特征点到每个聚类中心的距离,也就是用所有聚类中心的线性组合表示该特征点,在 GMM 建模的过程中也有损失信息;VLAD 像 BOVW 那样,只考虑离特征点最近的聚类中心,VLAD 保存了每个特征点到距离它最近的聚类中心的距离;同时,像费希尔向量那样,VLAD 考虑了特征点的每一维的值,对图像局部信息有更细致的刻画。因此,VLAD 特征没有损失图像的原始信息。

2. 特征变换方法

特征变换方法又称为子空间分析法。典型的特征变换方法包括主成分分析(Principal Component Analysis,PCA)、线性判别分析(Linear Discriminant Analysis,LDA)、核方法、流形学习等。

主成分分析方法是一种在最小均方误差意义下最优的线性变换方法,在计算机视觉中使用极为广泛。例如，1990 年发表的人脸识别领域中最具里程碑意义的工作——特征脸（Eigenface）方法就使用了 PCA 方法。特征脸是基于 PCA 方法的一种人脸检测技术，它根据一组人脸训练样本构造主元子空间，随后在进行人脸检测时，将测试图像投影到主元子空间，得到一组投影系数，再和各个已知的人脸图像进行比较，从而得到检测结果。在此之后的二十余年中，PCA 方法都是人脸识别系统中几乎不可或缺的组成部分之一。PCA 方法属于机器学习中的无监督学习，其作用主要是降维。

在众多的计算机视觉任务中，图像分类是基础性的核心任务之一。因此，以最大化类别可分性为优化目标进行特征变换就成为一种最自然的选择，其中最著名的可能是费希尔线性判别分析（Fisher Linear Discriminant Analysis，FLDA）方法。FLDA 也是一种非常简单、优美的线性变换方法，其基本思想是寻求一个线性变换，使得变换之后的空间中同一类别的样本散度尽可能小，而不同类别的样本散度尽可能大，即"类内散度小，类间散度大"。

核方法是实现非线性变换的重要方法之一。核方法并不是直接构造或学习非线性映射函数本身，而是在原始特征空间中通过核函数定义高维目标特征空间中的内积运算规则。换言之，核函数实现了一种隐式的非线性映射，将原始的特征空间映射到新的高维目标特征空间，从而可以在无须显式指定映射函数和目标空间的情况下，计算高维空间中模式向量的距离或相似度，完成分类或回归任务。前面介绍的 PCA 和 FLDA 方法都可以使用核方法进行核化，以实现非线性的特征转换。

实现非线性映射的另一类方法是流形学习。所谓流形，可以简单地理解为高维空间中的低维嵌入，其维度通常称为本征维度。流形学习的出发点是寻求将高维的数据映射到低维本征空间的低维嵌入，同时要求低维空间中的数据能够保持原高维空间中数据的某些本质结构特征。根据要保持的结构特征的不同，2000 年之后出现了很多流形学习方法，其中最著名的是 2000 年发表在 *Science* 期刊上的等距映射（Isometric Map，ISOMAP）和局部线性嵌入（Locally Linear Embedding，LLE）方法。大多数流形学习方法都不容易获得显式的非线性映射，因此往往难以将没有出现在训练集中的未知样本变换到低维空间，只能采取一些近似的策略，效果并不理想。

9.3.2 机器学习算法

一旦得到了图像的特征，就可以进行分类器或回归器的设计和学习了。计算机视觉中的分类器基本上都借鉴了机器学习领域的相关技术，例如 K 近邻分类器、决策树、随机森林、支持向量机、AdaBoost、人工神经网络等都可以作为视觉任务中的分类器。

需要说明的是，根据 9.2 节中图像特征的性质，分类器或回归器中涉及的距离度量方法也有所差异。例如，对于所有的直方图类特征（包括颜色直方图、LBP 直方图等），一些面向分布的距离如直方图交、KL 散度（Kullback-Leibler Divergence，KLD，也称为相对熵）、卡方距离等可能更实用。而对于使用了 PCA、FLDA 变换之后的特征，欧几里得距离或余弦相似度可能效果更好。另外，对于一些二值化的特征，使用海明（Hamming）距离可能会提高分类器或回归器的性能。

在计算机视觉任务中，图像分类任务属于机器学习中的分类问题，但其他任务就不这么简单了。以目标检测任务为例，图像分类解决了"是什么"的问题，而目标检测则试图解决"在哪里"的问题，也就是目标在图像中的具体位置。简单来说，目标检测就是在图像分类的基础上,以边框(bounding box)的形式对物体进行标记。很多计算机视觉任务(如人脸识别、车牌识别、场景描述等)中都需要使用目标检测技术。目标检测中包含了图像分类和目标位置回归的多个机器学习任务。

传统的实现目标检测的算法主要包括以下步骤:

(1) 使用不同尺度的滑动窗口选定图像的某一区域为候选区域。

(2) 从对应的候选区域提取哈尔、HOG、LBP、LTP等一类或多类特征。

(3) 使用支持向量机、AdaBoost等分类算法对对应的候选区域进行分类,判断是否属于待检测的目标。

在使用深度神经网络模型完成计算机视觉任务之前,支持向量机是使用较多的视觉分类算法。除此之外,AdaBoost分类算法也使用很广泛,这里对AdaBoost分类算法进行介绍。

1995年,Yoav Freund和Robert Schapire提出了AdaBoost(Adaptive Boosting,自适应提升算法),该算法属于集成学习的一种。集成学习(ensemble learning)是通过构建并结合多个学习器完成学习任务的一类算法。集成学习的思想,简单来讲,就是"三个臭皮匠,凑成一个诸葛亮"。集成学习通过结合多个学习器(例如同种算法但是参数不同,或者不同算法),一般会获得比任意单个学习器都要好的性能,尤其是在这些学习器都是弱学习器的时候提升效果会很明显。弱学习器指的是性能不太好的学习器,例如一个准确率略微超过50%的二分类器(随机猜测的二分类器的准确率是50%)。弱分类器和强分类器的概念是由Leslie Valiant教授提出的。他在1984年提出了PAC(Probably Approximately Correct,概率近似正确)理论,该理论为机器学习奠定了理论基础。Leslie Valiant教授也因此获得了2010年的图灵奖。

根据个体学习器(基学习器)之间是否存在强依赖关系可将集成学习算法分为两类:

(1) Boosting算法。个体学习器之间存在强依赖关系,必须串行生成的序列化算法。

(2) Bagging算法。个体学习器之间不存在强依赖关系,可同时生成的并行化算法。

Boosting算法属于序列化算法,通过迭代训练的方式降低上一个基学习器(弱学习器)的偏差(通过增加上一个基学习器预测错误样本的权重,并降低已经正确预测样本的权重),然后将训练好的弱学习器通过加法模型线性组合为强学习器。

Boosting算法需要解决以下两个核心问题:①迭代训练过程中如何降低模型的偏差;②如何将训练好的弱学习器组合为强学习器。

AdaBoost算法是Boosting算法的典型代表,它是模型为加法模型、损失函数为指数函数、学习算法为前向分步算法时的二分类算法。

AdaBoost算法通过更新附加给训练集的每个样本的权重降低模型的偏差。具体描述为:每一轮训练弱学习器时,通过增加上一轮预测错误样本的权重,并降低上一轮预测正确样本的权重,让模型更关注预测错误的样本,从而最小化整体模型的拟合偏差。

AdaBoost算法通过加权多数表决的方法实现聚合多个弱学习器为强学习器。具体描述为:通过给预测误差小的学习器更大的权重,并给预测误差大的学习器更小的权重,让预测错误率更小的学习器对整体预测结果贡献更大,从而降低整体模型的偏差。

9.4 文本分类

随着互联网技术的迅速发展,如何对浩如烟海的资料和数据(很大部分是文本)进行自动分类、组织和管理,已经成为一个重要的研究内容。文本自动分类简称文本分类,是自然语言处理与模式识别等学科密切结合的研究课题。传统的文本分类是基于文本内容的,研究如何将文本自动划分为政治、经济、军事、科技等各种类型。

9.4.1 文本分类概述

文本分类是在预定义的分类体系下,根据文本的特征(内容或属性),将给定文本与一个或多个类别相关联的过程。因此,文本分类的研究涉及文本内容理解和模式分类等若干自然语言理解和模式识别问题。文本分类系统的输入是需要进行分类处理的文本,系统的输出则是与文本关联的类别。

文本分类的流程如图 9.11 所示。可以看出,文本分类中有两个关键问题:一个是文本的表示,另一个是分类器的设计。

图 9.11 文本分类的流程

关于文本分类的研究始于 20 世纪 50 年代末。1957 年,IBM 公司的 Hans Peter Luhn 在文本自动分类领域进行了开创性的研究,标志着文本自动分类作为一个研究课题的开始。随着自然语言处理、机器学习和深度学习技术的发展,文本分类的研究取得了许多成果,并开发出了一些实用的分类系统。

根据分类知识获取方法的不同,文本分类大致可分为两种类型:基于知识工程的分类和基于机器学习的分类。在 20 世纪 80 年代,文本分类以知识工程的方法为主,根据领域专家对给定文本的分类经验,由人工总结、提炼出一组逻辑规则,作为文本分类的依据,然后分析这些系统的技术特点和性能。进入 20 世纪 90 年代以后,基于统计学习的文本分类方法发展迅速,在准确率和稳定性等方面具有明显的优势。系统使用训练样本进行特征选择和分类器参数的训练,根据选择的特征将待分类的输入样本形式化,然后将其输入到分类器中进行类别的判断,最终得到输入样本的类别预测。

可以使用数学模型描述文本分类任务。文本分类任务可以理解为获得这样的一个函数 $\Phi: D \times C \to \{T, F\}$,其中,$D = \{d_1, d_2, \cdots, d_{|D|}\}$ 表示需要进行分类的文档,$C = \{c_1, c_2, \cdots, c_{|C|}\}$ 表示预定义的分类体系中的类别集合。如果 $<d_j, c_i>$ 的值为 T,则表示文档 d_j 属于类别 c_i;而如果其值为 F,则表示文档 d_j 不属于类别 c_i。也就是说,文本分类任务的目标是要找到一个有效的映射函数 Φ,准确地实现从域 $D \times C$ 到值 T 或 F 的映射,这个映射函数 Φ 就是通常所说的分类器。

在机器学习技术中,有很多分类器可以用于文本分类任务,主要包括朴素贝叶斯方法、支持向量机、K 近邻方法、Logistic 回归方法、决策树方法、人工神经网络和深度学习方法等。本节主要介绍文本的表示(使用各种特征),机器学习中各种分类器的知识请参见 8.5 节。

9.4.2 向量空间模型

一个文本表现为一个由文字和标点符号组成的字符串,由字或字符组成词,由词组成短语,进而形成句子、段落、节、篇章的结构。要使计算机能够高效地处理真实文本,就必须找到一种理想的形式化表示方法,这种表示一方面要能够真实地反映文本的内容(主题、领域或结构等),另一方面要有对不同文档的区分能力。

文本的表示有很多方法,向量空间模型(Vector Space Model,VSM)是其中一种经典的、广泛使用的表示方法。向量空间模型是1969年由索尔顿(Gerard Salton)等人提出的,最早应用在SMART信息检索系统中,目前已成为自然语言处理中常用的模型。索尔顿是现代信息检索之父,信息检索界的最高奖——索尔顿奖(Gerard Salton Award)即以他的名字命名。

首先给出向量空间模型中涉及的一些基本概念。

(1) 文档(document)。通常是文章中具有一定规模的片段,如句子、句群、段落直至整篇文章,此处的文档和文本的意义完全相同。

(2) 特征项(feature term),简称项。特征项是向量空间模型中最小的不可再分的语言单元,可以是字、词、词组或短语等。一个文档的内容可以看成是它包含的特征项所组成的集合,表示为 Document=$D(t_1,t_2,\cdots,t_n)$,其中 t_i 是特征项,$1 \leqslant i \leqslant n$。

(3) 项的权重(term weight)。对于含有 n 个特征项的 $D(t_1,t_2,\cdots,t_n)$,每一个特征项 t_i 都依据一定的原则被赋予一个权重值 w_i,表示它们在文档中的重要程度。这样,一个文档 Document 可使用它含有的特征项及特征项所对应的权重表示,即

$$\text{Document}=D(t_1,w_1;t_2,w_2;\cdots;t_n,w_n)$$

这种表示方法比较烦琐,可以简单地表示为

$$\text{Document}=D(w_1,w_2,\cdots,w_n)$$

也就是省略特征项,只标出各个特征项的权重值,其中 w_i 就是特征项 t_i 的权重值,$1 \leqslant i \leqslant n$。

给定一个 $D(t_1,w_1;t_2,w_2;\cdots;t_n,w_n)$,文档 Document 符合以下两条约定:

(1) 各个特征项 $t_i(1 \leqslant i \leqslant n)$ 之间没有重复。

(2) 各个特征项之间没有先后顺序关系(即不考虑文档的内部结构)。

该文档 Document 在上述约定下可以看成 n 维空间中的一个向量,这就是向量空间模型的由来。此时,可以把特征项 $t_1,t_2,\cdots,t_n$ 看作一个 n 维坐标系,而权重 $w_1,w_2,\cdots,w_n$ 就是相应的坐标值,因此,一个文本就表示为 n 维空间中的一个向量,称 $D(w_1,w_2,\cdots,w_n)$ 为文档 Document 的向量表示或向量空间模型,如图 9.12 所示。

任意两个文档之间的相似性系数指两个文档内容的相关程度。

设 D_1 和 D_2 表示向量空间模型中的两个向量:

$$D_1=D(w_{11},w_{12},\cdots,w_{1n})$$
$$D_2=D(w_{21},w_{22},\cdots,w_{2n})$$

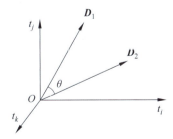

图 9.12 文本的向量空间模型

那么,可以借助于 n 维空间中两个向量之间的某种距离表示文档之间的相似度。常用的方法是使用向量之间的内积进行计算:

$$\text{Sim}(\boldsymbol{D}_1, \boldsymbol{D}_2) = \sum_{k=1}^{n} w_{1k} w_{2k} \tag{9-2}$$

在平面向量里,两个向量越接近,那么这两个向量的夹角越小;直到这两个向量平行,这两个向量才完全相等。余弦相似性就是根据求向量的夹角进行相似性度量的。设二维空间内有两个向量 a 和 b,$|a|$ 和 $|b|$ 分别表示这两个向量的大小,它们的夹角为 $\theta(0 \leqslant \theta \leqslant \pi)$,向量的内积定义为:

$$a \cdot b = |a||b| \cos\theta \tag{9-3}$$

因此,夹角余弦的值为

$$\cos\theta = \frac{a \cdot b}{|a||b|} \tag{9-4}$$

考虑到向量的归一化,则可以使用两个向量之间夹角的余弦值表示相似系数:

$$\text{Sim}(\boldsymbol{D}_1, \boldsymbol{D}_2) = \cos\theta = \frac{\sum_{k=1}^{n} w_{1k} w_{2k}}{\sqrt{\sum_{k=1}^{n} w_{1k}^2 \sum_{k=1}^{n} w_{2k}^2}} \tag{9-5}$$

采用向量空间模型进行文本表示时,需要经过以下两个主要步骤:

(1) 根据训练样本集生成文本表示所需要的特征项序列 $D(t_1, t_2, \cdots, t_n)$;

(2) 依据文本特征项序列,对训练文本集和测试样本集中的各个文档进行权重赋值、规范化等处理,将其转化为机器学习算法中使用的表示文档内容的特征值向量。

另外,用向量空间模型表示文档时,首先要对各个文档进行词汇化处理。在英文、法文等西方语言中,这项工作相对简单;在汉语中首先要进行分词。

在向量空间模型的第二个约定中,各个特征项之间没有先后顺序关系(即不考虑文档的内部结构),这是一种假设和简化。这种简化方法称为词袋模型,也就是将所有词语装进一个袋子里,不考虑其词法和语序的问题,即每个词语都是独立的。词袋模型的假设非常简单,在自然语言处理中使用很广泛。

9.4.3 文本特征表示

在向量空间模型中,表示文本的特征项可以选择字、词、短语甚至概念等多种元素。特征的选择对文本分类系统的性能有直接的影响。目前已有的特征表示方法比较多,常用的特征选择方法有基于文档频率(Document Frequency,DF)的特征提取方法、信息增益(Information Gain,IG)方法、卡方统计量方法、互信息(Mutual Information,MI)方法等等。这里主要介绍最简单的基于文档频率的特征提取法。

文档频率是指出现某个特征项的文档的频率。基于文档频率的特征提取法通常从训练语料中统计出包含某个特征的文档的频率(个数),然后根据预先设定的阈值作出取舍。当该特征项的 DF 值小于某个阈值时,就从特征空间中去掉该特征项,因为该特征项使文档出现的频率太低,没有代表性;当该特征项的 DF 值大于另一个阈值时,也从特征空间中去掉该特征项,因为该特征项使文档出现的频率太高,没有区分度(类似于停用词)。

基于文档频率的特征提取方法可以降低向量计算的复杂度,并可能提高分类的准确率,因为按照这种特征选择方法可以去掉部分噪声特征。该方法简单、易行,但其理论基础不足。无论使用哪种特征提取方法,特征空间的维数都是非常高的,在汉语文本分类中尤其明显。这样的高维特征向量对后面的分类器非常不利,容易出现维数过高导致的"维数灾难"现象。而且,并不是所有的特征项对分类都是有利的,提取出来的部分特征可能是噪声。因此,如何降低特征向量的维数,同时降低噪声,仍然是文本特征提取中的两个关键问题。

在选择了特征项之后,下一步工作就是对所有特征项进行加权处理。常用的加权方法有布尔权重、词频权重、绝对词频权重和基于熵概念的权重等。

布尔权重是最简单的一种加权方法。如果特征词出现的次数大于0,则权重为1;如果特征词没有出现,则权重为0,其表达公式如下:

$$w_i = \begin{cases} 1, & TF > 0 \\ 0, & TF = 0 \end{cases} \tag{9-6}$$

其中,TF(Term Frequency)表示词频,其值为词空间的第 i 个单词在当前文档中出现的次数。布尔权重使用0和1,而绝对词频权重则直接使用 TF 的值作为权重。

常见的特征权重计算方法如表9.1所示。由于布尔权重计算方法无法体现特征项在文本中的作用程度,因此在实际工作中0、1值逐渐被更精确的特征项的频率所代替。在绝对词频方法中,无法体现出低频特征项的区分能力,这是因为:有些特征项频率虽然很高,但分类能力很弱(例如很多常用词);而有些特征项虽然频率较低,但分类能力却很强(例如一些专有名词)。

表 9.1 常见的特征权重计算方法

名 称	权 重 函 数	说 明
布尔权重	$w_{ij} = \begin{cases} 1, & tf_{ij} > 0 \\ 0, & tf_{ij} = 0 \end{cases}$	如果文本中出现了该特征项,那么文本向量的该特征权重值为1;否则为0
TF	tf_{ij}	使用特征项在文本中出现的频度表示文本
IDF	$w_{ij} = \log \dfrac{N}{n_i}$	稀有特征比常用特征含有更有区分度的信息
TF-IDF	$w_{ij} = tf_{ij} \log_2 \dfrac{N}{n_i}$	权重值与特征项在文档中出现的频率成正比,与在整个语料库中出现该特征项的文档数成反比
TFC	$w_{ij} = \dfrac{tf_{ij} \log_2 \dfrac{N}{n_i}}{\sqrt{\sum_{t_i}\left(tf_{ij} \log_2 \dfrac{N}{n_i}\right)^2}}$	对文本长度进行归一化处理之后的 TF-IDF
ITC	$w_{ij} = \dfrac{\log_2(tf_{ij}+1.0) \log_2 \dfrac{N}{n_i}}{\sqrt{\sum_{t_i}\left(\log_2(tf_{ij}+1.0) \log_2 \dfrac{N}{n_i}\right)^2}}$	在 TFC 的基础上,用 tf_{ij} 的对数值代替 tf_{ij} 值

续表

名　　称	权重函数	说　　明
熵权重	$w_{ij} = \log_2(\text{tf}_{ij} + 1.0)$ $\times \left(1 + \dfrac{1}{\log_2 N} \sum\limits_{j=1}^{N} \left(\dfrac{\text{tf}_{ij}}{n_i} \log_2 \dfrac{\text{tf}_{ij}}{n_i}\right)\right)$	建立在信息论的基础上

倒排文档频度（Inverse Document Frequency，IDF）方法是 1972 年英国剑桥大学 Karen Sparck-Jones 提出的计算词与文本相关权重的经典计算方法，目前在信息检索、搜索引擎等领域使用仍然非常广泛。该方法在实际应用中经常用公式 $L + \log_2((N - n_i)/n_i)$ 替代，其中 L 为经验值，一般取值为 1。IDF 方法的权重值随着包含某个特征项的文档数量 n_i 的变化而反向变化，在极端情况下，只在一篇文档中出现的特征项具有最高的 IDF 值。TF-IDF 方法中特征值权重的公式有多种表达形式，TFC 方法和 ITC 方法都是 TF-IDF 方法的变种。

需要说明的是，权重计算方法存在和特征提取方法类似的问题，就是缺少严格的理论基础，因此，表现出来的结果有时候无法得到合理的解释。因此，有必要对特征权重选取方法进行进一步的理论研究，获得更一般的有关特征权重确定的结论。

由于文本分类本身是一个分类问题，因此，机器学习中一般的分类算法（也称为分类器）都可以用于文本分类任务，请参见 8.5 节。

9.5　序 列 标 注

序列标注（sequence labeling），即给定一个输入序列，使用机器学习模型对这个序列的每一个位置标注一个相应的标签，这是一个序列（输入）到序列（输出）的过程。序列标注是自然语言处理中最常见、最基础的问题之一，常见的序列标注任务包括中文分词、命名实体识别和词性标注等，请参见 3.2.2 节。在传统的机器学习中，经常使用各种概率图模型解决序列标注问题。本节将对概率图模型和贝叶斯网络进行简要介绍，并对隐马尔可夫模型（HMM）和条件随机场（Conditional Random Field，CRF）进行阐述。

9.5.1　概率图模型

概率图模型是在概率模型的基础上，使用了基于图结构的方法表示概率分布（或概率密度、密度函数），是一种通用化的不确定性知识的表示和处理方法。在概率图模型中，节点表示变量，节点之间直接相连的边表示相应变量之间的概率关系。当概率分布 P 被表示成概率图模型之后，可以用来回答与概率分布 P 有关的问题，例如计算条件概率 $P(Y|E=e)$，即在证据 e 给定的条件下计算 Y 出现的边缘概率；推断使 $P(X_1, X_2, \cdots, X_n | e)$ 最大的 $(X_1, X_2, \cdots, X_n | e)$ 的分布，即推断最大后验概率时的分布 $\arg\max\limits_{X} P(X|e)$。

举一个例子，假设 S 为一个汉语句子，X 是句子 S 切分出来的词序列，那么，汉语句子的分词过程可以看成推断使 $P(X|S)$ 最大的词序列 X 的分布的过程。而词性标注过程可以看作在给定序列 X 的情况下，寻找一组最可能的词性标签分布 T，使得后验概率 $P(T|X)$ 最大。

根据图模型的边是否有方向,概率图模型通常可以分为有向概率图模型和无向概率图模型,如图 9.13 所示。

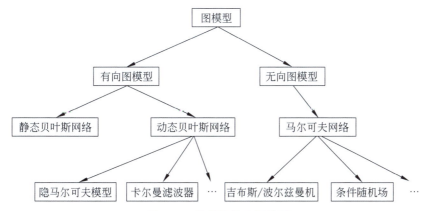

图 9.13　常见的概率图模型

动态贝叶斯网络(Dynamic Bayesian Network,DBN)用于处理随时间变化的动态系统中的推断和预测问题,其中,隐马尔可夫模型在语音识别、中文自动分词、词性标注、统计机器翻译等若干语音处理和语言处理任务中得到了广泛应用。马尔可夫网络下的条件随机场广泛应用于自然语言处理中的序列标注、特征选择、机器翻译等任务。

图 9.14 从横纵两个维度更加清晰地诠释了自然语言处理中概率图模型的演变过程。横向:由点到线(序列结构)再到面(图结构),以朴素贝叶斯模型为基础的隐马尔可夫模型用于处理线性序列问题,有向图模型用于解决一般图问题,以 Logistic 回归模型为基础的线性链式条件随机场用于解决线性链式序列问题,通用条件随机场用于解决一般图问题。纵向:在一定条件下,朴素贝叶斯模型演变为 Logistic 回归模型,隐马尔可夫模型演变为线性链式条件随机场,生成式有向图模型演变为通用条件随机场。

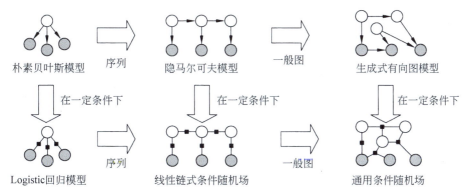

图 9.14　自然语言处理中概率图模型的演变

生成式模型(也称产生式模型)与判别式模型(也称区分式模型)的本质区别在于模型中观测序列 x(输入)和状态序列 y(输出)之间的决定关系。生成式模型假设 y 决定了 x,而判别式模型则假设 x 决定了 y。生成式模型以"状态序列 y 按照一定的规律生成观测序列 x"为假设,针对联合分布 $p(x,y)$ 进行建模,并且通过估计生成概率最大的生成序列以获取

y。生成式模型是所有变量的全概率模型,因此可以模拟(生成)所有变量的值。

生成式模型中一般都有严格的独立性假设,特征是事先给定的,并且特征之间的关系直接体现在公式中。生成式模型的优点是:模型变量之间的关系比较清楚,模型可以通过增量学习获得,可用于数据不完整的情况。其缺点是:模型的公式推导和学习比较复杂。典型的生成式模型包括 n 元语法模型、隐马尔可夫模型、朴素贝叶斯分类器、概率上下文无关文法等。

判别式模型符合传统的分类思想,认为 y 由 x 决定,直接对后验概率 $p(y|x)$ 进行建模。判别式模型从 x 中提取特征,学习模型参数,使得条件概率符合一定形式的最优。在这类模型中特征可以任意给定,一般特征是通过函数表示的。判别式模型的优点是:处理多类分类问题或分辨某一类与其他类之间的差异时比较灵活,模型简单,容易建立和学习。其缺点是:模型的描述能力有限,变量之间的关系不清楚,而且大多数判别式模型属于监督学习方法,不能扩展为无监督学习方法。有代表性的判别式模型包括决策树、Logistic 回归、K 近邻方法、支持向量机、最大熵模型、条件随机场、感知机和多层神经网络等。

关于生成式模型和判别式模型的具体含义,也可参见 8.5.3 节。

下面将简要介绍贝叶斯网络和马尔可夫网络的基本概念。由于自然语言处理中需要解决的问题大多数属于序列结构,因此分别以隐马尔可夫模型(生成式)和线性链式条件随机场(判别式)为例介绍自然语言处理中的概率图模型,其中,隐马尔可夫模型以朴素贝叶斯方法为基础,条件随机场以 Logistic 回归方法为基础。

9.5.2 贝叶斯网络

贝叶斯网络又称为信念网络(belief network),是一种基于概率推理的数学模型,其理论基础是贝叶斯公式。贝叶斯网络的概念最早是由 Judea Pearl 于 1985 年提出的,其目的是通过概率推理处理不确定性问题。2011 年,Judea Pearl 由于其概率和因果推理的算法研发在人工智能领域的杰出贡献而获得图灵奖。

形式上,一个贝叶斯网络就是一个有向无环图。图中的节点表示随机变量,可以是可观测量、隐含变量、未知参数或假设等;节点之间的有向边表示条件依存关系,箭头指向的节点依存于箭头发出的节点(父节点)。两个节点之间没有连接关系表示两个随机变量能够在某些特定情况下条件独立,而两个节点有连接关系则表示两个随机变量在任何条件下都不是条件独立的。条件独立是贝叶斯网络所依赖的一个核心概念。每一个节点都和一个概率函数相关,概率函数的输入是该节点的父节点所表示的随机变量的一组特定值,输出为当前节点表示的随机变量的概率值。概率函数值的大小实际上表达了节点之间依存关系的强度。假设父节点有 n 个布尔变量,概率函数可以表示成由 2^n 个条目构成的二维表,每个条目是其父节点各变量可能的取值(T 或 F)与当前节点真值的组合。例如,如果一篇文章是关于南海岛屿的新闻(将这一事件记为 News),文章可能包含介绍南海岛屿历史的内容(将这一事件记为 History),但一般不会有太多介绍旅游风光的内容(将事件"有介绍旅游风光的内容"记为 Sightseeing)。针对这些事件可以构造一个简单的贝叶斯网络,如图 9.15 所示。

在这个例子中,"文章是关于南海岛屿的新闻"这一事件直接影响了事件"有介绍旅游风光的内容"。如果分别使用 N、H、S 表示这 3 个事件,每个变量都有两种可能的取值,即 T(表示有、是或包含)和 F(表示没有、不是或不包含),于是可以使用贝叶斯网络对这 3 个事

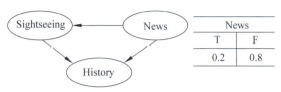

图 9.15　一个简单的贝叶斯网络

件之间的关系进行建模。

这 3 个事件的联合概率函数为

$$P(H,S,N)=P(H|S,N)\times P(S|N)\times P(N)$$

这个模型可以回答如下的问题：如果一篇文章中含有南海岛屿与历史相关的内容，那么该文章是关于南海新闻的可能性是多大？

构造贝叶斯网络是一项复杂的任务，主要涉及表示、推断和学习 3 个方面的问题：

（1）表示。是指对于某一随机变量的集合 $X=\{x_1,x_2,\cdots,x_n\}$，给出其联合概率分布 P。在贝叶斯网络表示中的主要问题是，即使在随机变量只有两种取值的简单情况下，一个联合概率分布也需要对随机变量集合的所有 2^n 种不同取值下的概率情况进行说明，这几乎是难以完成或代价昂贵的。

（2）推断。由于贝叶斯网络是变量及其关系的完整模型，因此可以回答关于变量的问题。例如，当观察到某些变量（观测变量）时，可以推断另一些变量子集的变化。在已知某些证据的情况下计算变量的后验分布的过程称为概率推理。

（3）学习。参数学习的目的是确定变量之间相关互联的量化关系，即估计依存强度，也就是说，对于每个节点，需要计算给定父节点条件下每个节点的概率，这些概率分布可以是任意形式的，通常是离散分布或高斯分布。在贝叶斯图模型中使用较多的参数学习方法是贝叶斯估计法。

除了参数学习之外，贝叶斯网络中还有一项任务是寻找变量之间的图关系，即结构学习，也就是得到类似于图 9.15 这样的贝叶斯网络结构。在贝叶斯网络很简单的情况下，结构学习任务可以由专家完成。但是在多数实用系统中人工构造一个贝叶斯网络的结构几乎是不可能的，因为这一过程过于复杂，必须从大量数据中学习网络结构和局部分布的参数。因此，自动学习贝叶斯网络的图结构一直是机器学习领域的一项重要研究任务。

在自然语言处理中，已经有研究人员将贝叶斯网络应用于汉语自动分词和词义消歧等任务中。

9.5.3　隐马尔可夫模型

在介绍马尔可夫模型之前，首先来介绍马尔可夫模型。

随机过程又称随机函数，是随时间而随机变化的过程。马尔可夫模型描述了一类重要的随机过程。研究者经常需要考察一个随机变量序列,这些随机变量并不是互相独立的,每个随机变量的值依赖于整个序列前面的状态,一段语音信号、自然语言的一句话都可以看作符合该性质的随机变量序列。

如果一个系统有 N 个有限状态 $S=\{s_1,s_2,\cdots,s_N\}$,那么随着时间的推移,该系统将从某一个状态转移到另一个状态。$Q=\{q_1,q_2,\cdots,q_T\}$ 是一个随机变量序列,随机变量的取值为状态集合 S 中的某个状态,在时刻 t 的状态记为 q_t。对该系统的描述通常需要给出当前时刻 t 的状态 q_t 和前面所有状态的关系,也就是说,系统在时刻 t 处于状态 s_j 的概率取决于其在时刻 $1,2,\cdots,t-1$ 的状态,该概率为

$$P(q_t=s_j \mid q_{t-1}=s_i, q_{t-2}=s_k, \cdots)$$

如果在特定条件下,系统在时刻 t 的状态只与其在时刻 $t-1$ 的状态相关,即

$$P(q_t=s_j \mid q_{t-1}=s_i, q_{t-2}=s_k, \cdots) = P(q_t=s_j \mid q_{t-1}=s_i) \tag{9-7}$$

则该系统构成一个离散的一阶马尔可夫链(Markov chain)。

更进一步,如果只考虑式(9-7)与时刻 t 无关的随机过程:

$$P(q_t=s_j \mid q_{t-1}=s_i) = a_{ij}, \quad 1 \leqslant i,j \leqslant N \tag{9-8}$$

则该随机过程称为马尔可夫模型,其中,状态转移概率 a_{ij} 必须满足以下两个条件:

$$a_{ij} \geqslant 0 \tag{9-9}$$

$$\sum_{j=1}^{N} a_{ij} = 1 \tag{9-10}$$

显然,有 N 个状态的一阶马尔可夫过程共有 N^2 次状态的转移,其 N^2 个状态转移概率可以用一个状态转移矩阵表示。

例如,一段自然语言文本中名词、动词、形容词 3 类词性出现的情况可以使用有 3 个状态的马尔可夫模型描述:

状态 s_1:名词

状态 s_2:动词

状态 s_3:形容词

假设上述 3 个状态之间的转移概率矩阵如下:

$$\mathbf{A}=[a_{ij}]=\begin{bmatrix} 0.3 & 0.5 & 0.2 \\ 0.5 & 0.3 & 0.2 \\ 0.4 & 0.2 & 0.4 \end{bmatrix}$$

如果在该段文本中某个句子的第一个词为名词,那么根据这一马尔可夫模型,在该句子这 3 类词的出现顺序为 $O=$"名词 动词 形容词 名词"的概率为

$$\begin{aligned} P(O \mid M) &= P(s_1,s_2,s_3,s_1 \mid M) \\ &= P(s_1) \times P(s_2 \mid s_1) \times P(s_3 \mid s_2) \times P(s_1 \mid s_3) \\ &= 1 \times a_{12} \times a_{23} \times a_{31} \\ &= 0.5 \times 0.2 \times 0.4 \\ &= 0.04 \end{aligned}$$

系统初始化时可以定义一个初始状态的概率向量 $\boldsymbol{\pi}_i \geqslant 0, \sum_{j=1}^{N} \boldsymbol{\pi}_i = 1$。

马尔可夫模型可以看作随机的有限状态机。如图 9.16 所示,圆圈表示状态,状态之间

的转移使用带箭头的弧线表示,弧线上的数字为状态转移的概率,初始状态使用标记为start的输入箭头表示,此处假设任何状态均可以作为中止状态。图9.16中省略了转移概率为0的弧线。对于任何一个状态来说,发出弧线上的概率和为1。从图9.16可以看出,马尔可夫模型可以看作一个转移弧上有概率的非确定的有限状态自动机。

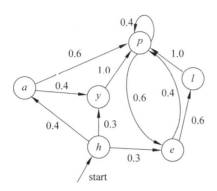

图9.16　一个马尔可夫模型的例子

根据第3章介绍的n元语法模型(参见3.4.2节),当$n=2$时,实际上就是一个马尔可夫模型;但是,当$n \geqslant 3$时,就不是一个马尔可夫模型,因为此时不符合马尔可夫模型的基本约束了,该约束由式(9-8)定义。不过,对于$n \geqslant 3$的n元语法模型,可以通过将状态空间描述成多重前面状态的交叉乘积的方式,将其转换为马尔可夫模型。在这种情况下,可将其称为m阶马尔可夫模型,这里的m是用于预测下一个状态需要的前面状态的数量,因此,n元语法模型就是$n-1$阶的马尔可夫模型。

在马尔可夫模型中,每个状态代表了一个可观察的事件,因此,马尔可夫模型也可以看作可视马尔可夫模型(Visible Markov Model,VMM),这在某种程度上限制了模型的适用范围。在隐马尔可夫模型(HMM)中,人们并不清楚模型所经过的状态序列,只知道状态的概率函数,也就是说,观察到的事件是状态的随机函数,因此,该模型是一个双重的随机过程,其中,模型的状态转换过程是不可观察的,即隐蔽的,可观察事件的随机过程是隐蔽的状态转换过程的随机过程。

图9.17说明了隐马尔可夫模型的基本原理,其中$\{q_1, q_2, \cdots, q_{t-1}, q_t, q_{t+1}, \cdots\}$是隐状态序列,而$\{O_1, O_2, \cdots, O_{t-1}, O_t, O_{t+1}, \cdots\}$则是可观察的输出序列。

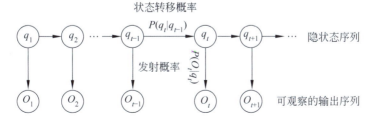

图9.17　隐马尔可夫模型示意图

在3.2.2节中曾经介绍过词性标注任务,这是一个典型的序列标注问题,如图9.18所示。其中的句子"It is easy to learn and use Python."是可观察的输出序列,而需要计算得到的词性标注序列"PRP VBZ JJ TO VB CC VB NNP"是隐状态序列。

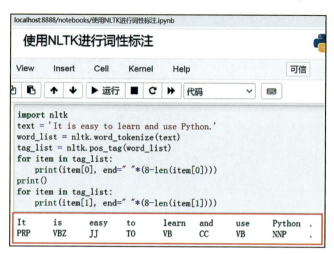

图 9.18　词性标注结果

命名实体识别也是一个典型的序列标注问题,以下分别为原句(输入序列)和命名实体识别(输出序列)的结果:

输入序列:　我　爱　北　京　天　安　门

输出序列:　O　O　B　E　B　I　E

在输出序列的标记中,B 表示实体的开始,E 表示实体的结束,I 表示实体中间内容,O 表示非实体的单个字。输出序列说明,原句中有两个命名实体,第一个是"北京"(标注为 BE),第二个是"天安门"(标注为 BIE)。在这个命名实体识别的任务中,输入序列("我爱北京天安门")是隐马尔可夫模型中的可观察序列,而输出序列(OOBEBIE)就是要计算的隐状态序列。

可以通过如下的例子说明隐马尔可夫模型的含义。假设一个暗室中有 N 个口袋,每个口袋中有 M 种不同颜色的球。一个操作员根据某一概率分布随机地选择一个初始口袋,从中根据不同颜色的球的概率分布随机地取出一个球,并向暗室外的人报告该球的颜色;然后,再根据口袋的概率分布选择另一个口袋,根据不同颜色的球的概率分布从中随机选择另一个球。重复进行上述过程。对于暗室外面的人来说,可观察的过程只是不同颜色球的序列,而口袋的序列是不可观察的。在上述过程中,每个口袋对应于隐马尔可夫模型中的状态,球的颜色对应于隐马尔可夫模型中状态的输出符号,从一个口袋转向另一个口袋对应于状态转换,从口袋中取出球的颜色对应于从一个状态输出的观察符号。

通过这个例子可以看出,一个隐马尔可夫模型由如下 5 部分组成:

(1) 模型中状态的数量 N(上例中口袋的数量)。

(2) 从每个状态可能输出的不同符号的数量(上例中球的不同颜色的数量)。

(3) 状态转移概率分布矩阵 $A=\{a_{ij}\}$,a_{ij} 为操作员从一个口袋(状态 s_i)转向另一个口袋(状态 s_j)取球的概率,其中:

$$a_{ij}=P(q_t=s_j\mid q_{t-1}=s_i),1\leqslant i,j\leqslant N \qquad (9\text{-}11)$$
$$a_{ij}\geqslant 0$$

$$\sum_{j=1}^{N} a_{ij} = 1$$

（4）从状态 s_j 观察到符号 v_k 的概率分布矩阵 $\boldsymbol{B} = \{b_j(k)\}$，$b_j(k)$ 为操作员从第 j 个口袋中取出第 k 种颜色的球的概率，其中：

$$b_j(k) = P(O_t = v_k \mid q_t = s_j) \quad 1 \leqslant j \leqslant N, 1 \leqslant k \leqslant M \tag{9-12}$$

$$b_j(k) \geqslant 0$$

$$\sum_{k=1}^{M} b_j(k) = 1$$

观察符号的概率也称为符号发射概率，在图 9.17 中是从上面的隐状态序列中的某个状态得到下面的可观察的输出序列中对应输出的概率，有点像火箭发射，因此称之为符号发射概率。

（5）初始状态概率分布向量 $\boldsymbol{\pi} = \{\pi_i\}$，其中：

$$\pi_i = P(q_1 = s_i) \quad 1 \leqslant i \leqslant N \tag{9-13}$$

$$\pi_i \geqslant 0$$

$$\sum_{i=1}^{N} \pi_i = 1$$

一般地，一个隐马尔可夫模型可以记为一个五元组 $\mu = (S, K, \boldsymbol{A}, \boldsymbol{B}, \boldsymbol{\pi})$，其中，$S$ 为状态的集合，K 为输出符号的集合，$\boldsymbol{\pi}$、$\boldsymbol{A}$、$\boldsymbol{B}$ 分别为初始状态的概率分布向量、状态转移概率分布矩阵和符号发射概率分布矩阵。有时候为了简便，也将其记为三元组 $\mu = (\boldsymbol{A}, \boldsymbol{B}, \boldsymbol{\pi})$。

当处理潜在事件随机地生成可观察事件时，隐马尔可夫模型是非常有用的。

使用隐马尔可夫模型处理问题时，有以下 3 个子任务需要解决：

（1）估计任务。给定一个观察序列 $O = O_1 O_2 \cdots O_T$ 和模型 $\mu = (\boldsymbol{A}, \boldsymbol{B}, \boldsymbol{\pi})$，如何快速地计算出在给定模型的情况下观察序列 O 的概率，即 $P(O \mid \mu)$，该任务是一个解码（decoding）问题。

（2）序列任务。给定一个观察序列 $O = O_1 O_2 \cdots O_T$ 和模型 $\mu = (\boldsymbol{A}, \boldsymbol{B}, \boldsymbol{\pi})$，如何快速有效地选择在一定意义下"最优"的状态序列 $Q = q_1 q_2 \cdots q_T$，使得该状态序列能够最好地解释观察序列。序列任务最常用的是维特比（Viterbi）算法。对于给定的一段自然语言文本进行词性标注或命名实体识别，就属于序列任务，前提是已完成模型的训练任务，得到了含有参数值的模型 $\mu = (\boldsymbol{A}, \boldsymbol{B}, \boldsymbol{\pi})$。

（3）训练任务。该任务的内容就是估计模型的参数。给定一个观察序列 $O = O_1 O_2 \cdots O_T$，如何根据最大似然估计得到模型的参数值，即，如何调节模型 $\mu = (\boldsymbol{A}, \boldsymbol{B}, \boldsymbol{\pi})$ 的参数，使得 $P(O \mid \mu)$ 最大。隐马尔可夫模型的训练任务一般使用期望最大化（Expectation Maximization，EM）算法完成。

隐马尔可夫模型在自然语言处理、语音处理等包含序列数据的领域中有着非常广泛的应用。关于隐马尔可夫模型的实现工具，可参考网站 https://htk.eng.cam.ac.uk/。

9.5.4 条件随机场

条件随机场由 John Lafferty 等人于 2001 年提出，随后在自然语言处理和计算机视觉等领域中得到了广泛的应用。

条件随机场是用来标注和划分序列结构数据的概率化结构模型。对于观测序列 X 和给定的输出标识序列 Y，条件随机场通过定义条件概率 $P(Y|X)$ 而不是联合概率分布 $P(X,Y)$ 描述模型。条件随机场也可以看作一个无向图模型或者马尔可夫随机场。条件随机场属于典型的判别式模型，而隐马尔可夫模型则属于生成式模型。

设 $G=(V,E)$ 为一个无向图，其中 V 为节点的集合，E 为无向边的集合。$Y=\{Y_v|v\in V\}$，即 V 中的每一个节点对应于一个随机变量 Y_v，其取值范围是可能的标记集合 $\{y\}$。如果以观察序列 X 为条件，每一个随机变量 Y_v 都满足如下的马尔可夫特性：

$$p(Y_v \mid X, Y_w, w \neq v) = p(Y_v \mid X, Y_v, w \sim v) \tag{9-14}$$

其中 $w\sim v$ 表示两个节点在图 G 中是直接相邻的节点，那么 (X,Y) 为一个条件随机场。

从理论上说，只要在标记序列中描述了一定的条件独立性，G 的图结构可以是任意的。对序列数据进行建模可以形成最简单、最普通的链式结构图，节点对应标记序列 Y 中的元素，如图 9.19 左边的图所示。或者更直观一些，可以把 CRF 的链式结构图修改为如图 9.19 右边的图所示。

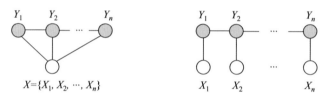

图 9.19 条件随机场的链式结构图

显然，观察序列 X 的元素之间并不存在图结构，因为这里只是将观察序列 X 作为条件，并不对其作任何独立性假设。

条件随机场模型也需要解决 3 个基本问题：特征的选择、参数训练和解码，其中，参数训练过程可在训练数据集上使用基于对数似然函数的最大化进行。

和隐马尔可夫模型相比，条件随机场的主要优点在于它的条件随机性，只需要考虑当前已经出现的观测状态的特性，没有独立性的严格要求，对于整个序列内部的消息和外部观测信息均可有效利用，避免了针对线性序列模型的条件马尔可夫模型会出现的标识偏置问题。条件随机场使用单个指数模型计算给定观察序列与整个标记序列的联合概率，因此，不同状态的不同特征权重可以相互交替代换。

9.6 本章小结

传统的机器学习技术大多数是分阶段进行的，主要包括数据预处理、特征设计与特征提取、特征汇聚和特征变换、分类器或回归器的设计和训练等多个阶段，其中采用的特征主要是由专家指定的。使用了深度学习技术之后，特征可以由深度神经网络自动学习得到，不再由专家在模型训练之前人为指定所有的特征，这是人工智能技术的巨大进步。

除了计算机视觉领域之外，本章还对自然语言处理领域中的特征和算法进行了阐述。以文本分类和序列标注这两个自然语言处理中的常见任务为例，介绍了自然语言处理领域中最简单、最常用的特征。在序列标注任务中，概率图模型是广泛使用的一类模型。本章介

绍了概率图模型的概念,然后对贝叶斯网络进行了介绍。在概率图模型中,隐马尔可夫模型和条件随机场模型在序列标注任务中应用非常广泛,本章对这两种模型进行了说明。隐马尔可夫模型是有向概率图模型,而条件随机场模型则是无向概率图模型。另外,监督学习中的模型可以分为生成式模型和判别式模型,前者是对联合概率分布 $P(X,Y)$ 进行建模,而后者仅对条件概率分布 $P(Y|X)$ 进行建模。隐马尔可夫模型、贝叶斯网络均属于生成式模型,而条件随机场则属于判别式模型。

习 题 9

1. 以下特征中( )属于图像的全局特征。
   A. 颜色直方图　　　　　　　　B. LBP 特征
   C. HOG 特征　　　　　　　　　D. GIST 特征
2. 以下( )属于生成式模型。
   A. Logistic 回归　　　　　　　　B. 朴素贝叶斯方法
   C. 决策树模型　　　　　　　　D. 支持向量机
3. 以下( )属于判别式模型。
   A. 贝叶斯网络　　　　　　　　B. 朴素贝叶斯方法
   C. 隐马尔可夫模型　　　　　　D. 条件随机场
4. 以下( )方法可以用于计算文档之间的相似度/距离。
   A. 正弦相似度　　　　　　　　B. 余弦相似度
   C. 正切相似度　　　　　　　　D. 余切相似度
5. 简要说明 HOG 特征,并通过文献查阅说明该特征在行人检测中的应用。
6. 通过文献查阅,说明隐马尔可夫模型在序列数据处理中的应用(不限于自然语言处理领域)。

第 10 章　人工神经网络与深度学习

人工神经网络(Artificial Neural Network,ANN)是一个用大量简单的处理单元经过连接而组成的人工网络。人工神经网络为人工智能中许多问题的研究提供了新的思路,特别是 2006 年之后迅速发展的深度学习技术(即深层人工神经网络),能够发现高维数据中的复杂结构,取得了比传统机器学习技术(相对地称为浅层模型)更好的结果,在图像识别、语音识别、自然语言理解、机器翻译等领域和任务中取得突破,并在实际中得到了非常广泛的应用。

本章对人工神经网络进行简要介绍,首先对感知机和多层人工神经网络进行了阐述,然后介绍典型的深层模型,包括卷积神经网络、循环神经网络等,最后对深度学习中常用的各种框架进行简要介绍。

10.1　人工神经网络概述

连接主义学派(也称为结构主义学派)是人工智能的三大学派之一,又称仿生学派或生理学派。连接主义学派认为,人的思维基元是神经元,而不是符号处理过程。连接主义学派最主要的成果就是人工神经网络和深度学习。人工神经网络是为模拟人类神经网络而设计的一种计算模型,它从结构、实现机理和功能上模拟了人类神经网络。人工神经网络与人类神经网络类似,由多个节点(人工神经元)互相连接而成,可以用来对数据之间的复杂关系进行建模。不同节点之间的连接被赋予不同的权重,每个权重代表一个节点对另一个节点的影响大小。每个节点代表一种特定函数,来自其他节点的信息经过相应的加权计算,输入到一个激活函数中并得到一个值(兴奋或抑制)。从系统的观点看,人工神经网络是由大量神经元通过极其丰富的连接构成的自适应非线性动态系统。

10.1.1　生物神经元

大脑是人体最复杂的器官,由神经元、神经胶质细胞、神经干细胞和血管等组成。神经元(即神经细胞)是携带和传输信息的细胞,是人脑神经系统中最基本的单元。人脑神经系统有大约 860 亿个神经元,每个神经元有上千个突触和其他神经元相连接。这些神经元和它们之间的连接形成巨大的复杂网络,其中神经连接的总长度可达数千千米。人类就是因为这些网络而形成并存储各种各样的思想和意识。

早在 1904 年,生物学家就已经发现了神经元的结构,如图 10.1 所示。典型的神经元结构可分为细胞体和细胞突起。细胞体中的细胞膜上有各种受体和离子通道,受体可与相应的化学神经递质结合,引起膜内外电位差发生改变,产生相应的生理活动:兴奋或抑制。这两种状态和计算机二进制中的 1 和 0 类似。

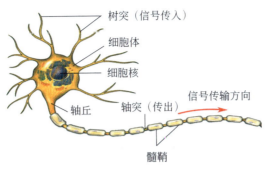

图 10.1　神经元的结构

细胞突起是由细胞体延伸出来的细长部分,又可分为树突和轴突。树突可以接收刺激并将兴奋传入细胞体,每个神经元可以有一或多个树突。有的神经元树突的数量可能高达 $10^3 \sim 10^4$ 数量级。轴突则可以把自身的兴奋状态传递到另一个神经元或其他组织。每个神经元只有一个轴突。在图 10.1 中,可以看到树突和轴突。

神经元可以接收其他神经元的信息,也可以发送信息给其他神经元。神经元之间通过突触传递信息,从而形成一个神经网络,即神经系统。神经元可视为只有两种状态——兴奋和抑制的细胞。图 10.2 展示了神经元之间的信息传递过程。神经元的状态取决于从其他的神经细胞收到的输入信号量以及突触的强度(抑制或加强)。当信号量的总和超过了某个阈值时,细胞体就会兴奋,产生电脉冲。电脉冲沿着轴突并通过突触传递到其他神经元。通过这种方式,当前神经元就完成了信息的处理和传输任务。

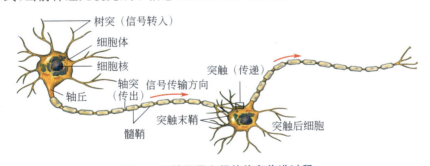

图 10.2　神经元之间的信息传递过程

10.1.2　人工神经网络的发展

人工神经网络的发展大致经过了 4 个阶段,如图 10.3 所示。

1. 萌芽期

1943 年,心理学家 Warren McCulloch 和数学家 Walter Pitts 最早提出了一种基于简单逻辑运算的人工神经网络,这种神经网络模型称为 M-P 模型,开启了人工神经网络研究的新篇章。1949 年,加拿大心理学家唐纳德·赫伯(Donald Hebb)提出了赫伯学习法则,认为神经元突触上的强度是可以变化的。1951 年,McCulloch 和 Pitts 的学生闵斯基建造了第一台神经网络机 SNARC。

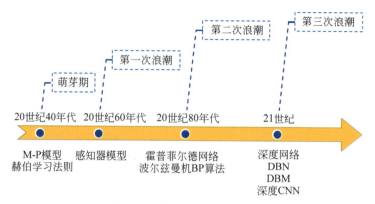

图 10.3 人工神经网络的发展

2. 第一次浪潮

1958 年,罗森布拉特提出了一种可以模拟人类感知能力的神经网络模型,称为感知机(perceptron),并提出了一种接近人类学习过程的学习算法。感知机算法采用迭代和试错的方式实现。感知机实际上是仅包含了一个神经元的最简单的人工神经网络模型。

1969 年,明斯基出版了 *Perceptron* 一书,指出了神经网络的两个致命缺陷:一是感知机无法处理异或问题;二是当时的计算机无法支持大型人工神经网络的训练。上述论断使得人们对以感知机为代表的人工神经网络产生了质疑,并导致人工神经网络的研究陷入了十余年的低谷期。

即使在这一时期,仍然有不少学者提出了很多有意义的模型或算法。1974 年,哈佛大学 Paul Werbos 在其博士论文中首次提出了反向传播(Back Propagation,BP)算法,但在当时没有受到重视,也没有被应用于人工神经网络的训练。1980 年,日本学者福岛邦彦提出了一种带有卷积和下采样操作的多层人工神经网络:新知机(neocognitron),但新知机并没有采用 BP 算法进行训练,而是采用了无监督学习的方式进行训练,也没有引起重视。

3. 第二次浪潮

1983 年,美国物理学家霍普菲尔德(John Hopfield)提出了一种用于联想记忆的人工神经网络,称为霍普菲尔德网络。霍普菲尔德网络在旅行商问题的求解上取得了当时最好的结果,引起了极大的轰动。1984 年,辛顿提出了一种随机化版本的霍普菲尔德网络,即玻尔兹曼机(Boltzmann machine)。

将 BP 算法应用于人工神经网络的训练,这是引起第二次浪潮的主要原因。在 20 世纪 80 年代,分布式并行处理(Parallel Distributed Processing,PDP)模型开始流行,BP 算法也逐渐成为 PDP 模型的主要学习算法。直到这时,人工神经网络才又吸引了公众的关注,并重新成为了研究热点。1989 年,杨立昆将 BP 算法引入了卷积神经网络(Convolutional Neural Network,CNN),在手写体数字识别上取得了很大的成功,该算法成功地应用于银行支票识别、邮政编码识别等图片识别任务中。BP 算法是使用最广泛的人工神经网络学习算法。

然而,BP 算法中经常出现的梯度消失问题阻碍了人工神经网络的进一步发展。研究人员虽然可以增加人工神经网络的层数和神经元的数量,从而构造更复杂的网络,但是学习所需的计算量也随之增长。当时的计算机性能和学习所需的数据规模也不足以支持训练更大规模的人工神经网络。

进入 20 世纪 90 年代之后,统计学习理论和以支持向量机为代表的机器学习模型开始兴起。相比而言,人工神经网络的理论基础较薄弱、学习困难、可解释性较差等缺点更加凸显,人工神经网络的研究又一次陷入了低潮。

4. 第三次浪潮

2006 年,辛顿等人发现通过逐层预训练的方式可以较好地训练多层人工神经网络,并在 MNIST 手写数字图片数据集上取得了优于支持向量机的结果,开启了人工神经网络的第三次浪潮。在 2006 年的论文中辛顿首次提出了深度学习(deep learning)的概念,这也是深层人工神经网络被称为深度学习的由来。2011 年,格洛罗特(Xavier Glorot)等人提出了 ReLU(Rectified Linear Unit,修正线性单元)激活函数,这是目前使用最为广泛的激活函数之一。2012 年,Alex Krizhevsky(辛顿的学生)等人提出了 8 层的神经网络 AlexNet,它采用了 ReLU 激活函数,并使用了 Dropout 等技术防止过拟合,同时抛弃了逐层预训练的方式,直接在两块 Nvidia GTX580 GPU 上训练网络。AlexNet 在 ILSVRC 2012 的图片识别竞赛中获得了第一名,其 Top5 错误率比第二名(传统浅层模型方法)降低了惊人的 10.9%。

自从 AlexNet 模型提出之后,各种各样的深度学习模型先后涌现,包括 VGG 系列、GoogLeNet 系列、ResNet 系列、DenseNet 系列等。其中 ResNet 系列模型将人工神经网络的层数提升至数百层甚至上千层,同时保持网络性能不变甚至变得更优。ResNet 系列模型的算法思想简单,具有通用性,并且效果显著,是深度学习技术中最具代表性的模型之一。

除了在监督学习中取得了惊人的成果之外,深度学习技术在无监督学习和强化学习领域也取得了巨大的成就。2014 年,古德费洛(Ian Goodfellow)提出了生成对抗网络(Generative Adversarial Network,GAN)通过对抗训练的方式学习样本的真实分布,从而生成逼近度较高的样本。此后,大量的 GAN 模型相继被提出,最新的图片生成效果已经达到了肉眼难辨真伪的程度。在围棋领域,DeepMind 公司的 AlphaGo 先后战胜了围棋世界冠军李世石和柯洁。在多智能体协作的 Dota2 游戏平台,OpenAI 公司的 OpenAI Five 智能程序在受限游戏环境中打败了冠军队伍 OG 战队。

10.2 感知机

感知机也称感知器,是由罗森布拉特于 1957 年提出的,是一种广泛使用的线性分类器。感知机是最简单的人工神经网络,只有一个神经元。

1943 年提出的 M-P 神经元模型是基于 1904 年发现的神经元结构提出的第一个数学模型,由心理学家麦卡洛克和数学家皮茨提出,如图 10.4 所示。

在 M-P 模型中,权重的值都是预先设置的,因此不能通过学习得到。在 M-P 模型中,有两个重要

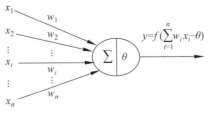

图 10.4 M-P 神经元模型

的函数。第一个函数是激活函数,激活函数的值表示该神经元是兴奋还是抑制。如果激活函数的参数值大于给定的阈值,输出就是兴奋;否则就是抑制。第二个函数是组合函数,是把通过突触接收到的其他神经元的信息进行组合,组合的结果就作为参数传递给激活函数。一般经常使用线性组合函数。

1949年,加拿大心理学家赫伯提出了赫伯学习法则,认为神经元突触上的强度是可以变化的。计算科学家开始考虑用调整权值的方法让机器进行学习,这为后面的学习算法奠定了基础。尽管神经元模型与赫伯学习法则都已经被提出了,但限于当时的计算机能力,直到将近10年后,第一个真正意义的人工神经网络才诞生。

感知机实质上是一种神经元模型。它使用的激活函数是阈值激活函数。该函数先求和,如果和大于0,则输出为兴奋状态,否则为抑制状态。该函数使用的参数除了权重 w 之外,还有一个偏置量,一般用 b 表示。感知机的学习算法是一个经典的线性分类器的参数学习算法。在收敛性方面,感知机在线性可分的数据上确定是收敛的。感知机只能处理线性可分的情况;对于线性不可分的情况,感知机就无能为力了。

感知机的不足主要有以下几点:

(1) 在数据为线性可分时,感知机虽然可以找到一个超平面把数据分开,但不能保证其泛化能力,它得到的线性模型的分类性能较差。

(2) 感知机对数据样本的顺序比较敏感。如果迭代的顺序不一致,则找到的分类超平面往往也不相同。

(3) 数据中往往包含噪声,从而成为线性不可分的情况。而如果训练数据是线性不可分的,则感知机的迭代算法永远也不会收敛。

闵斯基在1969年出版了 *Perceptron* 一书,从数学上证明了感知机的弱点,尤其是感知机对异或这样的简单分类任务都无法解决。闵斯基认为,如果将计算层增加到两层,则计算量过大,并且缺乏有效的学习算法。闵斯基认为研究更深层的网络是没有价值的。

为了纪念提出感知机的 Frank Rosenblatt,IEEE 于 2004 年设立了罗森布拉特奖 (IEEE Frank Rosenblatt Award)。

10.3 多层人工神经网络

一个生物神经元的功能比较简单,而人工神经元只是生物神经元的理想化和简单实现,功能更加简单。想要模拟人脑的能力,只有一个神经元是远远不够的,需要通过很多神经元一起协作才能完成复杂的功能。这样通过一定的连接方式或信息传递方式进行协作的很多神经元就构成了一个人工神经网络。

常用的人工神经网络结构主要包括前馈神经网络、反馈神经网络、图神经网络等。

在前馈神经网络中,各个神经元按接收信息的先后分为不同的组,每一组就是一个层。每一层中的神经元接收前一层神经元的输出,并输出到下一层神经元。整个网络中的信息只朝着一个方向传播,没有反向的信息传播。前馈神经网络可以看作一个函数,通过简单的非线性函数的组合,实现了从输入空间到输出空间的复杂映射。前馈神经网络结构简单,易于实现。前馈神经网络可以用一个有向无环图表示。感知机、BP神经网络和卷积神经网络都属于前馈神经网络。

图 10.5 是含有两个隐含层的前馈神经网络的结构,其中一个圆形节点表示一个神经元。

在反馈神经网络中,神经元不但可以接收其他神经元的信息,也可以接收自己的历史信息。反馈神经网络有时候也称为记忆网络。反馈网络中的神经元具有记忆功能,在不同的时刻具有不同的状态。反馈神经网络中的信息传递可以是单向的,也可以是双向的。反馈神经网络可用有向循环图或无向图表示,反馈神经网络的结构如图 10.6 所示。循环神经网络、霍普菲尔德网络、玻尔兹曼机、受限玻尔兹曼机都属于反馈神经网络。

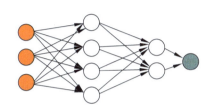

图 10.5　前馈神经网络的结构

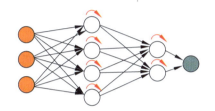

图 10.6　反馈神经网络的结构

前馈神经网络和反馈神经网络的输入可以表示为向量或向量序列,但在实际应用中很多数据是图结构的数据,例如社交网络、知识图谱等,而前馈神经网络和反馈神经网络很难处理这种图结构的数据。图神经网络是定义在图结构数据上的人工神经网络。在图神经网络中,每个节点都由一个或一组神经元构成。节点之间的连接可以是有向的,也可以是无向的。每个节点可以收到来自相邻节点或自身的信息。图卷积网络、图注意力网络、消息传递神经网络等都属于图神经网络。图神经网络的结构如图 10.7 所示,其中的一个方形节点表示一组神经元。注意,前馈神经网络和反馈神经网络中的一个圆形节点表示一个神经元。

10.3.1　激活函数

自从 1943 年 M-P 神经元模型被提出至今,激活函数在人工神经网络中起着十分重要的作用。感知机算法可以用于二分类和多分类任务。感知机中使用了基于线性组合的阈值函数,也称为阶跃函数,如图 10.8 所示。

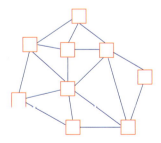

图 10.7　图神经网络的结构

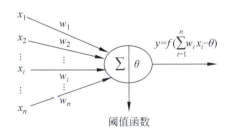

图 10.8　感知机中使用的激活函数——阈值函数

图 10.9 中列出了多层人工神经网络中常用的各种激活函数,包括阈值函数、线性函数、饱和线性函数、Sigmoid 函数、双曲正切函数和高斯函数。激活函数在人工神经网络中非常重要。在深度神经网络中使用了一些新的激活函数,这也是深度神经网络学习效果更好的重要原因之一。激活函数一般都是单调的、简单的非线性函数,连续并可导。激活函数在数

学上的特点对多层人工神经网络是否容易训练有着直接的影响。

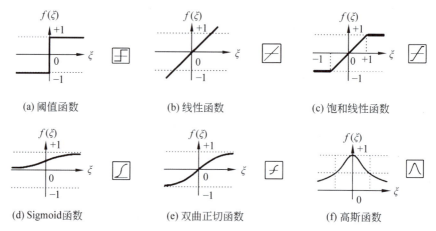

图 10.9　人工神经网络中常用的激活函数

10.3.2　前馈神经网络的结构

前馈神经网络(Feedforward Neural Network,FNN)是最早发明的简单人工神经网络,有时也称为多层感知机(Multi-Layer Perceptron,MLP)。实际上,前馈神经网络和多层感知机存在着一些区别。例如,在激活函数上,早期的前馈神经网络一般使用 Sigmoid 函数,这个 S 形的函数是连续的、非线性的;而感知机中的激活函数是阈值函数,该函数也属于非线性函数,但是在数学上不连续。

在前馈神经网络中,各神经元分属不同的层。每一层的神经元可以接收前一层神经元的信息,并产生信号输出到下一层。第 0 层称为输入层,最后一层称为输出层,其他中间层称为隐含层。整个网络中没有反馈,信号从输入层向输出层单向传播,可以使用一个有向无环图表示。前馈神经网络的结构如图 10.10 所示,其中最左边是输入层,后面有两个隐含层,最后是输出层。

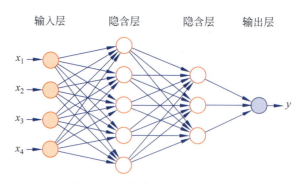

图 10.10　前馈神经网络的结构

下面来看前馈神经网络中的信息传播。从第 $l-1$ 层到第 l 层的信息传播公式如式(10-1)和式(10-2)所示:

$$z^{(l)} = \mathbf{W}^{(l)} a^{(l-1)} + b^{(l)} \tag{10-1}$$

$$a^{(l)} = f_l(z^{(l)}) \tag{10-2}$$

在式(10-1)和式(10-2)中，$W^{(l)}$ 表示第 $l-1$ 层到第 l 层的权重矩阵，$a^{(l)}$ 表示第 l 层神经元的输出，$b^{(l)}$ 表示第 $(l-1)$ 层到第 l 层的偏置(bias)，$z^{(l)}$ 表示第 l 层神经元的净输入，$f_l(\cdot)$ 表示第 l 层神经元的激活函数，$a^{(0)} = x$，第 0 层为输入层，前馈神经网络可以通过逐层的信息传递得到网络最后的输出 $a^{(L)}$。

可以将整个网络看成一个复合函数：$\varphi(x;W,b)$，将输入向量 x 作为第一层的输入 $a^{(0)}$，将第 L 层的输出 $a^{(L)}$ 作为整个复合函数的输出，从输入到最后一层输出的完整过程如式(10-3)所示：

$$x = a^{(0)} \to z^{(1)} \to a^{(1)} \to z^{(2)} \cdots \to a^{(L-1)} \to z^{(L)} \to a^{(L)} \to \varphi(x;W,b) \tag{10-3}$$

其中 W、b 分别表示网络中所有层的连接权重和偏置。

下面来看如何把前馈神经网络应用到机器学习任务中。在机器学习中，输入样本的特征对分类器的影响很大。以监督学习为例，好的特征可以极大地提高分类器的性能。因此，为了获得好的分类效果，经常需要进行特征抽取。特征抽取是指将样本的原始特征向量 x 转换为更有效的特征向量 $\varphi(x)$。多层前馈神经网络可以看作一个非线性复合函数 $\varphi : R^D \to R^{D'}$，将输入 $x \in R^D$ 映射到输出 $\varphi(x) \in R^{D'}$，其中 D 是输入的维度，而 D' 则是分类任务中类别的数量。

多层前馈神经网络可以看成一种特征转换方法，其输出 $\varphi(x)$ 作为分类器的输入进行分类。给定一个训练样本 (x,y)，先利用多层前馈神经网络将 x 映射到 $\varphi(x)$，再将 $\varphi(x)$ 输入到分类器 $g(\cdot)$ 中：

$$\hat{y} = g(\varphi(x);\theta) \tag{10-4}$$

在这个式子中，$g(\cdot)$ 为线性或非线性的分类器，θ 是分类器 $g(\cdot)$ 的参数，而 $\hat{y}$ 则是分类器的输出，也就是预测值。如果分类器 $g(\cdot)$ 为 Logistic 回归分类器或 Softmax 回归分类器，那么 $g(\cdot)$ 可以看成人工神经网络的最后一层，即神经网络直接输出不同类别的条件概率 $P(y|x)$。

首先来看最简单的二分类问题。对于二分类问题，$y \in \{0,1\}$，采用 Logistic 回归，那么 Logistic 回归分类器可作为人工神经网络的最后一层。人工神经网络的输出层只使用一个神经元，其激活函数为 Sigmoid 函数。网络的输出直接作为类别 $y=1$ 的条件概率：

$$P(y=1 \mid x) = a^{(L)} \tag{10-5}$$

如图 10.11 所示，这是输出层仅包含一个神经元的多层前馈神经网络，其输出层可以使用 Sigmoid 激活函数，用于完成二分类任务。

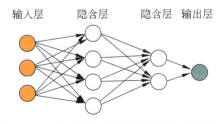

图 10.11 进行二分类的前馈神经网络结构

再看一下 Logistic 回归方法，该方法使用了著名的 S 形状的 Sigmoid 函数，如图 10.12 所示。

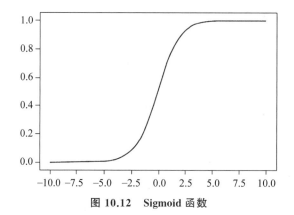

图 10.12 Sigmoid 函数

Sigmoid 函数在前馈神经网络中经常作为神经元的激活函数使用。使用 Sigmoid 函数进行二分类的计算公式如式(10-6)所示：

$$P(y=1 \mid \boldsymbol{x}) = f(\boldsymbol{w}^{\mathrm{T}}\boldsymbol{x}) = \frac{1}{1+\mathrm{e}^{-\boldsymbol{w}^{\mathrm{T}}\boldsymbol{x}}} \tag{10-6}$$

对于多分类问题，$y \in \{1,2,\cdots,C\}$，如果使用 Softmax 回归分类器，相当于人工神经网络的最后一层设置 C 个神经元，其激活函数为 Softmax 函数。神经网络的最后一层(第 L 层)的输出可以作为每个类的条件概率：

$$\hat{y} = \mathrm{Softmax}(z^{(L)}) \tag{10-7}$$

其中，$z^{(L)}$ 表示第 L 层神经元的净输入。

Softmax 回归也称为多项 Logistic 回归，是二项 Logistic 回归在多分类问题上的推广。对于多分类问题，类别标签 $y \in \{1,2,\cdots,C\}$ 可以有 C 个取值。给定一个样本 x，可以根据式(10-8)计算属于类别 c 的条件概率值，其中，w_c 是第 c 类的权重向量：

$$P(y=c \mid \boldsymbol{x}) = \mathrm{Softmax}(\boldsymbol{w}_c^{\mathrm{T}}\boldsymbol{x}) = \frac{\mathrm{e}^{\boldsymbol{w}_c^{\mathrm{T}}\boldsymbol{x}}}{\sum_{c'=1}^{C}\mathrm{e}^{\boldsymbol{w}_{c'}^{\mathrm{T}}\boldsymbol{x}}} \tag{10-8}$$

图 10.13 展示了在一个两层的人工神经网络中使用 Softmax 函数完成多分类任务的过程。图中神经网络的输出层计算得到了输入属于每种类别的概率值。Softmax 是一个组合而成的单词，其中 max 表示最大，而 soft 表示软，也就是说，不是把输入硬性地归到某一个类别中，而是每一个类别都有可能性，只是每个类别的概率值不同而已。Softmax 会在所有类别中找到那个概率最大的类别，作为该输入所属的类别。

前馈神经网络是一种最简单的神经网络，相邻两层的神经元之间为全连接关系，也称为全连接神经网络(Full Connection Neural Network,FCNN)。前馈神经网络在 20 世纪 80 年代后期已广泛使用，大部分都采用两层网络结构，有一个隐含层和一个输出层。神经元的激活函数基本上都是 Sigmoid 函数。在全连接神经网络中，相邻两层的神经元之间为全连接关系。

以处理 MNIST 数据集为例，灰度图片的大小为 28×28，因此输入层有 784 个神经元；分类的数量为 10 类，因此输出层的神经元个数为 10。该全连接神经网络仅包含一个隐含层，有 500 个神经元，如图 10.14 所示。

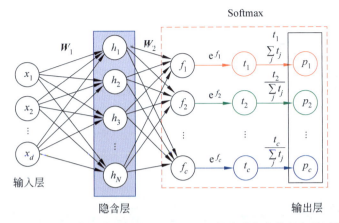

图 10.13　使用人工神经网络和 Softmax 函数完成多分类任务的过程

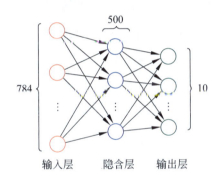

图 10.14　含有一个隐含层的全连接神经网络

该全连接神经网络的参数如下所示：
- 输入层和隐含层之间的权重：$784 \times 500 = 392\,000$。
- 隐含层和输出层之间的权重：$500 \times 10 = 5000$。
- 隐含层和输出层的偏置：$500 + 10 = 510$。

参数合计：$392\,000 + 5000 + 510 = 397\,510$。

可以看出，图 10.14 中的全连接神经网络虽然只有一个隐含层，但其参数的数量接近 40 万个。如果全连接神经网络具有更多的隐含层，则其参数的数量将会更多。另外，如果处理尺寸更大、彩色的图像数据（例如 ImageNet 中部分图像的大小约为 $500 \times 375 \times 3$，3 表示 R、G、B 一共 3 个颜色通道），全连接神经网络的参数量将会是一个天文数字，网络的训练将会消耗大量的时间和计算资源。另外，全连接神经网络的输入层把原始二维图像的数据直接转换为一维的数据，这种做法丢失了原始二维图像中像素的空间位置关系信息，对全连接神经网络识别原始图像产生了不利的影响，事实上，全连接神经网络对彩色图像的识别正确率确实不能令人满意。针对上述问题，研究人员提出了使用卷积神经网络进行图像的处理。

10.4 卷积神经网络

卷积神经网络(Convolutional Neural Network,CNN)是一种具有局部连接、权重共享等特性的前馈神经网络。卷积神经网络最早主要用来进行图像处理,目前在自然语言处理等其他领域也有应用。图 10.15 是使用卷积神经网络进行彩色图像分类的示例,输入是彩色图像,输出是属于一些预定义类别的概率,图中的 CONV 表示卷积层,RELU 表示 ReLU 激活函数,POOL 表示池化层,FC 则表示全连接层。从输出结果可以看出,概率最大的类别是 car。

图 10.15 使用卷积神经网络进行彩色图像分类的示例

在使用全连接的前馈神经网络处理图像时,存在下面两个问题:

(1) 参数量过多。随着隐含层神经元数量的增多,参数的规模也会急剧增加。这会导致整个神经网络的训练效率低下,也容易出现过拟合现象。以 MNIST 手写数字识别为例,输入是 28×28 像素的灰度图像,其输入的维度是 784,采用全连接的前馈神经网络,其参数的数量会比输入维度大很多。

(2) 难以提取局部不变性特征。自然图像中的物体都具有局部不变性特征,例如尺度缩放、平移、旋转等操作不影响其语义信息。而全连接的前馈神经网络很难提取这些特征,一般需要使用数据增强技术提高性能。

和遗传算法类似,卷积神经网络的思想也来自生物界。感受野是听觉、视觉神经系统中一些神经元的特性。神经元只接收其所支配的刺激区域内的信号。视网膜上的光感受器受到刺激兴奋时,将神经冲动信号传到视觉皮层。但并不是视觉皮层中所有的神经元都会接收到这些信号。一个神经元的感受野是指视网膜上的特定区域,只有在这个区域内的刺激才会激活该神经元。视觉皮层上神经元和感受野的关系如图 10.16 所示。

感受野的概念和相关理论是休伯尔(David Hubel)和维厄瑟尔(Torsten Wiesel)提出的,他们在 1959 年和后续的研究中发现视觉系统的信息处理中,可视皮层是分级的,进而提出了感受野的概念。由于对视觉系统研究的贡献,他们和 Roger Sperry 共同获得了 1981 年的诺贝尔生理学及医学奖。

经典的卷积神经网络模型一般是由卷积层、汇聚层和全连接层交叉组合而成的前馈神经网络。卷积神经网络的特征包括局部连接、权重共享和下采样,与全连接前馈神经网络相

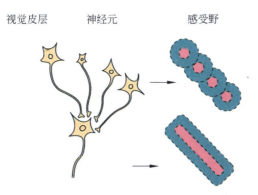

图 10.16 视觉皮层上神经元和感受野的关系

比,以上 3 个特征使得卷积神经网络的参数更少。

卷积神经网络的第一个特征是局部连接。受生物学上感受野机制的启发,卷积神经网络使用了局部连接技术。而在局部连接的卷积神经网络中,卷积层中的每一个神经元都只和下一层中某个局部窗口内的神经元相连,构成一个局部连接网络,这使卷积层和下一层之间的连接数大大减少。卷积神经网络的第二个特征是权重共享,也称为权值共享。在全连接前馈神经网络中,任何两个神经元之间连接的权重都是彼此独立的,这也是导致参数量过多的原因之一。在卷积神经网络中,权重是共享的。上述两个特征使卷积神经网络中需要训练的参数个数比全连接前馈神经网络大大降低了。

10.4.1 卷积

了解了卷积神经网络的主要特征之后,可能对它的名称还是有点疑惑。什么是卷积呢?卷积是分析数学中一种重要的运算,在信号处理、图像处理中,经常使用一维、二维卷积运算。

卷积神经网络主要使用的是二维卷积运算。假设有输入信息 X,使用卷积核(也称滤波器)K 进行卷积运算,定义如下:

$$Y = K * X$$

下面来看一个具体的例子。在图 10.17 中,左边是输入数据,中间是卷积核。以下将对计算过程进行详细介绍。该例子中的输入数据的大小是 4×4,卷积核的大小是 3×3。

图 10.17 二维卷积运算的例子

首先在输入数据的左上角选中 3×3 的数据,如图 10.18(a)的方框所示,与卷积核进行卷积运算,结果为 $y_1 = 15$。下面列出了具体的计算过程:

$$y_1 = 1×2+2×0+3×1+0×0+1×1+2×2+3×1+0×0+1×2=15$$

这里使用了步长为 1 的卷积运算。在输入数据中将 3×3 方框向右移动一个位置，进行卷积运算，如图 10.18(b)所示，结果为 $y_2=16$，具体计算如下：

$$y_2 = 2×2+3×0+0×1+1×0+2×1+3×2+0×1+1×0+2×2=16$$

输入数据 X 已经到最右边了，将 3×3 方框向左向下移动，选中数据，继续进行卷积运算，如图 10.18(c)所示，结果为 $y_3=6$，具体计算如下：

$$y_3 = 0×2+1×0+2×1+3×0+0×1+1×2+2×1+3×0+0×2=6$$

继续计算，如图 10.18(d)所示，结果为 $y_4=16$，具体计算如下：

$$y_4 = 1×2+2×0+3×1+0×0+1×1+2×2+3×1+0×0+1×2=16$$

图 10.18 展示了完整的计算过程。

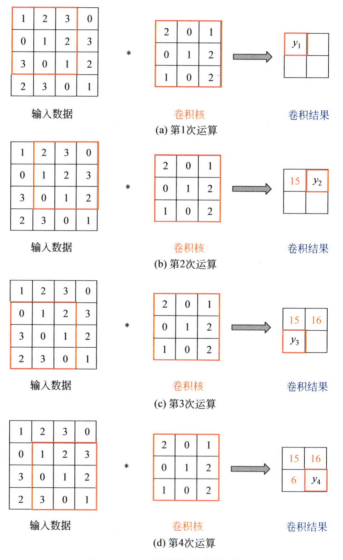

图 10.18　二维卷积运算的过程

上述二维卷积运算的结果如图 10.19 所示,可以看出,原有的输入数据是 4×4,使用了步长为 1 的 3×3 的卷积运算,得到的是 2×2 的结果。

图 10.19　二维卷积运算的结果

在数字图像处理中,卷积经常作为图像特征提取的有效方法,用于卷积运算的卷积核也称为滤波器。一幅图像在经过卷积操作后得到的结果称为特征映射(feature map)。在图 10.20 中,左边是原始图像,右边最上面的卷积核是常用的高斯卷积核,可以用来对图像进行平滑去噪,中间和下面的卷积核则可以用来提取图像的边缘特征。

图 10.20　二维卷积运算的特征映射结果

10.4.2　卷积神经网络的结构

卷积神经网络一般由卷积层、池化层(也称下采样层)和全连接层构成。在使用卷积代替全连接之后,卷积层具备了两个重要的性质:局部连接和权重共享。

首先来看卷积层。卷积层的作用是提取图像局部区域的特征,不同的卷积核可以提取不同的图像特征。卷积神经网络主要应用于数字图像处理中,而数字图像为二维结构,一般对于一张数字图像来说,卷积层的结果是一个三维结构,其大小为 M(高度)$\times N$(宽度)$\times D$(深度),即由 D 个 $M\times N$ 的特征映射构成。

特征映射是图像经过卷积后得到的特征,每个特征映射可以作为一类抽取的图像特征。在输入层,特征映射就是图像本身。如果是灰度图像,则有一个特征映射,输入层的深度为1;如果是彩色图像,则分别有 R、G、B 3 个颜色通道的特征映射,输入层的深度为 3。

下面来看池化层。池化层也称为下采样层,有的地方也称为汇聚层。池化层的作用是进行特征选择,降低特征数量,从而减少参数的数量。卷积层虽然可以显著减少网络中连接的数量,但得到的特征映射组中神经元的个数并没有显著减少。如果在卷积层后直接使用全连接层进行分类,分类器的输入维数仍然很高。为了解决这个问题,一般在卷积层之后加上一个池化层,以达到降低特征维数的目的。

池化操作是指对指定的区域进行下采样,操作的结果是一个数值,作为这个区域的代表。对一组数据进行统计,得到一个数值,这和统计学中的统计量本质上是一致的。经常使用的池化操作包括最大池化、平均池化等。最大池化是指对于一个区域,选择这个区域内所有神经元的最大活性值(激活函数的输出值)作为这个区域的代表,而平均池化是在区域内计算所有神经元活性值的平均值。图 10.21 展示了如何使用最大池化操作进行下采样,这里的池化区域是 2×2 大小的,原有 4×4 大小的数据经过最大池化操作之后得到了 2×2 大小的数据。

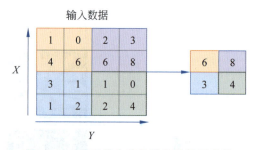

图 10.21　使用最大池化操作进行下采样

池化层的池化操作不仅可以减少神经元的数量,还可以使卷积神经网络对一些小的局部形态变化保持不变性,感受野的区域也更大。

在了解了卷积神经网络中每一层的特点和作用之后,下面来看卷积神经网络的整体结构。卷积神经网络是由卷积层、汇聚层(即池化层)、全连接层交叉堆叠而成的,其结构如图 10.22 所示。

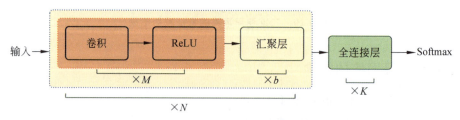

图 10.22　卷积神经网络的结构

在卷积神经网络中,一个卷积块为连续 M 个卷积层和 b 个汇聚层,其中 M 通常设置为 2~5,b 一般为 0 或 1。一个卷积神经网络中可以堆叠 N 个连续的卷积块,然后是 K 个全连接层。N 的取值区间比较大,例如 1~100 或者更大,而 K 一般为 0~2。有的卷积神经网络不包括全连接层,例如全卷积网络(Fully Convolutional Network,FCN),该网络在图像分割中应用非常广泛。

在了解了卷积神经网络的原理和结构之后,以下将对有代表性的经典卷积神经网络进行介绍,包括 LeNet、AlexNet、VGGNet、GoogLeNet 和 ResNet。

10.4.3　LeNet

LeNet 是最经典的卷积神经网络模型之一,是杨立昆于 1998 年提出的,用于手写体识别。LeNet 是第一个被广泛应用的卷积神经网络,基于 LeNet 的手写数字识别系统在 20 世纪 90 年代被美国多家银行使用,用于识别支票上的手写数字。LeNet 的结构如图 10.23 所示。

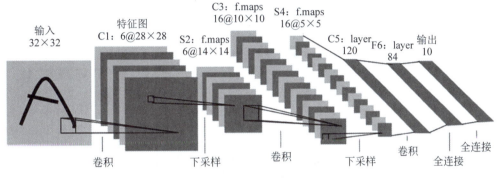

图 10.23　LeNet 的结构

从图 10.23 可以看出,LeNet 共有 5 层,包括 3 个卷积层(C1、C3 和 C5)和 2 个全连接层(F6 和输出层),因此被称为 LeNet-5。由于池化层(包括 S2 和 S4)仅进行池化操作,没有需要训练的参数,因此一般不计入卷积神经网络的层数。LeNet-5 中的池化层使用的是平均池化操作。LeNet-5 在不同的卷积层中使用了不同数量的卷积核,C1 中使用了 6 组卷积核,C2 中使用了 16 组卷积核。LeNet-5 用于数字的手写体识别,包括 0~9 一共 10 个数字,因此其输出层有 10 个神经元。

在卷积层 C1 中,使用了 6 组 5×5 大小的卷积核,得到的结果是 6 组 28×28 大小的特征图;然后经过池化层 S1 的平均池化操作,得到 6 组 14×14 大小的特征图。在卷积层 C3 中,使用了 16 组 5×5 大小的卷积核,得到了 16 组 10×10 大小的特征图;然后经过池化层 S2 的池化操作,得到了 16 组大小为 5×5 的特征映射。卷积层 C5 包含了 120 个特征图,每个特征图与 S4 层的全部 16 个单元的 5×5 邻域相连接。全连接层 F6 包含了 84 个神经元,输出层则包含了 10 个神经元。LeNet-5 中使用的激活函数为 Sigmoid 函数。

斯坦福大学李飞飞等人建设了 ImageNet 数据集,并展开了基于该数据集的图像识别竞赛 ILSVRC,该竞赛的历届冠军及 Top5 错误率如图 10.24 所示。在 2012 年提出的 AlexNet 的错误率为 16.4%,比 2011 年传统机器学习方法 25.8% 的错误率有了很大的降低,这也是卷积神经网络在计算机视觉领域取得的突破性成果。

10.4.4　AlexNet

AlexNet 是由辛顿和他的两位学生克里泽夫斯基(Alex Krizhevsky)、苏茨科维(Ilya Sutskever)在 2012 年提出的卷积神经网络模型,其名称来自论文第一作者的名字 Alex。AlexNet 的结构如图 10.25 所示。

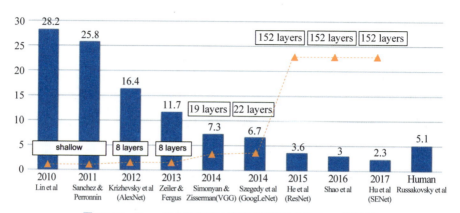

图 10.24　ImageNet ILSVRC 竞赛历届冠军及 Top5 错误率

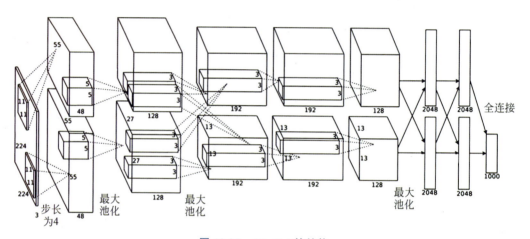

图 10.25　AlexNet 的结构

AlexNet 主要由 5 个卷积层和 3 个全连接层组成,最后一个全连接层通过 Softmax 函数最终产生的结果作为输入图像在 1000 个类别上的得分(ImageNet ILSVRC 图像分类任务有 1000 个类别)。因此,与 5 层的 LeNet 相比,8 层的 AlexNet 是更深的卷积神经网络。另外,与 LeNet 中使用 Sigmoid 函数作为激活函数不同,AlexNet 首次使用了 ReLU 函数作为激活函数,如图 10.26 所示。该函数非常简单,函数的输出是 0 和输入之间更大的一个,因此在输入大于或等于 0 时其导数为 1,否则为 0。

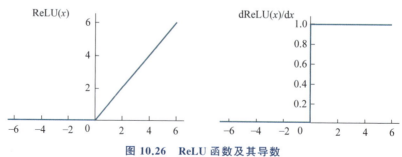

图 10.26　ReLU 函数及其导数

除了首次使用 ReLU 函数之外，AlexNet 还使用了数据增强、随机失活（dropout）等技术抑制过拟合现象。由于当时的显卡存储容量有限，因此 AlexNet 的卷积运算使用了两块 GTX 580 显卡（显存为 3GB）进行计算，这也是该模型的首创。

下面以输入一个 227×227×3 的图像（长和宽均为 227 个像素的 3 通道彩色图像）为例，AlexNet 中第一个卷积层的卷积核大小为 11×11×3，并且由 96 个卷积核组成。所有卷积核均以步长为 4 对整张 227×227×3 的图片进行卷积运算，可以得出第一个卷积层输出层的分辨率大小为 55，因此，第一个卷积层最终的输出大小为 55×55×96。在整个 AlexNet 中，特征图的尺寸和通道数的变化如图 10.27 所示。

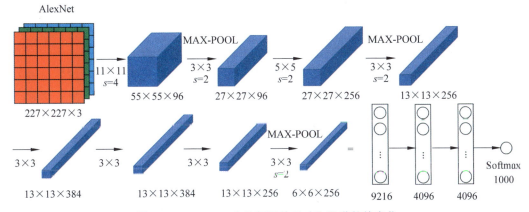

图 10.27　AlexNet 中特征图的尺寸和通道数的变化

AlexNet 中各层的情况如表 10.1 所示。可以看出，整个 AlexNet 模型有超过 6000 万个参数，而其中全连接层虽然只有 3 层，但是其参数占比超过了 96%。

表 10.1　AlexNet 各层的情况

层	卷积核数量	卷积核大小	步长	填充	特征图	参　　数	备　　注
输入层					227×227×3		
Conv1	96	11×11	4	0	55×55×96	34 944	包含偏置
Pooling1		3×3	2	0	27×27×96		
Conv2	256	5×5	1	2	27×27×256	307 456	有填充，尺寸不变
Pooling2		3×3	2	0	13×13×256		
Conv3	384	3×3	1	1	13×13×384	885 120	有填充，尺寸不变
Conv4	384	3×3	1	1	13×13×384	663 936	有填充，尺寸不变
Conv5	256	3×3	1	1	13×13×256	442 624	有填充，尺寸不变
Pooling3		3×3	2	0	6×6×256		
FC6					4096	37 752 832	
FC7					4096	16 781 312	

续表

层	卷积核数量	卷积核大小	步长	填充	特征图	参　　数	备　　注
FC8					1000	4 097 000	
参数	卷积层	2 334 080	3.83%		参数合计	**60 965 224**	
	全连接层	58 631 144	**96.17%**				

AlexNet 中第一个卷积层使用了 11×11 的卷积核,进行了步长为 4 的卷积运算,这个卷积核尺寸较大,步长也较大,因此容易丢失原始图像中的部分信息。在 2013 年,ZFNet 在 AlexNet 的基础上进行了调整,主要包括把第一个卷积层中的卷积核尺寸改为 7×7,步长改为 2,同时将第三到五个卷积层的个数从 384、384、256 分别改为 512、1024、512。ZFNet 并没有修改整体的网络结构,但上述调整使该网络在 2013 年的 ILSVRC 竞赛中的 Top5 错误率降到 11.7%,比 AlexNet 16.4% 的错误率又有了显著的降低。

10.4.5　VGGNet

2014 年,牛津大学视觉几何小组(Visual Geometry Group,VGG)提出了一种深层卷积网络结构 VGGNet,以 7.32% 的错误率赢得了 2014 年 ILSVRC 图像分类任务的亚军(冠军由 GoogLeNet 以 6.65% 的错误率夺得),并以 25.32% 的错误率夺得图像定位任务的第一名。VGGNet 与 AlexNet 在结构上的比较如图 10.28 所示,可以看出,VGGNet 是更深的卷积神经网络。

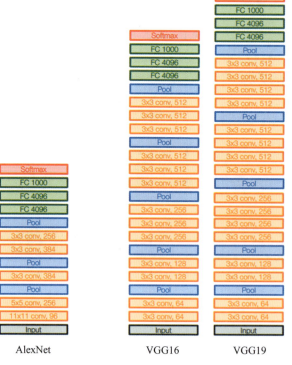

图 10.28　VGGNet 与 AlexNet 在结构上的比较

VGGNet 包含多种结构,其中使用较广泛的是 VGG-16 和 VGG-19。从图 10.28 可以看出,VGGNet 中所有卷积层均使用了 3×3 的卷积核。VGGNet 中连续使用 2 组 3×3 的卷积核和 1 组 5×5 的卷积核,得到的输出映射中每个神经元具有相同的感受野。同理,VGGNet 中连续使用 3 组 3×3 的卷积核,与使用 1 组 7×7 的卷积核(ZFNet 中使用),得到的输出映射中每个神经元具有相同的感受野。同时,更深的网络结构还能学习到更复杂的非线性关系,从而具有更好的效果。

在 VGG-16 中,特征图的形状变化如图 10.29 所示,从中可以直观地看出一个大小为 224×224 的彩色图像是如何通过卷积、池化操作最后得到 1000 类的得分,从而完成了 1000 个类的图像分类任务。

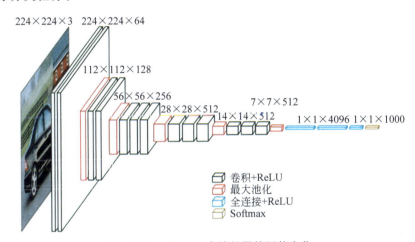

图 10.29　VGG-16 中特征图的形状变化

10.4.6　GoogLeNet

GoogLeNet 是 2014 年 ILSVRC 图像分类任务的冠军。从 AlexNet 到 ZFNet,再到 VGGNet,其中都有多个全连接层,并且全连接层参数的数量占整个模型参数数量的比重都很高。GoogLeNet 在其主干网络部分全部使用了卷积层,只在最后的分类部分使用了全连接层。

GoogLeNet 最重要的贡献是使用了 Inception 模块,其结构如图 10.30 所示。

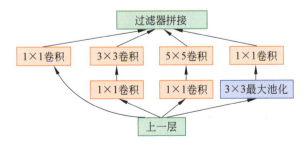

图 10.30　Inception 模块的结构

在图 10.30 中,最下面是上一层的输出,在经过了 4 路卷积运算之后,把所有卷积运算的结果合并作为当前 Inception 模块的输出。可以看出，Inception 模块大量使用了 1×1 的卷积运算，这种卷积运算虽然没有改变输入的尺寸，但可以改变输入的通道数（即深度），从而降低输入特征图的数据量，使 GoogLeNet 的深度可以增加到 22 层，同时网络的宽度也增加了。

多个 Inception 模块可以互相堆叠，从而构成更深的卷积神经网络。GoogLeNet 的结构如图 10.31 所示，其中最左边的是输入层，最右边的是输出层。可以看出，GoogLeNet 中一共包含了 9 个 Inception 模块，在第 3 个和第 6 个 Inception 模块之后都分别有一个 Softmax 分类输出层，这两层的目的是完成 GoogLeNet 的训练，通过分类输出可以计算分类损失函数的具体数值，进而使用梯度下降算法进行前面 Inception 模块中卷积核参数的优化。

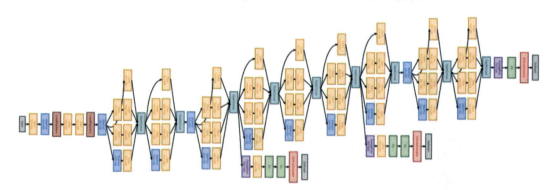

图 10.31　GoogLeNet 的结构

GoogLeNet 中大部分的参数在比较靠后的层中，而大部分的运算则集中在卷积层和 Inception 模块中。

10.4.7　ResNet

在使用更深的神经网络时，梯度消失问题会导致层数更多的神经网络，其性能反而不如层数较少的神经网络。例如，何恺明等人在研究中发现，56 层的卷积神经网络在训练集和测试集上的误差都大于 20 层的卷积神经网络，性能更差，如图 10.32 所示。显然，这并不是由于过拟合造成的，56 层的卷积神经网络由于梯度消失问题并没有得到充分的训练，从而导致性能更差。

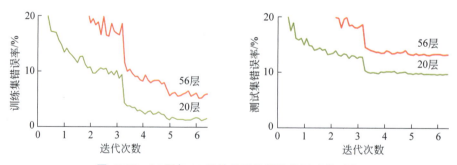

图 10.32　56 层与 20 层神经网络训练和测试的对比

为了解决神经网络层数较多导致的梯度消失问题，何恺明等人提出了残差结构，如图 10.33 所示，该图左边即为残差模块。在残差模块中，把输出从传统的 $F(x)$ 改为了 $F(x)+x$，这样处理，即使整个网络的层数很多，也不会产生梯度消失问题了。

除了残差模块之外，ResNet 还沿用了前人的一些可以提升网络性能和效果的设计，如堆叠式残差结构，每个残差模块又由多个小尺度的卷积层构成，整个 ResNet 除了最后用于分类的全连接层之外都是全卷积的（与 GoogLeNet 类似），这大大提升了计算速度。ResNet 网络的深度有 34、50、101、152 等多种，50 层以上的 ResNet 也借鉴了 GoogLeNet 的思想。ResNet 网络结构如图 10.33 所示。

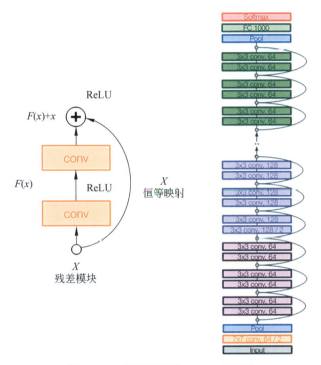

图 10.33 残差模块及 ResNet 的结构

至此，本节已经介绍了 4 种基础的网络结构和设计网络时涉及的主要思想。在 ResNet 之后，还有很多新的网络结构不断出现，但主要思想大体上都是基于以上 4 种类型做的一些改进，例如 Inception-v4 的主要思想便是残差模块与 Inception 模块的结合。

图 10.34 列出了常见卷积神经网络的性能对比。例如，与其他模型相比，VGG 网络占

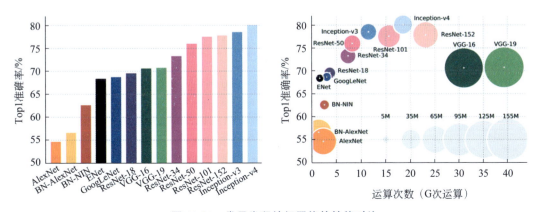

图 10.34 常见卷积神经网络的性能对比

用最多的计算量并且消耗最大的内存；GoogLeNet 是本节介绍的 4 个模型中计算量和内存消耗最小的模型；AlexNet 虽然计算量不高，但是也会占用较大的内存并且精度也不高；而不同大小的 ResNet 模型性能差异也较大，需要根据应用场景选择合适的模型。

10.5 循环神经网络

在前馈神经网络中，信息的传递是单向的，这使得网络比较容易学习，但在一定程度上也减弱了神经网络模型的能力。在生物神经网络中，神经元之间的连接关系要复杂得多。前馈神经网络可以看作一个复杂的非线性函数，每次输入都是独立的，即网络的输出只由当前的输入决定。但在很多具体任务中，网络的输出不仅和当前时刻的输入有关，也和过去一段时间的输出有关。而前馈神经网络很难处理时序数据，例如自然语言文本、语音、视频等。时序数据的长度一般是不固定的，而前馈神经网络要求输入和输出的维数都是预先指定的，不能任意改变。因此，当处理这一类和时序数据相关的任务时，就需要一种带有记忆能力的网络模型，循环神经网络(RNN)就是一种具有短期记忆能力的神经网络。

在循环神经网络中，神经元不仅可以接收其他神经元的信息，也可以接收自身的信息，形成具有环路的网络结构。与前馈神经网络相比，循环神经网络可能更加符合生物神经网络的结构特点。循环神经网络已经被广泛应用在语音识别、语言模型以及自然语言生成等任务上。循环神经网络的参数学习可以通过随时间反向传播(Back Propagation Through Time, BPTT)算法进行学习，BPTT 算法按照时间的逆序将错误信息一步步往前传递。当输入序列较长时，也会产生神经网络中容易发生的梯度消失和梯度爆炸问题，这称为长程依赖问题。为了解决长程依赖问题，研究人员对循环神经网络进行了多种改进，其中最有效的改进是引入了门控机制，例如著名的长短期记忆网络(Long Short-Term Memory, LSTM)和门控循环单元(Gate Recurrent Unit, GRU)等。

循环神经网络通过使用带自反馈的神经元，能够处理任意长度的时序数据。

给定一个输入序列 $x_{1:T}=(x_1,x_2,\cdots,x_t,\cdots,x_T)$，循环神经网络使用式(10-9)更新带反馈边的隐含层的活性值 h_t：

$$h_t = f(h_{t-1}, x_t) \qquad (10-9)$$

其中，$h_0=0$，$f(\cdot)$ 是非线性的激活函数。循环神经网络可以看成一个动力系统，隐藏层的活性值 h_t 也称为状态或隐状态。

图 10.35 是一个循环神经网络的示例，其中的延迟器是一个虚拟单元，用于记录神经元的最近一次或几次活性值。

10.5.1 简单循环神经网络

简单循环神经网络是一个非常简单的循环神经网络，只包含一个隐含层。在包含一个隐含层的前馈神经网络中，在相邻的层之间存在连接，而隐含层的节点之间是没有连接的。而在简单循环神经网络中，隐含层之间也有反馈连接。

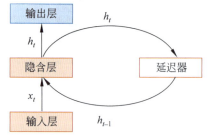

图 10.35 循环神经网络示例

如果把每个时刻的状态都看作前馈神经网络的一层，循环神经网络可以看作在时间维度上权值共享的神经网络,图 10.36 给出了按时间展开的循环神经网络。

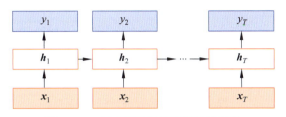

图 10.36　按时间展开的循环神经网络

假设向量 x_t 表示在时刻 t 网络的输入,h_t 表示隐含层状态(即隐含层神经元的活性值),那么 h_t 不仅和当前时刻的输入 x_t 相关,也和上一个时刻隐含层的状态 h_{t-1} 相关。简单循环神经网络在时刻 t 的更新公式为

$$z_t = Uh_{t-1} + Wx_t + b \tag{10-10}$$
$$h_t = f(z_t) \tag{10-11}$$

其中,z_t 为隐含层的净输入;U 和 W 为权重矩阵,其中 U 为状态-状态权重矩阵,而 W 则为状态-输入权重矩阵;b 为偏置向量;$f(\cdot)$ 是非线性激活函数,通常为 Sigmoid 函数或 Tanh 函数。式(10-10)和式(10-11)也经常合并,如式(10-12)所示:

$$h_t = f(Uh_{t-1} + Wx_t + b) \tag{10-12}$$

循环神经网络可以应用到许多不同类型的机器学习任务上。根据这些任务的特点可以分为以下几种模式:序列到类别模式、同步的序列到序列模式、异步的序列到序列模式。

1. 序列到类别模式

序列到类别模式主要用于序列数据的分类任务,输入为序列数据,输出为类别。例如,在文本分类任务中,输入数据是自然语言词语的序列,输出为该词语序列所属的类别。序列到类别模式如图 10.37 所示。其中,图 10.37(a)中的常规模式里类别输出 $\hat{y}$ 由最后时刻的隐状态 h_T 产生,而在图 10.37(b)中的按时间进行平均采样的模式里,类别输出 $\hat{y}$ 由按所有时刻进行平均采样得到的隐状态 h 产生。

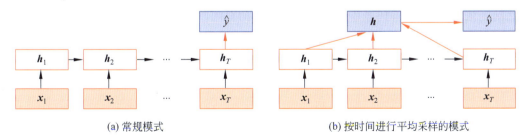

(a) 常规模式　　　　　　　　　　(b) 按时间进行平均采样的模式

图 10.37　序列到类别模式

2. 同步的序列到序列模式

同步的序列到序列模式可以用于序列标注任务,即每一个时刻都有输入和输出,输入序列和输出序列的长度相等。例如,自然语言处理的词性标注任务中,每一个词语都需要标注其对应的词性标签;命名实体识别任务中,对每一个词语都要指定类别标签(如 BIOES 标记方法)。同步的序列到序列模式如图 10.38 所示。

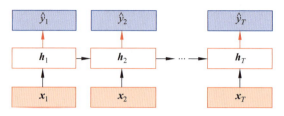

图 10.38 同步的序列到序列模式

3. 异步的序列到序列模式

异步的序列到序列模式也称为编码器-解码器（encoder-decoder）模型，此时输入序列和输出序列不需要有严格的对应关系，也不需要保持相同的长度。例如，在机器翻译任务中，输入序列为源语言的单词序列，输出序列则为目标语言的单词序列。异步的序列到序列模式如图 10.39 所示，其中<EOS>表示输入序列的结束，虚线表示将上一个时刻的输出作为下一个时刻的输入。

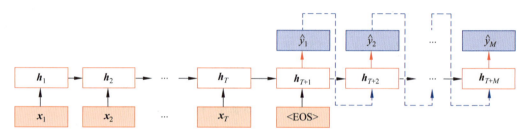

图 10.39 异步的序列到序列模式

在编码器-解码器模型中，输入为长度为 T 的序列 $x_{1:T} = (x_1, x_2, \cdots, x_t, \cdots, x_T)$，输出为长度为 M 的序列 $y_{1:M} = (y_1, y_2, \cdots, y_m, \cdots, y_M)$。编码器-解码器模型一般通过先编码后解码的方式实现。先将样本 x 按不同时刻输入到一个循环神经网络（编码器）中，并得到其编码 h_T，然后再使用另一个循环神经网络（解码器）得到输出序列 $\hat{y}_{1:M}$。为了建立输出序列之间的依赖关系，在解码器中通常使用非线性的自回归模型。

循环神经网络在学习过程中的主要问题是梯度消失或梯度爆炸问题，很难建立长时间间隔的状态之间的依赖关系。虽然简单循环神经网络可以建立长时间间隔的状态之间的依赖关系，但是由于梯度消失或梯度爆炸问题，实际上只能学习到短期的依赖关系，这称为长程依赖问题，也称为长期依赖问题、长距离依赖问题。为了改善循环神经网络的长程依赖问题，一种好的解决方案是引入门控机制控制信息的累积速度，包括有选择地加入新的信息，并有选择地遗忘以前累积的信息，这一类网络可以称为基于门控的循环神经网络。以下将介绍两种基于门控的循环神经网络：长短期记忆网络和门控循环单元网络。

10.5.2 长短期记忆网络

长短期记忆网络由 Sepp Hochreiter 等人在 1997 年提出，是循环神经网络的一个变体，可以有效地解决简单循环神经网络的梯度爆炸或消失问题。

简单循环神经网络通常使用式（10-13）进行改进：

$$h_t = h_{t-1} + g(x_t, h_{t-1}; \theta) \tag{10-13}$$

在式(10-13)的基础上,LSTM 网络主要在以下两个方面进行了改进。

1. 新的内部状态

LSTM 网络引入了一个新的内部状态 c_t 用来进行线性的循环信息传递,同时非线性地把信息输出给隐含层的外部状态 h_t。内部状态 c_t 的计算如下:

$$c_t = f_t \odot c_{t-1} + i_t \odot \tilde{c}_t \tag{10-14}$$

$$h_t = o_t \odot \tanh(c_t) \tag{10-15}$$

其中 $f_t \in [0,1]$、$i_t \in [0,1]$、$o_t \in [0,1]$ 为 3 个门,用来控制信息传递的路径;$\odot$ 为向量元素乘积;c_{t-1} 为上一时刻的记忆单元;$\tilde{c}_t$ 是通过非线性函数得到的候选状态:

$$\tilde{c}_t = \tanh(W_c x_t + U_c h_{t-1} + b_c) \tag{10-16}$$

在每个时刻 t,LSTM 网络的内部状态 c_t 记录了到当前时刻为止的所有历史信息。

2. 门控机制

在数字电路中,门是一个二值变量{0,1},0 代表关闭状态,不允许任何信息通过;1 代表开放状态,允许所有信息通过。LSTM 网络引入了门控机制控制信息传递的路径。式(10-14)和式(10-15)中的 3 个门分别为输入门 i_t、遗忘门 f_t 和输出门 o_t,输入门 i_t 用于控制当前时刻的候选状态 $\tilde{c}_t$ 有多少信息需要保存,遗忘门 f_t 用于控制上一个时刻的内部状态 c_{t-1} 需要遗忘多少信息,输出门 o_t 用于控制当前时刻的内部状态 c_t 有多少信息需要输出给外部状态 h_t。

LSTM 网络中的门是一种软门,取值区间为(0,1),表示以一定的比例允许信息通过。这 3 个门的计算公式为

$$i_t = \sigma(W_i x_t + U_i h_{t-1} + b_i) \tag{10-17}$$

$$f_t = \sigma(W_f x_t + U_f h_{t-1} + b_f) \tag{10-18}$$

$$o_t = \sigma(W_o x_t + U_o h_{t-1} + b_o) \tag{10-19}$$

其中,$\sigma(\cdot)$ 表示激活函数,通常为 Sigmoid 函数,其输出区间为(0,1);x_t 为当前时刻的输入;h_{t-1} 为上一时刻的外部状态。

图 10.40 给出了 LSTM 网络的循环单元结构,说明了详细的计算过程。

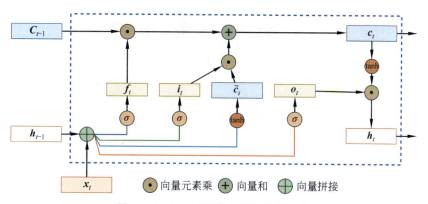

图 10.40　LSTM 网络的循环单元结构

通过式(10-17)至式(10-19)可以看出，LSTM 网络的参数较多，计算量较大。同时，在 LSTM 网络中，输入门和遗忘门是互补关系，具有一定的冗余性。为了简化 LSTM 模型，Kyunghyun Cho 等人在 2014 年提出了门控循环单元。

10.5.3 门控循环单元

门控循环单元(Gated Recurrent Unit，GRU)网络是一种比 LSTM 网络更简单的循环神经网络。GRU 网络也引入了门控机制控制信息更新的方式。与 LSTM 网络不同的是，GRU 网络不引入额外的记忆单元。在式(10-12)的基础上，GRU 网络引入了一个更新门控制当前状态需要从历史状态中保留多少信息(不经过非线性变换)以及需要从候选状态中接受多少新信息，即

$$h_t = z_t \odot h_{t-1} + (1-z_t) \odot g(x_t, h_{t-1}; \theta) \tag{10-20}$$

其中 $z_t \in [0,1]$ 为更新门：

$$z_t = \sigma(W_z x_t + U_z h_{t-1} + b_z) \tag{10-21}$$

在 LSTM 网络中，输入门和遗忘门是互补关系，具有一定的冗余性。而 GRU 网络直接使用一个门控制输入和遗忘之间的关系。当 $z_t = 0$ 时，当前状态 h_t 和前一时刻的状态 h_{t-1} 之间为非线性函数关系；当 $z_t = 1$ 时，h_t 和 h_{t-1} 之间为线性函数关系。

图 10.41 给出了 GRU 网络的循环单元结构，其中 $r_t \in [0,1]$ 为重置门，其计算如下：

$$r_t = \sigma(W_r x_t + U_r h_{t-1} + b_r) \tag{10-22}$$

GRU 网络中的重置门 r_t 用来控制候选状态 $\tilde{h}_t$ 的计算是否依赖上一时刻的状态 h_{t-1}。

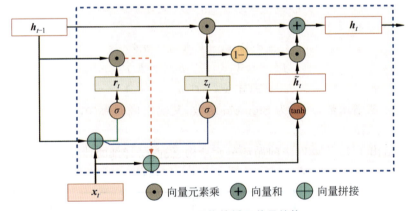

图 10.41　GRU 网络的循环单元结构

10.6　深度学习开发框架

在深度学习的初始阶段，每个深度学习研究者都需要编写大量的重复代码。为了提高工作效率，这些研究者就将这些代码写成一个框架放到互联网上共享，让所有研究者一起使用。随着时间的推移，一些使用方便、功能强大的框架被广泛使用并流行起来。目前最为流行的深度学习框架包括 TensorFlow、Caffe、Theano、MXNet、Keras、PyTorch、PaddlePaddle、MindSpore 等，以下将对这些框架进行简要介绍。

1. TensorFlow

TensorFlow 在很大程度上可以看作 Theano 的后继者,它们不仅有很大一批共同的开发者,而且拥有相近的设计理念:它们都是基于计算图实现自动微分系统的。

TensorFlow 使用数据流图进行数值计算,图中的节点代表数学运算,图中的边则代表在这些节点之间传递的多维数组(tensor,张量)。TensorFlow 的网址为 https://github.com/tensorflow/tensorflow 和 https://tensorflow.google.cn/。

由于 TensorFlow 的接口一直处于快速迭代之中,并且版本之间存在不兼容的问题,因此开发和调试过程中可能会出现一些问题(许多开源代码无法在新版的 TensorFlow 上运行)。想要学习 TensorFlow 底层运行机制的读者需要做好准备,TensorFlow 在 GitHub 代码仓库的总代码量超过 100 万行,系统设计比较复杂,因此这将是一个漫长的过程。在代码层面,对于同一个功能,TensorFlow 提供了多种实现,这些实现良莠不齐,使用中还存在细微的区别,请读者多加注意。另外,TensorFlow 还创造了图、会话、命名空间、PlaceHolder 等诸多抽象概念,对普通用户来说可能会难以理解。

2. Caffe

Caffe(Convolutional Architecture for Fast Feature Embedding)是基于 C++ 语言编写的深度学习框架,作者是贾扬清。Caffe 框架开放了源码,并提供了命令行以及 Matlab 和 Python 等接口,具有清晰、可读性强、容易上手等特点。Caffe 是早期深度学习研究者使用的框架,由于很多研究人员在上面进行开发和优化,因此其目前也是流行的框架之一。Caffe 也存在不支持多机和跨平台以及可扩展性差等问题。Caffe 框架的网址为 http://caffe.berkeleyvision.org/。

初学者使用 Caffe 时还需要注意下面这些问题:

- Caffe 的安装过程需要大量的依赖库,因此会涉及很多安装版本问题,初学者不易上手。
- 当用户想要实现一个新的层时,需要用 C++ 实现它的前向传播和反向传播代码。而如果想要使新层运行在 GPU 之上,则需要同时使用 CUDA 实现这一层的前向传播和反向传播。

Caffe2 出自 Facebook 人工智能实验室与应用机器学习团队,但原作者贾扬清仍是主要贡献者之一。Caffe2 在工程上做了很多优化,例如运行速度、跨平台、可扩展性等,它可以看作 Caffe 更细粒度的重构,但在设计上,其实 Caffe2 与 TensorFlow 更像。Caffe2 目前代码已开源,其网址为 https://www.caffe2.ai/。

3. Theano

Theano 是在 BSD 许可证下发布的一个开源项目,是由 LISA 集团(Montreal Institute for Learning Algorithm,MILA,负责人是 Yoshua Bengio)在加拿大魁北克的蒙特利尔大学开发的,是以一位希腊数学家的名字命名的。

Theano 是一个 Python 库,可用于定义、优化和计算数学表达式,特别是多维数组。它的诞生是为了执行深度学习中的大规模神经网络算法,从本质上而言,Theano 可以被理解为一个数学表达式的编译器:用符号式语言定义程序员所需的结果,并且 Theano 可以高效地运行于 GPU 或 CPU 中。在过去很长一段时间内,Theano 是深度学习开发与研究的行业标准。而且，由于出身学界，它最初是为学术研究而设计的，这也导致深度学习领域的许多学者至今仍在使用 Theano。但随着 TensorFlow 在 Google 公司的支持下强势崛起，Theano 日渐式微，使用 Theano 的人也越来越少。这个转变的标志性事件是创始者之一的 Ian Goodfellow 放弃 Theano 而转而去 Google 公司开发 TensorFlow 了。

尽管 Theano 已退出历史舞台，但作为 Python 的第一个深度学习框架，它很好地完成了自己的使命，为深度学习研究人员的早期拓荒提供了极大的帮助，同时也为以后的深度学习框架的开发奠定了基本的设计方向：一是以计算图为框架的核心；二是采用 GPU 加速计算。

4. MXNet

MXNet 是亚马逊（Amazon）公司的李沐带队开发的深度学习框架。它拥有类似于 Theano 和 TensorFlow 的数据流图，为多 GPU 架构提供了良好的配置，有着类似于 Lasagne 和 Blocks 的更高级别的模型构建块，并且可以在任何硬件（包括手机）上运行。除了对 Python 的支持，MXNet 同样提供了针对 R、Julia、C++、Scala、Matlab、Golang 和 Java 等语言的编程接口。

MXNet 以其超强的分布式支持以及卓越的内存、显存优化为人所称道。同样的模型，MXNet 往往占用更小的内存和显存，并且在分布式环境下，MXNet 展现出了明显优于其他框架的扩展性能。

MXNet 的缺点是推广不力及接口文档不够完善。MXNet 长期处于快速迭代的过程中，其文档却长时间未更新，这就导致新手用户难以掌握 MXNet，老用户则需要常常查阅源码才能真正理解 MXNet 接口的用法。从总体上说，MXNet 文档比较混乱导致其不太适合新手入门，但其分布性能强大，语言支持比较多，比较适合在云平台使用。

5. Keras

Keras 是一个高层神经网络 API，由纯 Python 语言编写而成，并使用 TensorFlow、Theano 及 CNTK 作为后端。Keras 为支持快速实验而生，能够将想法迅速转换为结果。

Keras 应该是深度学习框架中最容易上手的一个，它提供了一致而简洁的 API，能够极大地减少一般应用下用户的工作量，避免用户重复造轮子，而且 Keras 支持 CPU 和 GPU 的相互无缝转换。Keras 框架的网址为 http://www.keras.io/。在 TensorFlow 2.0 及以后的版本中，主要使用 Keras 作为用户进行深度学习编程的 API，与 TensorFlow 1.0 版本相比编程更简洁，程序结构更清晰。

为了屏蔽后端的差异性，Keras 做了层层封装，导致用户在新增操作或获取底层的数据信息时过于困难。同时，过度封装也使得 Keras 的程序过于缓慢，一些错误可能会隐藏于封装之中。另外，学习 Keras 十分容易，但是很快就会遇到瓶颈，因为它缺少灵活性。还有，在使用 Keras 的大多数时间里，用户主要是在调用接口，很难真正学习到深度学习的内容。

6. PyTorch

PyTorch 是一个 Python 优先的深度学习框架，能够在强大的 GPU 加速的基础上实现张量和动态神经网络。

PyTorch 是一个 Python 软件包，提供了较高层面的功能，主要包括：
- 使用强大的 GPU 加速的 Tensor 计算（类似于 NumPy）。
- 构建基于 autograd 系统的深度神经网络。

- 活跃的社区。PyTorch 提供了完整的文档和循序渐进的指南,并由作者亲自维护论坛以便于用户交流和讨论问题。

Facebook 人工智能研究院(FAIR)对 PyTorch 提供了强力支持,作为当今排名进入前三位的深度学习研究机构,FAIR 的支持足以确保 PyTorch 获得持续的开发更新,而不至于像许多由个人开发的框架那样昙花一现。

相对于 TensorFlow 1.0 版本,PyTorch 的一大优点是,它的图是动态的,而 TensorFlow 1.0 版本等都是静态图,不利于扩展。同时,PyTorch 非常简洁,方便使用。如果说 TensorFlow 的设计是"Make it complicated",Keras 的设计是"Make it complicated and hide it",那么 PyTorch 的设计真正做到了"Keep it simple,stupid"。PyTorch 框架的官网地址为 https://www.pytorch.org/。

7. PaddlePaddle

PaddlePaddle(飞桨)以百度公司多年的深度学习技术研究和业务应用为基础,集深度学习核心训练和推理框架、基础模型库、端到端开发套件、丰富的工具组件于一体,是中国首个自主研发、功能丰富、开源开放的产业级深度学习平台。PaddlePaddle 于 2016 年正式开源,是主流深度学习框架中一款完全国产化的产品。相比国内其他产品,PaddlePaddle 是一个功能完整的深度学习平台,也是唯一成熟稳定、具备大规模推广条件的深度学习开源开放平台。目前,PaddlePaddle 已凝聚 400 万名开发者,基于 PaddlePaddle 开源深度学习平台创建了 47.6 万个模型,服务于 15.7 万家企事业单位。PaddlePaddle 的网址为 https://www.paddlepaddle.org.cn/。

PaddlePaddle 开源组件使用场景概览如图 10.42 所示。

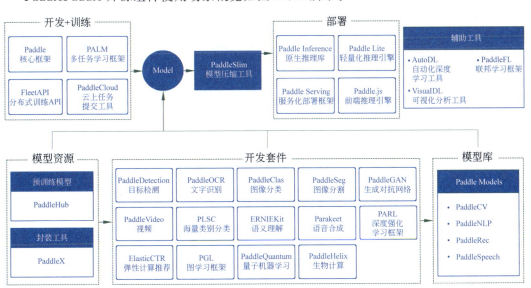

图 10.42　PaddlePaddle 开源组件使用场景概览

8. MindSpore

华为公司的 MindSpore 是新一代深度学习框架,它源于全产业的最佳实践,能最佳匹配昇腾处理器算力,支持终端、边缘、云全场景灵活部署,开创全新的人工智能编程范式,降低人工智能开发门槛。MindSpore 是一种全新的深度学习计算框架,旨在实现易开发、高效执行、全场景覆盖三大目标。为了实现易开发的目标,MindSpore 采用基于源码转换(Source Code Transformation,SCT)的自动微分(Automatic Differentiation,AD)机制,该机制可以用控制流表示复杂的组合。函数被转换成函数中间表达(Intermediate Representation,IR),中间表达构造出一个能够在不同设备上解析和执行的计算图。在执行前,计算图上应用了多种软硬件协同优化技术,以提升终端、边缘、云等不同场景下的性能和效率。MindSpore 的网址为 https://www.mindspore.cn/。

MindSpore 支持动态图,更易于检查运行模式。由于 MindSpore 采用了基于源码转换的自动微分机制,所以动态图和静态图之间的模式切换非常简单。为了在大型数据集上有效训练大模型,通过高级手动配置策略,MindSpore 可以支持数据并行、模型并行和混合并行训练,具有很强的灵活性。此外,MindSpore 还有自动并行能力,它通过在庞大的策略空间中进行高效搜索找到一种快速的并行策略。MindSpore 架构如图 10.43 所示。

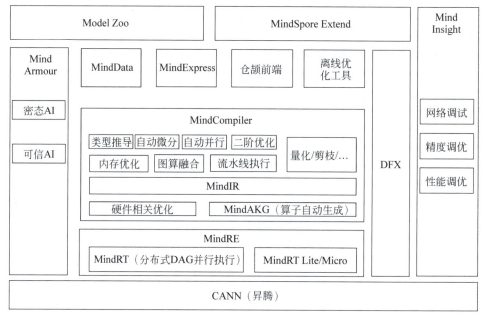

图 10.43 MindSpore 架构

深度学习框架的出现降低了深度神经网络的开发和应用的门槛,开发人员不需要从复杂的神经网络开始编写代码,而是根据需要选择已有的模型,通过训练得到模型参数,也可以在已有模型的基础上增加自己的层或模块,或是在输出层选择需要的分类器和优化算法。总的来说,深度学习框架提供了一系列深度学习组件,对深度神经网络的开发和应用起到了重要的作用。

10.7 本章小结

人工神经网络和深度学习技术是人工智能学科中连接主义学派的代表性技术。深度学习技术在最近的十余年里取得了突破性的成果,是人工智能第三次浪潮的主要技术因素。

最早的、也是最简单的人工神经网络是20世纪50年代末的感知机,它是M-P数学模型的神经网络实现,也是一个线性分类器,但因为过于简单而不能处理非线性分类任务。20世纪80年代提出了误差反向传播方法,但由于缺乏大量数据,同时算力也有限,在当时并没有取得突破性的成果。20世纪90年代用于手写体识别的卷积神经网络是人工神经网络中获得实际应用的成果,然而它并没有推动整个人工神经网络领域的发展和应用。进入21世纪之后,随着互联网等的迅猛发展,研究人员构建了多个经典数据集,计算能力提升非常迅速,再加上深度神经网络的学习算法也日益成熟,从2006年至今,深度学习技术成为人工智能领域中最令人瞩目的技术,在计算机视觉、自然语言处理、语音识别领域的多个任务中取得了突破性的成绩,使人脸识别、语音识别等应用成功落地,提高了人们的工作效率。

习 题 10

1. 在手写数字识别的例子中,输入的灰度图片长和宽都是28像素,输出数字0~9作为判断结果。如果构建前馈型神经网络解决这个问题,那么输入层是( )维,输出层是( )维。

  A. 28,10   B. 28,2   C. 784,2   D. 784,10

2. 下面对前馈神经网络的描述中不正确的是( )。

  A. 各个神经元接收前一级神经元的输入,并输出到下一级

  B. 同一层内的神经元之间存在全连接

  C. 同一层内的神经元相互不连接

  D. 层之间采用全连接,即两个相邻层之间神经元完全成对连接

3. 下面对感知机的描述中不正确的是( )。

  A. 感知机是一种特殊的前馈神经网络

  B. 感知机不能拟合复杂数据(例如逻辑运算中的异或)

  C. 感知机没有隐含层

  D. 感知机具有一层隐含层

4. 可以将深度学习看成一种端到端的学习方法,这里的"端到端"指的是( )。

  A. 输入端-中间端   B. 输出端-中间端

  C. 输入端-输出端   D. 中间端-中间端

5. 下面( )是池化层完成的。

  A. 下采样   B. 上采样   C. 图像裁剪   D. 图像增强

6. 典型的多层前馈神经网络模型在确定神经网络参数的过程中采用了关于输出误差的( )。

  A. 双向传播算法   B. 正向传播算法

  C. 随机传播算法   D. 反向传播算法

7. 多层前馈神经网络模型中信息的正向传播是指输入信息( )并输出。

  A. 由输入层传至隐含层再传至输出层

  B. 由输入层传至隐含层

  C. 由隐含层传至输入层

D. 由输出层传至隐含层

8. 在人工神经网络中,能够提取图像各种特征(包括边缘、纹理等)的层是( )。

    A. 卷积层   B. 池化层   C. 全连接层   D. 输出层

9. 为什么说人工神经网络是一个非线性系统?如果激活函数采用线性函数,那么整个人工神经网络还是一个非线性系统吗?简要说明原因。

10. 简要说明卷积神经网络的结构。

第 11 章

智能机器人

制造各种机器人一直是人类的梦想和追求,也是当前科技发展的热点之一。机器人是人工智能理论和技术的工程实现和落地应用。在世界范围内还没有一个统一的智能机器人定义,大多数专家认为,智能机器人至少要具备以下 3 个要素:一是感觉要素,用来认识周围环境状态;二是运动要素,对外界做出反应性动作;三是思考要素,根据感觉要素所得到的信息,思考并决定采用什么样的动作。本章将介绍智能机器人的发展、关键技术和智能机器人的应用。

11.1 机器人简介

11.1.1 机器人发展简史

早在西周时期,我国的能工巧匠偃师就研制出了能歌善舞的伶人,这是我国最早记载于文献中的机器人。到了春秋后期,鲁班制造过一只木鸟,能在空中飞行,"三日不下"。汉代,张衡发明计里鼓车,每行一里,车上木人击鼓一下,每行十里击钟一下。三国时期,蜀汉丞相诸葛亮制作了木牛流马,并用其运送军粮,支援前方战争。工业革命之后,人类进入了蒸汽时代,这个时期主要依靠机械传动实现机器人的自动往复运动。随着数控技术和计算机技术的发展,机器人进入了电气时代。在进入互联网时代之后,机器人之间能够进行协同控制。

机器人的英文是 Robot,其得名已超过 100 年。1920 年,捷克作家卡雷尔·恰佩克(Karel Čapek)在科幻剧本《罗萨姆的万能机器人》(*Rossum's Universal Robots*)中使用了 Robota 一词,Robota 是奴隶的意思。在剧本中,作者把捷克语 Robota 写成了 Robot,被当成了机器人一词的起源。1954 年,德沃尔(George Deval)开发出第一台可编程机器人。1958 年,Unimation 公司成立,并在第二年研制出了世界上第一台工业机器人 Unimate。1964 年,麻省理工学院、哈佛大学等成立了人工智能研究所。1965 年,卡内基-梅隆大学成立了机器人研究所。1967 年,第一台 Unimation 公司的喷涂用机器人出口到日本。1968 年,第一台智能机器人 Shakey 在斯坦福研究所诞生,它是世界上第一台真正意义上的移动机器人,虽然移动得很慢。

从 20 世纪 80 年代开始,各种机器人公司陆续成立,并不断出现兼并和调整。1983 年,美国开始将机器人学列入教学计划。1994 年,卡内基-梅隆大学利用 Dante 机器人探测阿拉斯加斯普尔火山并采集火山气体样本。1995 年,Intuitive Surgical 公司推出外科手术机器人,如图 11.1 所示。1997 年,NASA 的探险者登陆火星,并由旅行者机器人(图 11.2)将拍摄的照片发回地球。

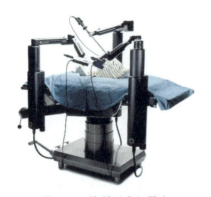 

图 11.1　外科手术机器人　　　　　　　图 11.2　旅行者机器人

2000 年,Honda 公司推出第二代人形机器人 Asimo,如图 11.3 所示,Asimo 会拉提琴,曾经登台指挥交响乐团。Sony 公司推出人形机器人 Qiro,身高 54cm,重 5kg,可以跳舞、打拳,如图 11.4 所示。

图 11.3　机器人 Asimo　　　　　　　图 11.4　机器人 Qiro

2020 年 5～6 月,由中国科学院沈阳自动化研究所主持研制的"海斗一号"全海深自主遥控潜水器(图 11.5)在太平洋马里亚纳海沟成功完成了首次万米海试与试验性应用任务,最大下潜深度 10 907m,刷新我国潜水器最大下潜深度纪录,同时填补了我国万米作业型无人潜水器的空白。"海斗一号"共实现了 4 次万米下潜,创造了我国潜水器领域多项第一。

图 11.5　我国的"海斗一号"全海深自主遥控潜水器

11.1.2 机器人的定义

机器人是集机械、电子、控制、计算机、传感器、人工智能等多个学科及前沿技术于一体的高端设备,是制造技术的制高点。机器人问世已有几十年,但对机器人的定义一直没有统一的意见。一个原因是机器人学科还在发展;另一个原因主要是因为机器人涉及人的概念,从而成为一个难以回答的哲学问题。正是由于机器人定义的模糊,人们才会有充分的想象和创造空间。随着机器人技术的飞速发展和人工智能时代的到来,机器人所涵盖的内容越来越丰富,机器人的定义也不断充实和创新。以下介绍一些有代表性的定义。

日本机器人专家森政弘将机器人定义为一种具有移动性、个体性、智能性、通用性、半机械半人性、自动性、奴隶性7个特征的柔性机器。日本学者加藤一郎于1967年在日本第一届机器人学术会议上提出,机器人就是具有如下3个条件的机器:

(1) 具有脑、手、脚三要素的个体。
(2) 具有非接触传感器(如用眼、耳接受远方信息)和接触传感器。
(3) 具有平衡觉和固有觉的传感器。

加藤一郎的定义强调了机器人应当模仿人,即它靠手进行作业,靠脚实现移动,靠脑完成统一指挥。非接触传感器和接触传感器相当于人的五官,使机器人能够识别外界环境,而平衡觉和固有觉则是机器人感知本身状态所不可缺少的感觉能力。

美国机器人协会对机器人的定义为:一种用于移动各种材料、零件、工具或专用装置,通过程序动作执行各种任务并具有编程能力的多功能操作机。美国国家标准局对机器人的定义为:一种能够进行编程并在自动控制下完成某些操作和移动作业任务或动作的机械装置。

我国对机器人的定义如下:机器人是一种自动化的机器,这种机器具备一些与人或生物相似的智能能力,包括感知能力、规划能力、动作能力、协同能力等。这非常接近人工智能本身的含义。这也说明,智能机器人体现了人工智能领域中的多种技术,是制造业皇冠顶端的明珠,其研发、制造、应用是衡量一个国家科技创新和高端制造业水平的重要标志之一。

根据机器人的发展阶段,可以将机器人分为以下3代:

第一代机器人是示教再现机器人,是一种主要的机器人类型。操作员引导机器人手动执行任务,并记录这些动作,由机器人以后再现执行,即机器人按记录的信息重复执行同样的动作。早期的工业机器人大多属于这一类机器人。

第二代机器人是感知型机器人。

第三代机器人是智能机器人。这类机器人能够智能感知并对外部环境进行理解和认知,根据情况自主选择动作完成任务。

11.2 机器人中的智能技术

最早的机器人主要用于工业领域,这就是工业机器人。除了工业机器人之外,还有农业机器人、服务机器人、军事机器人等。在人工智能时代,机器人将会走向何方呢?下面介绍机器人中的智能技术。

人工智能可以解决学习、感知、语言理解、逻辑推理等任务。机器人通常能够自主地或半自主地执行一系列动作。由人工智能控制的机器人称为智能机器人。机器人、人工智能及智能机器人三者的关系如图 11.6 所示。

图 11.6 智能机器人

目前,对智能机器人的发展影响较大的关键技术主要包括智能感知技术、智能导航与规划技术、智能控制与操作技术、智能交互技术等,如图 11.7 所示。

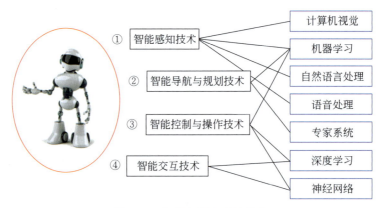

图 11.7 智能机器人关键技术

1. 智能感知技术

实现智能机器人的首要条件是机器人具有智能感知能力。传感器是能够感受被测量并按照一定规律将其变换成可用输出符号的电子器件和装置,是机器人获取外部环境信息的主要部分,其功能类似于人的五官。由于传感器应用十分广泛,2019 年全球传感器市场规模达到了 1521.1 亿美元,增长率为 9.2%。传感技术是关于从环境中获取信息并对之进行处理、变换和识别的多学科交叉的科学与工程技术。

人类获取的信息有 80% 以上来自视觉。因此,为机器人配备视觉系统也是非常必要的。在计算机视觉中,外部环境中的三维物体经由摄像机转变为二维的平面图像,再经图像处理,输出该物体的图像,使机器人能够辨识物体,并确定其位置。机器人判断物体的位置和形状一般需要两类信息:距离信息和明暗信息。机器人视觉的应用领域包括为机器人的动作控制提供视觉反馈、为移动式机器人提供视觉导航、机器人代替或辅助人进行质量控制和安全检查等。

人类皮肤触觉感受器接触机械刺激产生的感觉称为触觉。触觉是人与外界环境直接接触时的重要感觉功能。触觉智能可以使机器人通过触摸识别物体的滑动并定位物体,预测抓取物体是否能成功。触觉传感器是用于机器人模仿人类触觉功能的传感器。智能机器人中使用的触觉传感器主要包括接触觉传感器、压力觉传感器、滑觉传感器、接近觉传感器等。

随着现代传感器技术、人工智能技术的进步,触觉传感器取得了长足的发展。但目前在机器人触觉感知方面的研究进展仍然远远落后于视觉感知和听觉感知。

听觉传感器是一种可以检测、测量并显示声音波形的传感器,广泛应用于日常生活、医疗、工业、军事等领域中,并且成为智能机器人发展所不能缺少的部分。听觉传感器用来接收声波,显示声音的振动图像。在某些环境中,要求机器人能够测知声音的音调、响度,能区分左右声源。在某些情况下,人们要求与机器进行语音交流,机器人需要具备人机对话功能,语音智能和自然语言处理技术在其中起着重要作用。听觉传感器的存在使得智能机器人能够更好地完成交互任务。

就像人有五官一样,机器人也会有多种传感器,包括摄像机、激光雷达等。从视觉到听觉,从触觉到嗅觉,几乎所有传感器在智能机器人上都得到了应用。对于同一个被观测的目标和场景,通过不同的方法和视角采集得到的互相耦合的多个数据样本。多传感器信息融合技术是把分布在不同位置的视觉、听觉、触觉等多个传感器所采集到的相关信息进行综合处理,以产生更全面、更准确的信息,消除多个传感器之间可能存在的冗余和不一致,降低不确定性,从而能够更准确地感知外部环境。基于多模态信息的感知与融合在智能机器人的应用中起着重要的作用。

2. 智能导航与规划技术

人们尝试采用智能导航的方式解决机器人的安全问题,使机器人能够顺利完成各种服务和操作。智能机器人根据传感系统对内部姿态和外部环境进行感知,通过对外部环境的识别、存储、搜索、处理等操作找出最优路径,实现与障碍物无碰撞的安全运动。

智能导航的主要任务是把环境感知、规划、决策、运动等多个模块高效地组合起来。导航方式包括惯性导航、视觉导航、卫星导航等。不同的导航方式适用于不同的环境,如室内环境和室外环境、简单环境和复杂环境等。

路径规划技术利用最优路径规划算法找到一条可以有效避开障碍物的最优路径。机器人智能路径规划方法包括基于地图的全局路径规划、基于传感器的局部路径规划以及传感器的混合路径规划等。

智能路径规划的核心是实现自动避撞。机器人智能避撞系统主要包括数据库、知识库、机器学习模块、推理机等。知识库是机器人智能避撞系统的核心组成部分。

3. 智能控制与操作技术

随着传感技术以及人工智能技术的发展,智能运动控制和智能操作已成为机器人控制的主流技术。近年来,以人工神经网络和模糊逻辑为代表的智能理论与方法也应用到机器人的运动控制中。随着先进机械制造、人工智能等技术的日益成熟,机器人研究的关注点也从传统的工业机器人逐渐转向应用更广泛、智能化程度更高的服务机器人。

对于服务机器人,机械手臂系统完成各种灵巧的操作是机器人操作中最重要的基本任务之一。近年来,深度学习在计算机视觉等方面取得了突破,深度卷积神经网络已被应用于服务机器人的运动控制中,能够满足服务机器人抓取操作的实时性要求。

4. 智能交互技术

可以利用虚拟现实(Virtual Reality,VR)技术创建智能机器人的工作环境。基于可穿戴设备的人机交互也正在逐渐改变人类的生产生活方式,实现人机和谐统一将会是未来的发展趋势。图11.8是供人使用的VR头盔(左)以及常用的智能交互设备——数据手套(右)。

图11.8　VR头盔和数据手套

11.3　智能机器人的应用

随着人工智能技术的发展,智能机器人的使用早已超出了最初的工业机器人范畴,其应用越来越广泛,甚至包括写诗作词、水果采摘、做饭等。2017年7月,我国自主研发的中高端大型"察打一体"无人机"彩虹-5"正式进入批量生产阶段。2020年7月,"彩虹-5"无人机团队赶赴外场开展项目履约,执行密集飞行任务。2020年5月至6月,"海斗一号"全海深自主遥控潜水器在马里亚纳海沟成功完成了首次万米海试与试验性应用任务。智能机器人就像毛主席在《水调歌头·重上井冈山》中说的那样:"可上九天揽月,可下五洋捉鳖。"

按照不同的应用领域,智能机器人可以分为工业机器人、农业机器人、服务机器人和军事机器人等等。

11.3.1　工业机器人

工业机器人是一种多用途的、可重复编程的自动控制操作机,具有3个或更多可编程的轴,主要应用于工业自动化领域。目前,工业机器人的机械结构更加趋于标准化、自动化、模块化,功能越来越强大。工业机器人的应用领域已从汽车制造、电子制造、食品包装等传统领域转向新兴领域,包括新能源电池、高端装备、环保装备等。

应用于自动化装配的装配机器人是柔性自动化装配系统的核心设备,主要由机器人操作机、控制器、末端执行器和传感系统组成。装配机器人具有精度高、柔顺性好、工作范围小的特点,能与其他工业机器人协作,主要应用于电器、汽车制造等领域。

应用于焊接的焊接机器人能够从事焊接、切割、喷涂等工作。工作时,焊接机器人按照操作者的规定进行作业,可实现无人值守,在提高工作效率的同时能避免人工操作的各种危险。

图11.9中左边是搬运机器人,可以进行自动化搬运作业。搬运机器人是自动控制领域的高新技术,涉及人工智能、计算机视觉、力学、机械学、自动控制、传感器等多学科领域。图11.9中右边是上海洋山港,是国内首个全自动化集装箱码头,也是全球综合全自动化程度最高的码头,其中运行着大量的自动引导运输车(Automated Guided Vehicle,AGV)。

11.3.2　农业机器人

除了传统的工业机器人之外,农业也是机器人的用武之地。

图 11.9　搬运机器人和上海洋山港

图 11.10 的左图是圣女果采摘机器人,这种机器人使用彩色摄像头作为视觉传感器,通过图像传感器检测出已经成熟的红色果实,然后对果实形状和位置进行精准定位,保证采摘时不会伤害果实。图 11.10 的右图是世界上第一台覆盆子(鲁迅先生在《从百草园到三味书屋》中曾经提过)采摘机器人,目前的采摘速度大约是一分钟一个,对于一个耗资 70 万英镑研发的机器人来说,这一采摘速度不太理想,据报道称,将来每台机器人每天将能够采摘 2.5 万多个覆盆子。

图 11.10　采摘机器人

除了采摘果实之外,机器人还能除草和施肥。除草机器人使用摄像机和识别野草、蔬菜、土壤图像的计算机组合装置,利用摄像机扫描和计算机图像分析技术进行除草作业,如图 11.11 所示。图 11.12 中长得像西瓜的则是施肥机器人。

图 11.11　除草机器人　　　　　　　　　图 11.12　施肥机器人

11.3.3　服务机器人

图 11.13 的右图是约瑟夫·恩格尔伯格(Joseph Engelberger),他于 1958 年创立了 Unimation 公司并研制出世界上第一台工业机器人 Unimate。他在 1983 年卖出了

Unimation 公司并创建了 TRC 公司,开始研制服务机器人。

图 11.13　第一台工业机器人 Unimate 及其研制者 Joseph Engelberger

面向第三产业和家庭用户的机器人都属于服务机器人。"护士助手"机器人是 TRC 公司的第一台服务机器人产品,如图 11.14 所示。它于 1985 年开始研制,1990 年上市,目前已在世界许多国家几十家医院投入使用。"护士助手"是自主式机器人,它不需要通过导线控制,也不需要事先作计划,一旦编好程序,它随时可以完成各项任务。它能够完成的任务如下:

图 11.14　"护士助手"机器人

(1) 运送医疗器材和设备。
(2) 为病人送饭。
(3) 送病历、报表及信件。
(4) 运送药品。
(5) 运送试验样品及试验结果。
(6) 在医院内部运送邮件及包裹。

在种类繁多的家庭服务机器人中,最著名的可能就是扫地机器人了。扫地机器人有先进的导航定位系统,可以像人类一样构建清洁地图,自动清扫房间。扫地机器人一般可实现定时打扫,能够有效地避开障碍物。当它的电量不足时,会自动返回充电座进行充电。

医用机器人是用于医疗或辅助医疗的智能机器人。医用机器人种类很多,按照其用途,可以分为临床医疗用机器人、护理机器人、医用教学机器人和为残疾人服务的专用机器人等。智能陪护机器人能够陪伴家里的老人和小孩。它既能听懂人的语言,还可以与人进行交流,实现互动娱乐、健康监测等功能。

达·芬奇手术机器人是目前世界上最先进的用于外科手术的机器人,如图 11.15 所示。达·芬奇被认为是近代生理解剖学的始祖。达·芬奇手术机器人掌握了人体解剖知识,可以从解剖学入手研究人体各部分的构造。达·芬奇手术机器人由 3 部分组成:按人体工程学设计的医生控制台、4 只机械臂和高清三维医学成像系统。目前,使用达·芬奇手术机器人已进行了多例远程手术。将来,远程诊断、远程手术将越来越普及。

11.3.4　军事机器人

军事也是机器人的重要应用领域之一。军事机器人是用于军事领域的具有某种仿人功

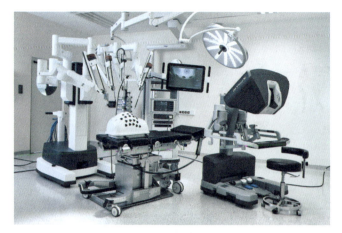

图 11.15 达·芬奇手术机器人

能的自动机器,可以完成物资运输、侦察、搜寻勘探、实战进攻等任务,使用范围广泛。

图 11.16 的(a)图是我国研制的机器人"大狗",它拥有 5 种行走步态,其专业名称是山地四足仿生移动平台;(b)图和(c)图是我国首款定型的作战机器人,是一个可以适应多种室外环境的小型作战平台。

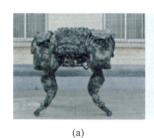
(a)

(b)

(c)

图 11.16 我国的军事机器人

美国波士顿动力(Boston Dynamics)公司是一家致力于研制开发动力机器人及人类模拟仿真软件的公司,于 1992 年成立,创始人为马克·雷波特(Marc Raibert)。目前,该公司已经制造了众多创新性机器人。图 11.17 列出了该公司的机器人和开发时间。早期最著名的可能是 BIG DOG,这是一种爬行类机器人,用来越野和在颠簸崎岖的道路上运输货物。

军事机器人中还有一类特殊的外骨骼机器人,也称为机械外骨骼、动力外骨骼,是一种由钢铁框架构成并且可让人穿上的机器装置,这种装备可以提供额外能量辅助人的四肢运动。动力外骨骼除了能够增强人体能力的这一基本功能外,还具有良好的防护性、对复杂环境的适应性以及辅助火力、通信、侦查支持等军用功能。

无人机是军事机器人中的重要类型,在军事类影视作品中时常出现。图 11.18 中列出了 4 种无人机。其中,图 11.18(a)是我国的翼龙无人机;图 11.18(b)是我国的彩虹无人机;图 11.18(c)是美国 RQ-4A 全球鹰无人机;图 11.18(d)则是美国 X-47B 隐形无人轰炸机,可以在航空母舰上起飞和降落。

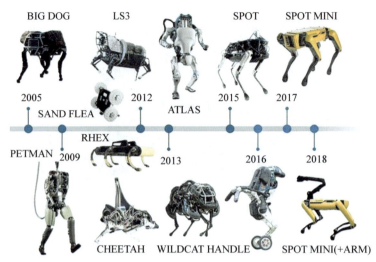

图 11.17 波士顿动力公司研发的机器人

(a) 我国的翼龙无人机

(b) 我国的彩虹无人机

(c) 美国RQ-4A全球鹰无人机

(d) 美国X-47B隐形无人轰炸机

图 11.18 军事无人机

11.4 智能驾驶

汽车自发明以来,经历了一百多年的发展,已经成为人们生活中不可或缺的一部分。每天有很多人把大量的时间用在开车的路上,如货运物流司机、出租车司机、客车/公交车司机等。"汽车四化",即电动化、智能化、网联化、共享化,已经成为汽车行业未来发展趋势。我国一直非常重视汽车产业的发展。国务院在 2015 年 5 月 8 日发布了《中国制造 2025》,正式提出制造强国战略,并把节能与新能源汽车列为重点发展的十大领域之一,提出汽车智能化核心技术的发展要求。汽车强国正式上升为国家战略。

节能与新能源汽车技术路线图战略咨询委员会在2016年出版发布了《节能与新能源汽车技术路线图》,其中智能网联汽车技术路线是7项细分领域技术路线之一。工业和信息化部、国家发展和改革委员会、科学技术部在2017年联合下发了《汽车产业中长期发展规划》,智能网联汽车推进工程被列入中国汽车产业八大重点推进工程之一。工业和信息化部、交通部、公安部在2018年联合发布了《智能网联汽车道路测试管理规范(试行)》,规定了智能网联汽车在公共道路进行自动驾驶测试的管理规范。各地方政府纷纷出台了自动驾驶道路测试规范。本节将介绍智能驾驶的发展、智能驾驶系统和测试。

一般认为第一辆自动驾驶汽车是美国斯坦福大学于1961开发的Stanford Cart,如图11.19所示。它可以利用摄像头和早期的人工智能系统绕过障碍物,但行进速度很慢,每移动一米需要20min。

2004年,美国国防部高级研究计划局(Defense Advanced Research Projects Agency,DARPA)举办了一场自动驾驶汽车比赛,要求自动驾驶汽车横穿加利福尼亚莫哈维沙漠,其中表现最好的汽车是卡内基-梅隆大学的Sandstorm,它是一辆配备有摄像头、激光扫描仪、雷达的悍马汽车。

2014年,Google公司发布了自动驾驶汽车Firefly(萤火虫),这是一辆没有方向盘和踏板的汽车。2016年12月,这支自动驾驶团队从Google公司分离出来,成立了Waymo公司,已在美国的26个城市累计完成了1287万千米的实际路测。2019年10月10日,Waymo公司宣布完全无人驾驶汽车即将上路。2020年10月,Waymo公司宣布在美国凤凰城郊区向公众开放完全无人驾驶叫车服务。

图11.19 第一辆自动驾驶汽车 Stanford Cart

智能驾驶领域的概念有很多,包括智能网联汽车(Intelligent Connected Vehicle,ICV)、自动驾驶等。

我国工业和信息化部、国家标准化管理委员会在2017年底联合印发了《国家车联网产业标准体系建设指南(智能网联汽车)》,对智能网联汽车是这样描述的:智能网联汽车是新一代的汽车,搭载了先进的车载传感器、控制器、执行器等装置,并融合现代通信与网络技术,实现车与X(人、车、路、云端等)的智能信息交换、共享,具备复杂环境感知、智能决策、协同控制等功能,可实现安全、高效、舒适、节能行驶,并最终可实现替代人操作。这里的车与外部环境进行的信息交换和共享称为V2X(Vehicle to Everything),其含义是车辆连接一切。

我国工业和信息化部、公安部、交通运输部在2018年4月印发的《智能网联汽车道路测试管理规范》(试行)中规定:智能网联汽车通常也被称为智能汽车、自动驾驶汽车等。智能网联汽车自动驾驶包括有条件自动驾驶、高度自动驾驶和完全自动驾驶。其中,完全自动驾驶是指系统可以完成驾驶人能够完成的所有道路环境下的操作,不需要驾驶人介入。这可以理解为无人驾驶。

表 11.1 中列出了智能驾驶的 5 个智能化等级,目前公众提到得比较多的是第 4 级(简称 L4),即高度自动驾驶。无人驾驶汽车被认为是智能驾驶或者自动驾驶的最高级别,不需要人类接管和监控,完全由机器驾驶。也有人认为 L4 级别(需要人类接管)的自动驾驶汽车也属于无人驾驶汽车。

表 11.1 智能驾驶的 5 个智能化等级

智能化等级	等级名称	等 级 定 义	控制	监视	失效应对	典 型 工 况
人监控驾驶环境						
L1(DA)	驾驶辅助	通过环境信息对方向和加减速中的一项操作提供支援,其他驾驶操作都由人完成	人与系统	人	人	车道内正常行驶,高速公路无车道干涉路段,泊车工况
L2(PA)	部分自动驾驶	通过环境信息对方向和加减速中的多项操作提供支援,其他驾驶操作都由人完成	人与系统	人	人	高速公路及市区无车道干涉路段,换道、环岛绕行、拥堵跟车等工况
无人驾驶系统监控驾驶环境						
L3(CA)	有条件自动驾驶	由无人驾驶系统完成所有驾驶操作,根据系统请求,驾驶员需要提供适当的干预	系统	系统	人	高速公路正常行驶工况,市区无车道干涉路段
L4(HA)	高度自动驾驶	由无人驾驶系统完成所有驾驶操作,特定环境下系统会向驾驶员提出响应请求,驾驶员可以对系统请求不进行响应	系统	系统	系统	高速公路全部工况及市区有车道干涉路段
L5(FA)	完全自动驾驶	无人驾驶系统可以完成驾驶员能够完成的所有道路环境下的驾驶操作	系统	系统	系统	所有工况

北京市在 2018 年 8 月发布的指导意见中规定,自动驾驶车辆是指在符合《机动车运行安全技术条件》(GB 7258—2017)的机动车上装配自动驾驶系统的车辆,同时对自动驾驶功能也给出了详细的说明。自动驾驶系统是指能够持续地执行部分或全部动态驾驶任务和(或)执行动态驾驶任务接管的硬件和软件所共同组成的系统。

智能驾驶系统主要包括 3 部分:感知层、决策层和执行层。智能驾驶系统从传感器获得数据,提交给相应的算法进行处理,并进而完成认知理解,进行决策规划,之后驱动物理装置进行执行。

以智能驾驶平台百度 Apollo 为例,其架构从下至上分别是车辆平台、硬件平台、软件开放平台和云服务平台,如图 11.20 所示。百度 Apollo 是首个能够应用于复杂城市交通环境的开源自动驾驶平台。

为了保障智能驾驶的安全性,国家对智能驾驶的测试提出了严格、明确的要求。《智能网联汽车自动驾驶功能测试规程(试行)》中规定:必测项目 9 个,测试场景 20 个;选测项目 5 个,测试场景 14 个。表 11.2 中列出了详细的测试项目和场景,其中带★的表示选测项目。

图 11.20 百度 Apollo 架构

表 11.2 自动驾驶功能测试项目和场景

序号	测试项目	测试场景
1	交通标志和标线的识别及响应	限速标志识别及响应
		停车让行标志标线识别及响应
		车道线识别及响应
		人行横道线识别及响应
2	交通信号灯识别及响应★	机动车信号灯识别及响应
		方向指示信号灯识别及响应
3	前方车辆行驶状态识别及响应	车辆驶入识别及响应
		对向车辆借道本车车道行驶识别及响应
4	障碍物识别及响应	障碍物测试
		误作用测试
5	行人和非机动车识别及避让★	行人横穿马路
		行人沿道路行走
		两轮车横穿马路
		两轮车沿道路骑行
6	跟车行驶	稳定跟车行驶
		停-走功能
7	靠路边停车	靠路边应急停车
		最右车道内靠边停车
8	超车	超车
9	并道	邻近车道无车并道
		邻近车道有车并道
		前方车道减少

续表

序号	测试项目	测试场景
10	交叉路口通行★	直行车辆冲突通行
		右转车辆冲突通行
		左转车辆冲突通行
11	环形路口通行★	环形路口通行
12	自动紧急制动	前车静止
		前车制动
		行人横穿
13	人工操作接管	人工操作接管
14	联网通信★	长直路段车车通信
		长直路段车路通信
		十字交叉口车车通信
		编队行驶测试

同时，我国也建设了许多自动驾驶封闭/开放测试区域。国家智能网联汽车（上海）试点示范区 2016 年 6 月 7 日在上海安亭投入运营，该封闭测试区已经有 100 多种测试场景，包括智能红绿灯、通信故障、自动泊车、GPS 信号丢失、拥堵交通、风霜雨雪等各种天气场景。

图 11.21 是北京智能车联产业创新中心官网（http://www.mzone.site/）首页，列出了国家智能汽车与智慧交通（京津冀）示范区的详细情况。截至 2022 年 9 月，北京市自动驾驶

图 11.21　国家智能汽车与智慧交通（京津冀）示范区情况

车辆道路测试安全行驶里程已超过 865 万千米，测试覆盖了京津冀地区 85% 的交通场景，有 323 条共 1143.78 千米的开放测试道路，是我国开放测试道路最长的城市区域，已向 17 家企业 263 辆车发放了测试用临时号牌。

很多人会问：智能驾驶是安全的吗？表 11.3 中列出了 2016—2018 年自动驾驶道路安全事故统计情况。可以看出，自动驾驶等级从 L2 到 L4 都发生过安全事故。这说明，目前的技术和 L5 的完全自动驾驶还有相当的距离。

表 11.3　2016—2018 年自动驾驶道路安全事故统计情况

公司	时间	自动驾驶级别	事故原因	伤亡情况
Tesla	2016 年 1 月	L2	驾驶员未按系统要求进行操作	1 人死亡
Waymo	2016 年 2 月	L2	自动驾驶系统软件设计缺陷，错误地预测后方车辆行为	无人员伤亡，车辆碰撞
Tesla	2016 年 5 月	L2	自动驾驶系统软件设计缺陷，无法识别停靠的大型物体	1 人死亡
Uber	2017 年 3 月	L3	普通汽车过错	无人员伤亡，车辆侧翻
Waymo	2017 年 8 月	L4	自动驾驶汽车安全员错误干预	无人员伤亡，车辆碰撞
Tesla	2018 年 3 月	L2	驾驶员未按系统要求进行操作	1 人死亡
Uber	2018 年 3 月	L4	自动驾驶系统软件未能识别行人	1 人死亡
Waymo	2018 年 5 月	L4	普通汽车过错	1 人轻伤

为了防止机器人伤害人类，1950 年美国科幻作家艾萨克·阿西莫夫 (Isaac Asimov) 在《我，机器人》(I, Robot) 一书中提出了著名的"机器人三定律"。

第一条：机器人不应伤害人类。

第二条：机器人应遵守人类的命令，与第一条相抵触者除外。

第三条：机器人应能保护自己，与第一条相抵触者除外。

智能网联汽车作为轮式机器人，也应该遵循上述 3 个原则。智能驾驶或无人驾驶的目的是提高驾驶安全性和乘客的体验。

11.5　本章小结

智能机器人的创造是当前科技发展的热点。智能机器人中应用了人工智能领域中的多种技术，已成为衡量一个国家科技创新和高端制造业水平的重要标志之一。机器人的发展经历了 3 个阶段：示教再现机器人、感知型机器人和智能机器人。

由人工智能控制的机器人称为智能机器人。智能机器人的关键技术包括智能感知技术、智能导航与规划技术、智能控制与操作技术、智能交互技术等。按照不同的应用领域，智能机器人可以分为工业机器人、农业机器人、服务机器人、军事机器人等，在不同领域发挥着重要作用。

无人驾驶汽车是智能汽车的一种，属于轮式移动机器人。无人驾驶汽车被认为是智能驾驶或者自动驾驶的最高级别，不需要人类接管和监控，完全由计算机自动驾驶。实现智能驾驶需要有智能驾驶系统的支持。智能驾驶系统的支持主要包括感知层、决策层和执行层。智能驾驶系统从传感器获得数据,提交给算法进行处理,并进而完成认知理解,进行决策规划,然后驱动物理装置执行。智能驾驶系统中具有大量的环境感知设备。

智能驾驶的安全性一直是人们高度关注的问题。为了保障智能驾驶的安全性,国家对智能驾驶的测试提出了严格、明确的要求,智能驾驶系统要经过严格的测试。

习 题 11

1. 机器人三定律是由( )提出的。
   A. 捷克剧作家恰佩克　　　　　B. 意大利作家科洛迪
   C. 美国艺术家德普　　　　　　D. 美国科幻作家阿西莫夫
2. 和电影中的机甲类似、可以增强人类力量的机器人是( )。
   A. Atlas　　　　　　　　　　　B. 机械外骨骼
   C. 无人机　　　　　　　　　　D. BIG DOG
3. 我国最早的机器人出现在( )。
   A. 宋朝后期　　B. 三国时期　　C. 唐朝　　　　D. 西周
4. 观看一部与机器人有关的影视作品,并简要说明你对其中角色的理解。

参 考 文 献

[1] 李德毅,于剑. 人工智能导论[M]. 北京:中国科学技术出版社,2018.
[2] 王万良. 人工智能通识教程[M]. 北京:清华大学出版社,2020.
[3] 王万良. 人工智能导论[M]. 5版. 北京:高等教育出版社,2020.
[4] 王万森. 人工智能原理及其应用[M]. 4版. 北京:电子工业出版社,2018.
[5] 蔡自兴. 人工智能及其应用[M]. 6版. 北京:清华大学出版社,2020.
[6] 尼克. 人工智能简史[M]. 2版. 北京:人民邮电出版社,2021.
[7] 宗成庆. 统计自然语言处理[M]. 2版. 北京:清华大学出版社,2018.
[8] 邱锡鹏. 神经网络与深度学习[M]. 北京:机械工业出版社,2020.
[9] 吴军. 数学之美[M]. 3版. 北京:人民邮电出版社,2020.
[10] 赵军. 知识图谱[M]. 北京:高等教育出版社,2018.
[11] 王昊奋. 知识图谱:方法、实践与应用[M]. 北京:电子工业出版社,2019.
[12] 肖仰华. 知识图谱:概念与技术[M]. 北京:电子工业出版社,2019.
[13] 刘知远. 知识图谱与深度学习[M]. 北京:清华大学出版社,2020.
[14] 周志华. 机器学习[M]. 北京:清华大学出版社,2016.
[15] 李航. 统计学习方法[M]. 2版. 北京:清华大学出版社,2019.
[16] 李航. 机器学习方法[M]. 北京:清华大学出版社,2012.
[17] 车万翔. 自然语言处理——基于预训练模型的方法[M]. 北京:电子工业出版社,2021.
[18] 李金洪. 基于BERT模型的自然语言处理实战[M]. 北京:电子工业出版社,2021.
[19] 魏溪含,涂铭,张修鹏. 深度学习与图像识别——原理与实践[M]. 北京:机械工业出版社,2020.
[20] Mitchell T M. 机器学习[M]. 曾华军,张银奎,等译. 北京:机械工业出版社,2003.
[21] Géron A. 机器学习实战:基于Scikit-Learn、Keras 和 TensorFlow[M]. 2版. 宋能辉,李娴,译. 北京:机械工业出版社,2020.
[22] Forsyth D,Ponce J. 计算机视觉——一种现代方法[M]. 2版. 高永强,等译. 北京:电子工业出版社,2017.
[23] Szeliski R. 计算机视觉:算法与应用[M]. 艾海舟,兴军亮,译. 北京:清华大学出版社,2012.
[24] Prince S J D. 计算机视觉:模型、学习和推理[M]. 苗启广,刘凯,孔韦韦,等译. 北京:机械工业出版社,2017.
[25] Jurafsky D,MARTIN J H. 自然语言处理综论[M]. 2版. 冯志伟,孙乐,译. 北京:电子工业出版社,2018.
[26] Allen J. 自然语言理解[M]. 2版. 刘群,张华平,骆卫华,等译. 北京:电子工业出版社,2005.
[27] Chollet F. Python深度学习[M]. 2版. 张亮,译. 北京:人民邮电出版社,2022.

图书资源支持

感谢您一直以来对清华版图书的支持和爱护。为了配合本书的使用,本书提供配套的资源,有需求的读者请扫描下方的"书圈"微信公众号二维码,在图书专区下载,也可以拨打电话或发送电子邮件咨询。

如果您在使用本书的过程中遇到了什么问题,或者有相关图书出版计划,也请您发邮件告诉我们,以便我们更好地为您服务。

我们的联系方式:

地　　址:北京市海淀区双清路学研大厦A座714

邮　　编:100084

电　　话:010-83470236　010-83470237

客服邮箱:2301891038@qq.com

QQ:2301891038(请写明您的单位和姓名)

资源下载:关注公众号"书圈"下载配套资源。

书圈

清华计算机学堂

观看课程直播